U0739227

前沿科技通识
General Knowledge of Frontier Technology

严德贤
李吉宁
李向军
编著

Illustration
of
Terahertz
Technology

图解太赫兹技术

化学工业出版社
·北京·

内容简介

针对入门者、研究人员以及应用人员的多方面需求，本书在汇集大量资料的前提下，采用图文并茂的形式，全面且简明扼要地对太赫兹技术及相关应用进行介绍，内容包括：太赫兹技术简介、太赫兹波的产生与测量、太赫兹波实现应用的基础、太赫兹光谱与成像技术、太赫兹超材料、太赫兹通信应用、太赫兹雷达技术以及太赫兹传感技术。关于太赫兹技术方面的进展和研究成果，有重点地分布在各相关章节，内容深入、具体、细致、翔实。

本书可以作为光电子、光学工程、电子信息类等相关领域工程技术人员的参考书，也可供高校相关专业师生阅读使用。

图书在版编目（CIP）数据

图解太赫兹技术 / 严德贤，李吉宁，李向军编著.
北京：化学工业出版社，2024. 10. -- ISBN 978-7-122-46137-7

Ⅰ. O441.4-64
中国国家版本馆CIP数据核字第2024BA9702号

责任编辑：陈　喆		文字编辑：毛亚囡
责任校对：赵懿桐		装帧设计：孙　沁

出版发行：化学工业出版社
　　　　　（北京市东城区青年湖南街13号　邮政编码100011）
印　　装：中煤（北京）印务有限公司
787mm×1092mm　1/16　印张14　字数287千字
2025年6月北京第1版第1次印刷

购书咨询：010-64518888　　　　　售后服务：010-64518899
网　　址：http://www.cip.com.cn
凡购买本书，如有缺损质量问题，本社销售中心负责调换。

定　　价：99.00元　　　　　　版权所有　违者必究

前　言

太赫兹波是频率为 0.1～10THz 的电磁波，在电磁波谱中位于红外光波与微波之间。太赫兹技术是当今科学技术中备受关注的一个领域，在医学、安全检测、通信和材料科学等众多领域都具有潜在的广泛应用。经过多年的理论和技术方面的研究，太赫兹技术已成为多个国家大力发展的重点支撑技术之一。与此同时，太赫兹技术作为国际学术界公认的具有极大潜力的交叉前沿领域，发展到今天达到了一个新的研究高度，在国防和民生相关的各个领域展现了广阔而诱人的应用前景。

笔者从事太赫兹技术的相关研究多年，作为研究生导师，每当招收新的研究生入学，向同学们介绍太赫兹技术总是比较为难，没有好的素材可以使刚入学的研究生很快地接触一个新的研究方向。同时，在为本科生讲授前沿讲座类的课程时，讲座内容的选择也不是一件容易的事，现有的太赫兹技术类的书籍都是由大量的文字内容构成的，使得初次接触太赫兹技术的人员无法抓住重点。基于以上几点原因，针对入门者、研究人员以及应用人员等的多方面需求，笔者希望出版一本图文并茂的书，汇集大量的资料，将原本繁复的文字描述用图片的形式展现出来，简明扼要地介绍太赫兹技术及相关应用研究。同时，将笔者多年的研究与应用成果结合在相关章节，为读者提供实际研究与应用的范例。

全书共 8 章。第 1 章为太赫兹技术简介，简单介绍什么是太赫兹波、太赫兹波的研究历史以及太赫兹波的特性及应用。第 2 章为太赫兹波的产生与测量，介绍常见的光子学和电子学产生太赫兹波的方法，以及脉冲太赫兹波和连续太赫兹波的探测方法。第 3 章为太赫兹波实现应用的基础，从太赫兹波的传输以及太赫兹光学出发，介绍了太赫兹光学器件和波导。第 4 章为太赫兹光谱和成像技术，介绍了太赫兹时域光谱技术、频域光谱技术以及太赫兹成像技术。第5章为太赫兹超材料，介绍了超材料在太赫兹波段的应用以及实现可调谐超材料的物理机制。第6章为太赫兹通信应用，介绍了太赫兹通信的应用场合、太赫兹通信的关键技术、无线通信技术以及通信标准化进程。第7章为太赫兹雷达技术，介绍了雷达的基本原理、太赫兹雷达以及雷达探测的应用。第8章为太赫兹传感技术，介绍了传感原理、太赫兹传感机制以及太赫兹生物传感技术，并对基于参数复用的痕量样品检测进行了介绍。

本书在编写过程中参考了相关文献资料，这些资料在参考文献中列出，在此表示衷心的感谢。本书在撰写过程中得到了中国计量大学研究生朱郑汉的协助。

由于笔者水平和时间有限，同时关于太赫兹技术的部分研究及应用尚处于探索阶段，有些内容还有待于进一步考究，书中难免出现疏漏和不妥之处，恳请广大读者不吝赐教与批评指正。

严德贤

于中国计量大学

目 录

第1章
大赫兹技术简介

1.1 什么是太赫兹波

太赫兹（Terahertz，THz，10^{12}Hz）波，也被称为 T- 射线，是对特定波段的电磁波的统称，其位于电磁波谱的微波和红外光波之间，如图 1-1 所示。在电子学中，太赫兹波又被称为亚毫米波，对应于较低频率范围的太赫兹波；在光子学中，太赫兹波也被称为远红外光波，对应于较高频率范围的太赫兹波。因此，太赫兹频率范围没有一个标准的定义，通常指的是频率在 0.3～3THz（对应波长为 1mm～100μm）范围内的电磁波，有时其频率范围在 0.1～10THz 之间。

在电磁频谱范围内，太赫兹波频率范围两侧的微波技术和红外光波的研究已经很成熟，典型的无线电技术、移动通信以及激光技术等已经融入日常工作生活当中。由于缺乏现成的太赫兹辐射源和探测器，太赫兹波段成为了广阔电磁波频谱范围中没有被完全发掘的"空白"，被称为电磁频谱范围的太赫兹空隙（THz Gap）。当然，随着近二十年的集中研究，大量的研究成果逐步出现在众多的科技及生活领域，正在逐步填补这一空白区域。

题外知识：电磁波家族)))

电磁波是电磁场的一种运动形态。它其实是一种由电场与磁场在空间中相互振荡而产生的交变电磁场，是以波动的形式传播的电磁场。其中电场与磁场相互垂直，而电磁波的传播方向垂直于电场与磁场组成的平面，图 1-2 给出了电磁波的传播示意图，电场和磁场总是相互产生。

电磁波首先由詹姆斯·麦克斯韦于 1865 年预测出来，而后由德国物理学家海因里希·赫兹于 1887 年至 1888 年间在实验中证实存在。麦克斯韦推导出电磁波方程，它是一种波动方程，清楚地显示出了电场和磁场的波动本质（图 1-3）。因为电磁波方程预测的电磁波速度与光速的测量值相等，麦克斯韦推论出光波也是电磁波。

图 1-4 是常见的电磁波频谱划分。电磁波频谱从左到右，频率逐渐降低，对应的波长逐渐增加。通常意义上有电磁辐射特性的电磁波是指无线电波、微波、毫米波、红外线、可见光、紫外线。而 X 射线及 γ 射线通常被认为是放射性的辐射。

电磁波的传播不需要介质，在真空中的传播速度为 $c=3.0 \times 10^8$m/s。同频率的电磁波，在不同介质中的速度不同。不同频率的电磁波，在同一种介质中传播时，频率越大折射率越大，速度越小。电磁波只有在同种均匀介质中才能沿直线传播，若同一种介质是不均匀的，电磁波在其中的折射率是不一样的，在这样的介质中是沿曲线传播的。通过不同介质时，会发生折射、反射、绕射、散射及吸收等等。电磁波的传播有沿地面传播的地面波，还有从空中传

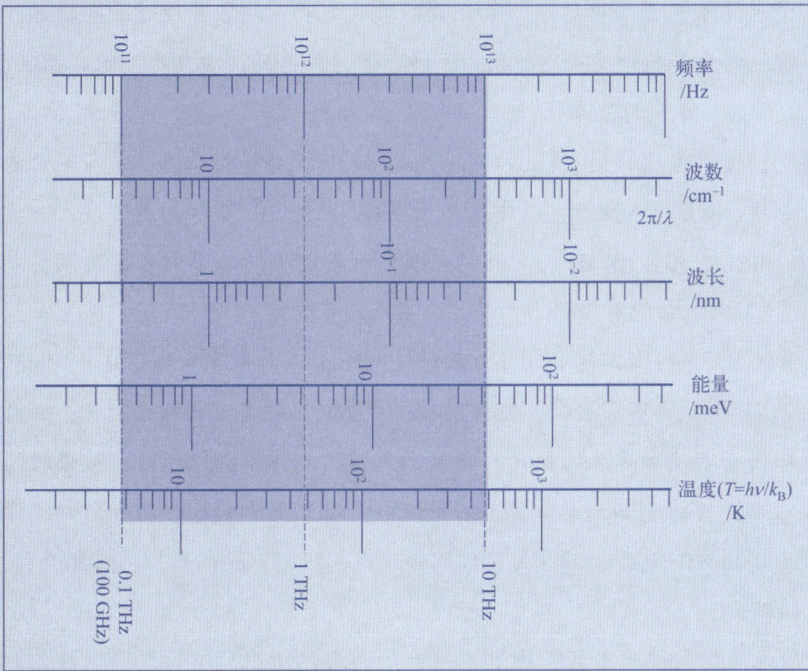

图1-1 太赫兹波在电磁波谱中的位置

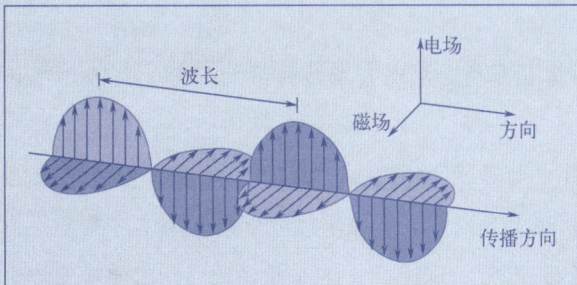

图1-2 电磁波传播示意图

图1-3 麦克斯韦与麦克斯韦方程组

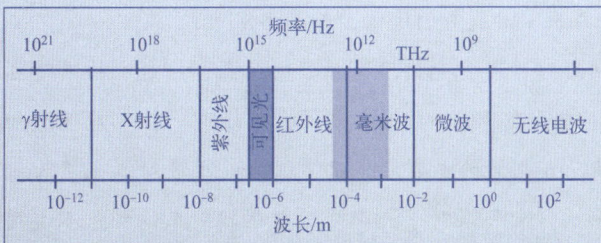

图1-4 电磁波频谱划分

播的空中波以及天波。波长越长其衰减也越少，电磁波的波长越长也越容易绕过障碍物继续传播。机械波与电磁波都能发生折射、反射、衍射、干涉，因为所有的波都具有波粒二象性。折射、反射属于粒子性，衍射、干涉为波动性。

在常规电磁波频谱中，位于左端的是γ射线（Gamma Ray），又称γ粒子流，是原子核能级跃迁退激时释放出的射线，如图1-5所示。其波长短于0.1Å（1Å=10^{-10}m）的电磁波，能量高于124keV，频率超过30EHz（3×10^{19}Hz）。γ射线有很强的穿透力，工业中可用来探伤或用于流水线的自动控制。γ射线对细胞有杀伤力，医疗上用来治疗肿瘤。

X射线的频率和能量仅次于γ射线，频率范围30PHz～300EHz，对应波长为0.01～10nm，能量为124eV～1.24MeV。X射线具有穿透性，能使照相胶片感光，使某些物质发荧光，并能使气体游离。但人体组织间有密度和厚度的差异，当X射线透过人体不同组织时，被吸收的程度不同，经过显像处理后即可得到不同的影像。X射线被广泛应用于临床诊断和治疗，诊断上使用的X射线波长为0.08～0.31Å，比如：X射线胸部透视、照相、腹部平片、胆囊造影、胃肠造影及血管造影等检查。

如图1-6所示，X射线从发射端出射后，透过不同部位的人体组织，然后在探测器上的相应位置被接收。通过分析探测器上的结果，我们就能获得对应人体部位的内部信息。物质都是由原子组成的，X射线在穿过人体的时候，与我们人体内部的原子相互作用而导致衰减。而X射线与原子间的作用形式主要有三种：①光电效应；②康普顿散射；③直接穿过不发生反应。

图1-7是对人手的X射线成像。物理学家伦琴凭着发现X射线的巨大成就，于1901年获得了第一届诺贝尔物理学奖。

紫外线（ultraviolet, UV）是电磁波谱中频率为750THz～30PHz，对应真空中波长为400～10nm辐射波的总称，不会引起人们的视觉反应。它是频率比蓝紫光高的不可见光。紫外线的英文名是ultraviolet，其中的ultra- 意为"高于，超越"。1801年，德国物理学家里特发现，在日光光谱的紫端外侧一段辐射波能够使含有溴化银的照相底片感光，从而发现了紫外线的存在。紫外线主要应用在电子、化学、工业、生物、医学等领域。紫外线会对细菌产生一定的杀菌作用，这也是为什么在医院会存在紫外线灯的缘故，如图1-8所示。

可见光是电磁波谱中人眼可以感知的部分，可见光谱没有精确的范围，一般人的眼睛可以感知的电磁波的频率为380～750THz，波长在780～400nm之间，但还有一些人能够感知到频率为340～790THz、波长在880～380nm之间的电磁波。正常视力的人眼对绿光最为敏感。人眼可以看见的光的范围受大气层影响。大气层对于大部分的电磁辐射来讲都是不透明的，只有可见光波段和其他少数如无线电通信波段等例外。不少其他生物能看见的光波范围跟人类不一样，例如包括蜜蜂在内的一些昆虫能看见紫外线波段，这对于寻找花蜜有很大帮

4

图1-5 γ射线产生过程

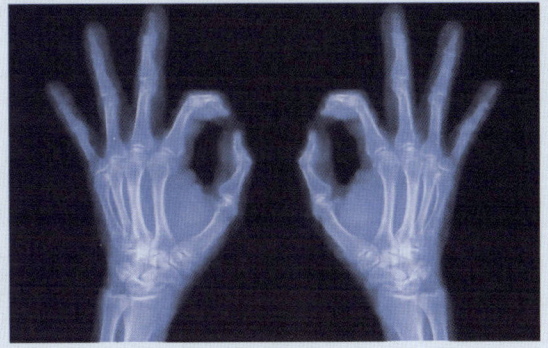

图1-7 对人手的Ｘ射线成像

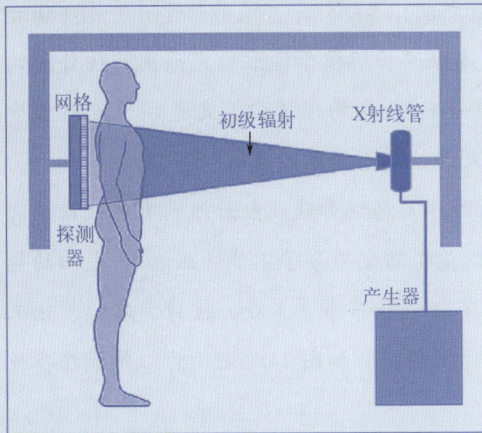

图1-6 Ｘ射线成像示意图

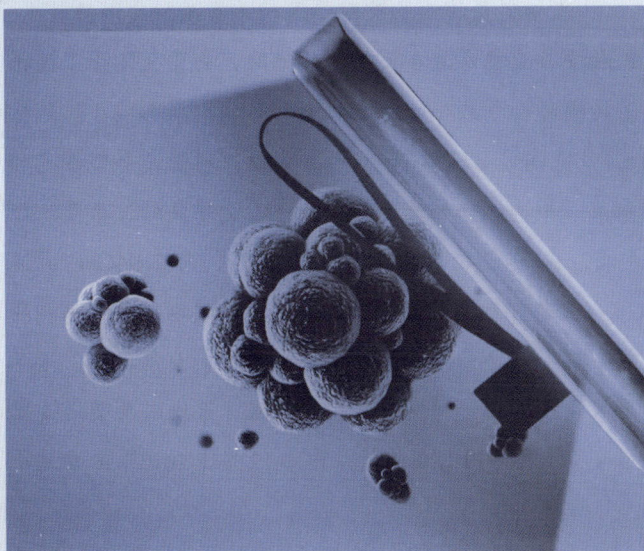

图1-8 紫外线杀菌

助。1666年，英国科学家牛顿揭示了光的色学性质和颜色的秘密。他用实验说明太阳光是各种颜色的混合光，并发现光的颜色取决于光的频率。图1-9列出了在可见光范围内不同波长光的颜色。

红外线（Infrared，IR）是频率介于微波与可见光之间的电磁波，是电磁波谱中频率为0.3～400THz，对应真空中波长为1000μm～760nm辐射波的总称。

1800年，天文学家威廉·赫歇尔发现了红外线，如图1-10所示。当分子改变其旋转或振动的运动方式时，就会吸收或发射红外线。由红外线的能量可以找出分子的振动模态及其偶极矩的变化，因此在研究分子对称性及其能态时，红外线是一种理想的频率范围。

红外线是频率比红光低的不可见光。红外线主要划分为三部分：近红外光，波长位于0.76～1.5μm之间；中红外光，波长位于1.5～6.0μm之间；远红外光，波长位于6.0～1000μm之间。注意，根据对太赫兹波波长的定义，太赫兹波短波长端位于远红外光范围。红外线的英文名是Infrared，其中的infra-意为"低于，在……下"。在物理学中，凡是高于绝对零度（0K，即 −273.15℃）的物质都可以产生红外线（以及其他类型的电磁波）。现代物理学称之为黑体辐射（热辐射）。医用红外线可分为两类：近红外线与远红外线。红外线具有热效应，能够与大多数分子发生共振现象，将光能（电磁波的能量）转化为分子内能（热能），太阳的热量主要就是通过红外线传到地球上的。此后，人们不断地在军事、工业、医疗、农牧、化工等各个领域对这种具有强力热效应的光进行探究和开发利用。如图1-11所示为红外线在夜晚监视及人体扫描方面的应用。

微波（Microwave）是波长为1m～1mm（相应的频率为300MHz～300GHz）的电磁波。这段电磁频谱包括分米波、厘米波和毫米波等波段。毫米波（Millimeter Wave）是波长为1～10mm的电磁波，它位于微波与远红外波相交叠的波长范围，因而兼有两种波谱的特点。与光波相比，毫米波利用大气窗口（毫米波与亚毫米波在大气中传播时，由于气体分子谐振吸收所致的某些衰减为极小值的频率）传播时的衰减小，受自然光和热辐射源影响小。通常认为毫米波频率范围为26.5～300GHz，带宽高达273.5GHz，超过从直流到微波全部带宽的10倍，这在频率资源紧张的今天无疑极具吸引力。在相同天线尺寸下，毫米波的波束要比微波的波束窄得多。例如一个12cm的天线，在9.4GHz时波束宽度为18°，而在94GHz时波束宽度仅为1.8°。因此，利用毫米波可以分辨相距更近的小目标或者更为清晰地观察目标的细节。与激光相比，毫米波的传播受气候的影响要小得多，可以认为具有全天候特性。近年来，随着对毫米波系统需求的增长，毫米波技术在研制发射机、接收机、天线以及毫米波器件等方面有了重大突破，毫米波雷达进入了各种应用的新阶段。图1-12是车载毫米波雷达示意图，目前流行的工作频率为77GHz。

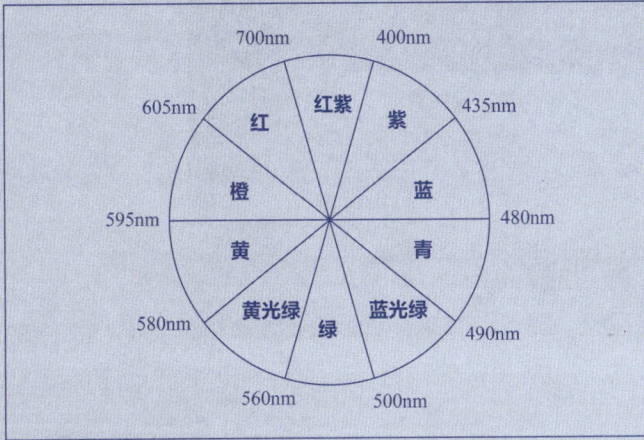

图 1-9　不同波长可见光对应的颜色

红外线的发现

- 1800年，科学家赫歇尔在观测太阳光的色散光谱中各区域的温度时，发现热效应的分布很不均匀。在红光外侧还有热效应，而且比其他部分更明显。

- 科学家把这种看不见的"光"称为红外线。

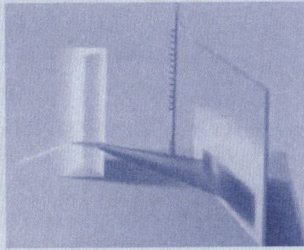

图 1-10　红外线的发现

夜晚监视

人体扫描

图 1-11　红外线夜晚监控及人体扫描应用

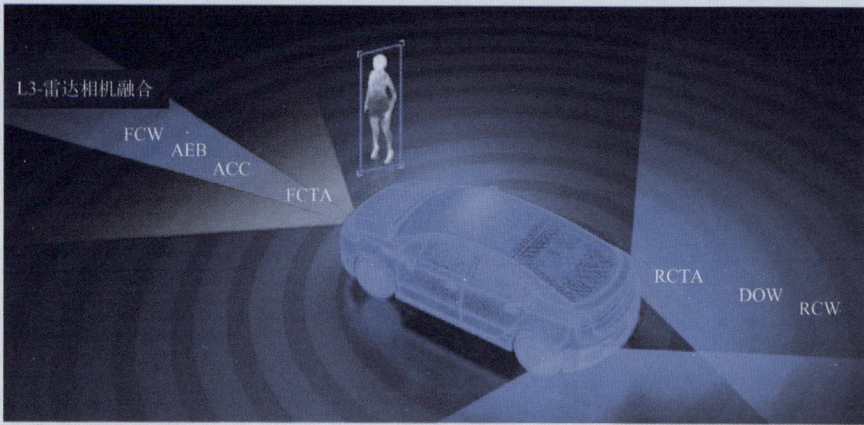

图 1-12　车载毫米波雷达示意图

FCW—前方碰撞预警系统；AEB—自动紧急刹车系统；ACC—自适应巡航控制系统；FCTA—前方交叉路口来车预警；RCTA—倒车侧后方预警系统；DOW—开门预警系统；RCW—后碰撞预警功能

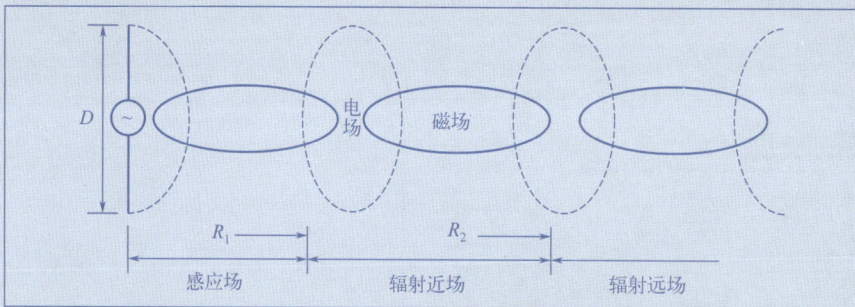

图 1-13　电磁波产生过程

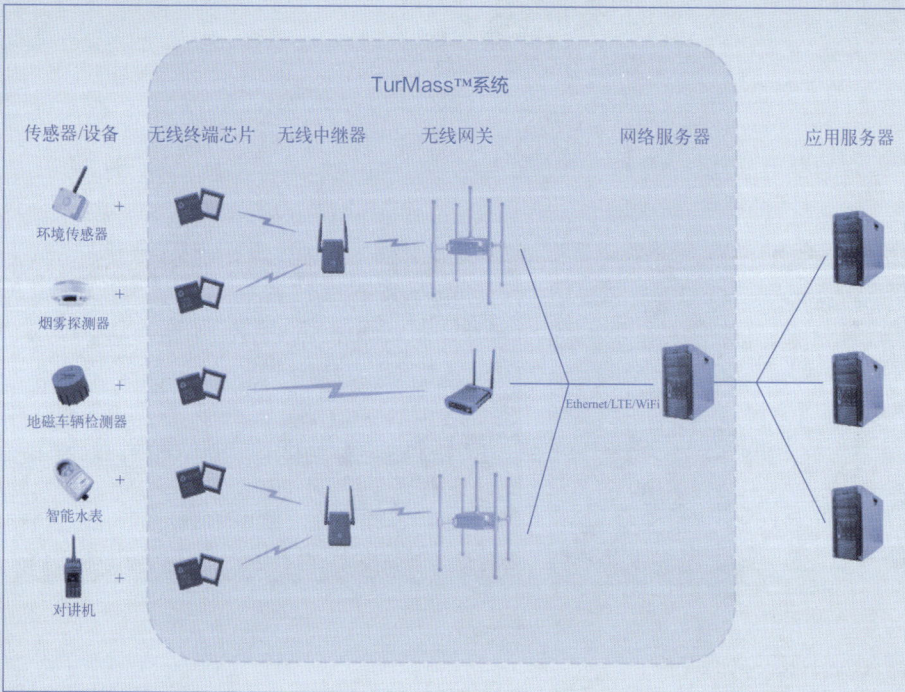

图 1-14　无线射频系统

8

射频（Radio Frequency, RF）是一种可以辐射到空间的电磁波，频率范围为300kHz～300GHz。上述讲过的微波也属于射频范围。射频就是射频电流，简称RF，它是一种高频交流变化电磁波的简称。每秒变化小于1000次的交流电称为低频电流，大于10000次的称为高频电流，而射频就是这样一种高频电流。射频（300kHz～300GHz）是高频（大于10kHz）的较高频段，微波频段（300MHz～300GHz）又是射频的较高频段。在电子学理论中，电流流过导体，导体周围会形成磁场；交变电流通过导体，导体周围会形成交变的电磁场，称为电磁波，如图1-13所示。在电磁波频率低于100kHz时，电磁波会被地表吸收，不能形成有效的传输；但电磁波频率高于100kHz时，电磁波可以在空气中传播，并经大气层外缘的电离层反射，形成远距离传输能力。我们把具有远距离传输能力的高频电磁波称为射频。射频技术在无线通信领域中被广泛使用，有线电视系统就是采用射频传输方式。图1-14是一个典型的无线射频系统。

1.2 太赫兹波的历史

对"太赫兹波"的研究已有一个多世纪。这个概念最早是由海因里希（H. Rubens）和尼科尔斯（E.F. Nichols）提出的。从我们已经习惯于认为电磁波和光波是一个常用光谱的组成部分以来，人们经常试图将我们的知识拓展到这两种现象之外的广阔区域，并通过减少电振荡的波长，使它们更接近地结合在一起——通过里希（Righi）和之后乐博德夫（Lebedev）的非凡实验，赫兹（Hertz）可以测量到最短波长的1/100，或者发现和测量更长的热波[1]。研究具有大波长的红外线波的最大困难在于，这些光线只构成作为光源的火焰或者白炽灯所发出的总能量的最小部分，因此，如果要研究它们的特性，必须与其他完全重叠并隐藏它们的波分开。

海因里希、尼科尔斯和普林舍姆（E. Pringsheim）等人关于太赫兹的研究对普朗克辐射定律有重大的影响。图1-15给出了不同温度黑体辐射的光谱分布。

1922年海因里希去世后，普朗克写道："如果没有海因里希的干预，辐射定律公式以及此后量子理论基础将会以一种完全不同的方式发生，可能根本不会发生在德国。"

1924年4月，尼科尔斯和蒂尔（Tear）首次展示了识别和测量亚毫米波的实验[2]。后来，尼科尔斯在美国国家科学院的会议上提出"扩展短电波谱到0.22mm的波长"，通过改进产生和测量短电波的方法。图1-16是一个简单的不成比例的短电波产生示意图，可以利用一个改进的赫兹振荡器，由密封在玻璃管末端的一对小钨圆柱组成，接收器是尼科尔斯辐射计的改编版。接收元件，无论是云母上的细铂丝，还是铂薄膜，都被入射辐射加热，并通过辐射计效应（Langley辐射计）测量温升。波长测量是由法布里-珀罗干涉仪实现的，典型结构如图1-17所示。以这

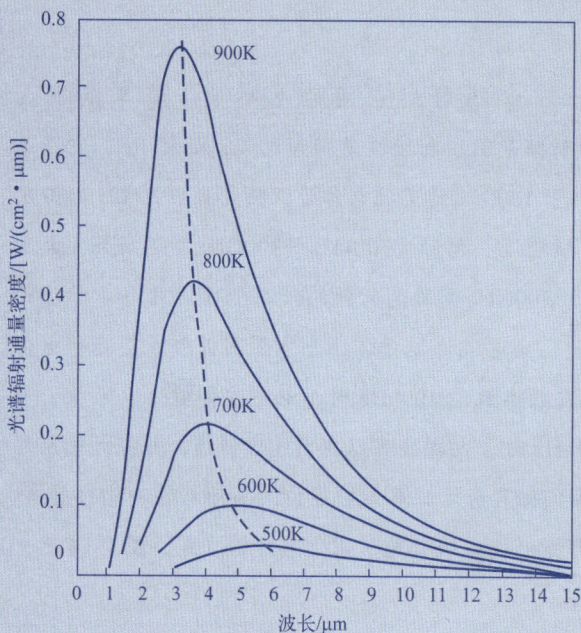

图 1-15　不同温度黑体辐射的光谱分布

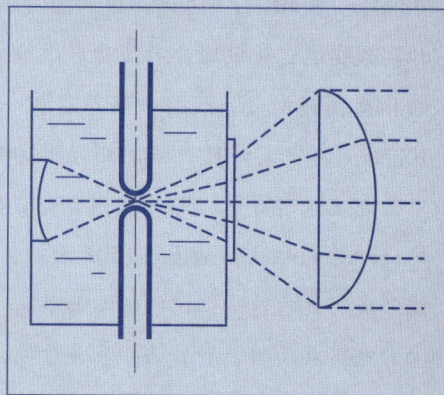

图 1-16　短电波产生示意图

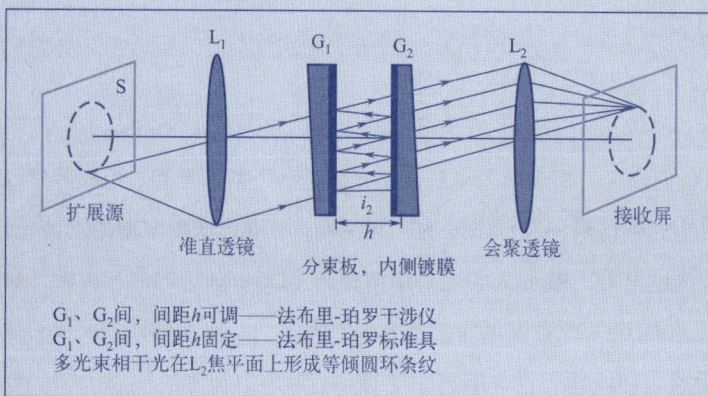

G_1、G_2 间，间距 h 可调——法布里-珀罗干涉仪
G_1、G_2 间，间距 h 固定——法布里-珀罗标准具
多光束相干光在 L_2 焦平面上形成等倾圆环条纹

图 1-17　法布里 - 珀罗干涉仪原理

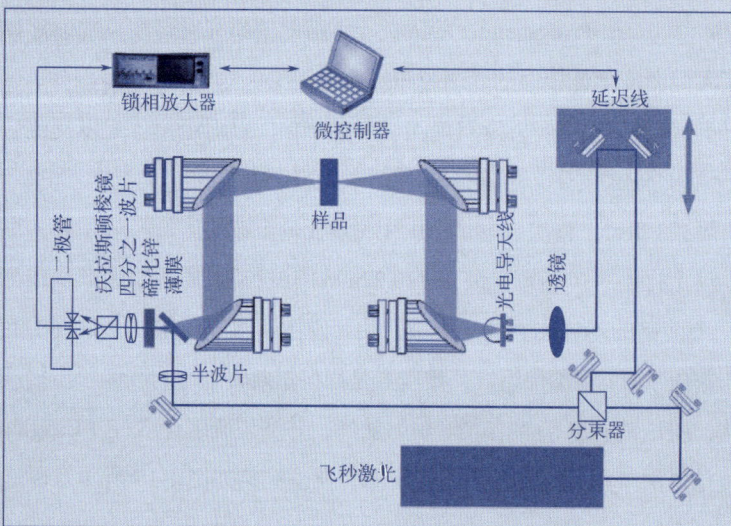

图 1-18　典型 THz-TDS 结构示意图

种方式,"小赫兹振荡器的基本波长"约为双峰总长度的 4/5。所使用的最小振荡器的各个圆柱电极的长为 0.1mm、直径为 0.1mm,相应测量的波长为 0.9mm。

20 世纪 70 年代中期,"太赫兹"一词被引入,尤其是在光谱学研究人员中越来越受欢迎。1974 年,Fleming 首次提出太赫兹一词,在前一年,Kerecman 将太赫兹应用于点接触二极管探测器的频率覆盖范围,Ashley 和 Palka 使用该名称来指代水激光器的共振频率[3-6]。

紧接着,先进光整流和光电导技术的发展,使得基于多模激光器和自由电子激光器直接产生太赫兹辐射成为可能。当然,到目前为止,光整流和光电导作为两种产生宽谱太赫兹波的主流方法,一直备受关注,将在后面的章节进行介绍。1989 年,研发出了太赫兹时域光谱仪(THz-TDS),它可以产生和检测太赫兹射线,其典型结构示意图如图 1-18 所示。目前,"太赫兹"一词被用于亚毫米波 / 远红外电磁波辐射。

"太赫兹"一词的成功传播是由于近来应用的爆炸式增长,这推动了太赫兹源和探测器性能改进的发展。太赫兹技术变得越来越流行,很大程度上是由于具有超短脉冲激光源的时域光谱的出现,这使得进行时间分辨的"远红外"研究成为可能,同时也推动了亚毫米波长区域的光谱和成像应用的探索。此外,用于开发高性能的源和探测器的不同技术的新进展,使得将以前未使用的太赫兹频带用于光谱分析甚至成像系统成为可能。

1.3 为什么"太赫兹空隙"很有趣?

太赫兹技术是一个非常重要的交叉前沿领域,研究人员之所以对其进行了大量的研究,是因为太赫兹波具有很多独特的性质,如图 1-19 所示,包括宽带性、瞬态性、低能性、指纹光谱、吸收性、透视性等。正是这些性质,赋予了太赫兹波广泛的应用前景。

① 宽带性:太赫兹脉冲的频带可以覆盖 0.1~10THz 的范围,许多物质在太赫兹波段具有丰富的频谱信息,可以根据这些物质在太赫兹波段丰富的吸收特征判断物质成分。

② 瞬态性:太赫兹脉冲的典型脉宽在皮秒数量级,可以对物质进行时间分辨光谱的研究。

③ 低能性:太赫兹波的量子能量很低(频率为 1 THz 的太赫兹波的量子能量仅为 4.1meV),不会引起有害的电离反应。

④ 指纹光谱:太赫兹波段包含了丰富的物理和化学信息。大多数极性分子和生物大分子的振动和转动能级跃迁都处于太赫兹频率范围,根据这些指纹特征,太赫兹光谱成像技术能够分辨物体的形貌,分析物体的物理化学性质。

⑤ 吸收性:水等极性液体对太赫兹波具有较强的吸收性,可以使用太赫兹波来区分物质的含水量。

⑥ 透视性：太赫兹波对大部分介电材料和非极性液体具有良好的穿透性。例如，太赫兹波可以穿透纸张、针织物、塑料、陶瓷、木材等不透明材料的物体，对其内部结构进行检测。

基于上述性质，在过去的几十年间，太赫兹系统发生了一场革命，部分原因是从成像、传感到光谱学等的广泛的独特应用，如图1-20所示。

1.3.1 天文学研究领域

天文学和空间研究一直是太赫兹研究的早期驱动因素之一，因为有大量的光谱信息可加以利用，这些信息与恒星尘埃、彗星以及具有独特太赫兹光谱特征的行星中丰富的分子（如氧、水和一氧化碳等）的存在相关。随着射电天文探测频率与灵敏度的持续提高，在太赫兹谱段探测星际原子、分子和尘埃的辐射及吸收特性成为可能，进而形成太赫兹天文这一新的观测研究领域。太赫兹天文观测几乎涉及当代天文学所有的基本问题，尤其是在恒星及其行星系统的形成与演化和早期宇宙演化等前沿领域研究中具有不可替代的作用。太赫兹源在天文学中的应用是作为亚毫米波外差接收器的本地振荡源，用于高分辨率光谱学[1]。图1-21给出了星际间（尘埃、轻分子和重分子）、30K黑体和2.7K宇宙背景的辐射光谱[7, 8]。

1.3.2 成像技术应用研究

近年来，太赫兹成像由于其能穿透大多数介质材料和非极性液体而引起了人们极大的研究兴趣。太赫兹成像系统根据所使用的光源的不同，通常能够分为连续太赫兹波成像系统和脉冲太赫兹波成像系统。

基于上述太赫兹波的特性，太赫兹成像技术已经应用于多个领域，如图1-22所示。目前使用太赫兹成像研究细胞结构的兴趣也在增加。

1.3.3 光谱学应用研究

太赫兹光谱学的发展一直是一个活跃的研究课题，因为其具有提取材料特性的潜力。太赫兹光谱主要来自于分子的转动和振动激发的发射或吸收规格的强度。如图1-23所示是常见的两种太赫兹光谱分析的方法——时域分析和频域分析。

太赫兹时域光谱技术是一种新兴的相干探测技术，也是太赫兹技术研究最为基础和广泛应用的领域，已经成为研究太赫兹波段的物质特性的重要工具。太赫兹时域光谱技术即是通过测量空载背景和样品的太赫兹时域脉冲信号，同时获得太赫兹脉冲信号的振幅和相位，对太赫兹时域波形进行快速傅里叶变换并进行相关计算，可得到样品的透过率、反射率、相位、功率、吸收系数、折射率等光谱参数，在研究太赫兹波段的物质的光谱特性、研究组成分子的振动和转动特性、分析物质的组成结构、测量物质厚度等方面显示出了巨大的发展潜力，如图1-24所示。

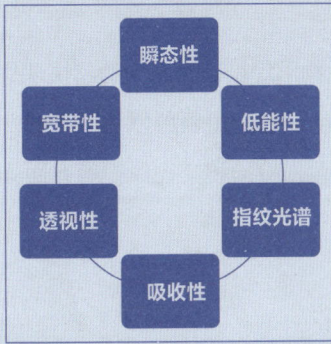

图 1-19 太赫兹波的主要性质

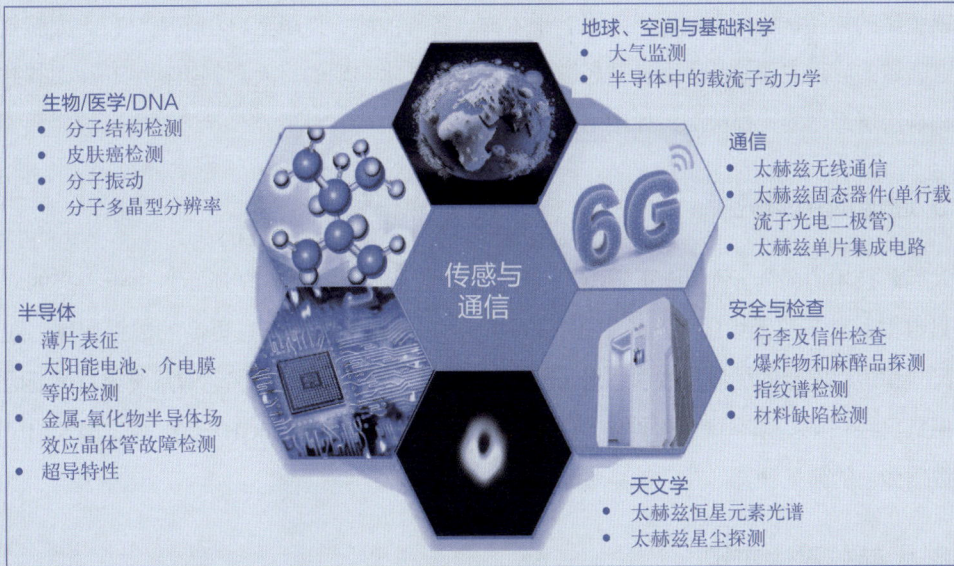

图 1-20 太赫兹技术的独特应用

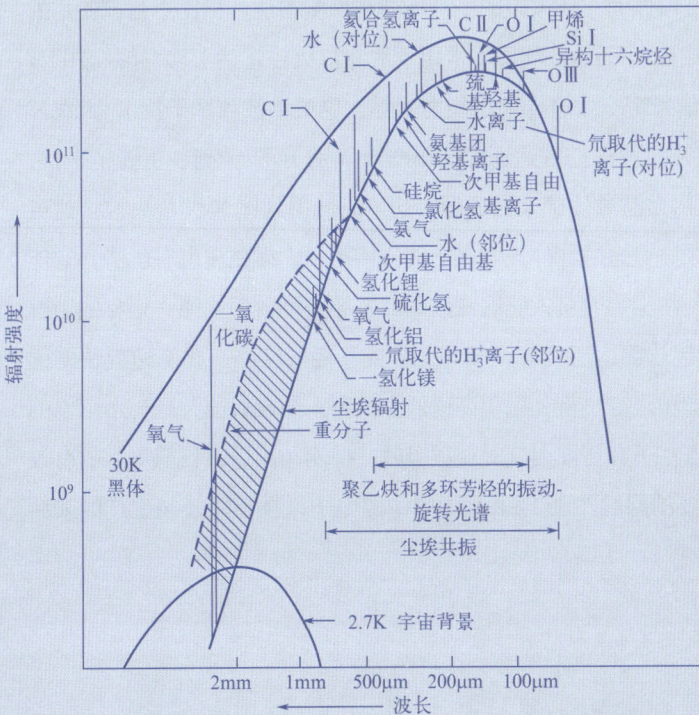

图 1-21 30K 黑体、2.7K 宇宙背景、典型星际尘埃和亚毫米级的关键分子线辐射谱[7, 8]

太赫兹时域光谱技术将成为揭示和分析物理学、化学和生物学等基础科学中的超快现象的有力工具。基于太赫兹时域光谱技术的光谱成像技术也将拥有广阔的应用领域以及巨大的发展潜力，如图 1-25 所示，在晶体光学、食品农产品、生物医学、无损检测和文物保护等方面具有重要的应用。

1.3.4 工业应用研究

太赫兹技术应用的成本较高，阻碍了相关仪器在工业领域的应用。太赫兹波能够穿透许多不含水或金属的物品，包括硬纸板、纸张、干木材、各种油漆、许多塑料和陶瓷材料。太赫兹技术在工业领域的应用主要是基于太赫兹光谱技术和成像技术实现的。大众集团利用 Irys 太赫兹系统实现车身涂层厚度的无损检测，如图 1-26 所示。

1.3.5 通信应用研究

太赫兹技术的另外一个新兴应用领域是高速无线通信，如图 1-27 所示。由于新兴的应用需要大量数据，对高速无线接入的需求正在增加。太赫兹载波频率具有更高的数据速度、亚毫米天线尺寸和短程安全的优势，特别适用于便携式设备。虽然太赫兹数字通信系统容易遭受大气损耗，但其已经在某些频率窗口附件实现了演示，特别是在 300～400GHz 范围内，展现出了高比特率数据传输的前景。

1.3.6 太赫兹雷达应用

太赫兹雷达，就是采用太赫兹波段作为工作波段的一种新体制探测雷达。相比于目前使用的雷达波，比如精度很高、用于精确武器制导的 X 波段（常用于战斗机火控雷达），太赫兹波的波段更短，这意味着它能实现更大的信号带宽（这样输出能力就强，也更难被敌军干扰）、天线波束可以做得很窄（这样探测精度比 X 波段火控雷达还要高出一个级别）。更精确、更能抗干扰，意味着它比 X 波段更有优势。如果用太赫兹体制来做成像雷达，更能得到比 X 波段火控雷达更精细的图像。同时，与波长比太赫兹波更短的红外光学探测波段相比，太赫兹波也有优势，它能穿透红外光学探测穿透不了的烟雾、沙尘等遮蔽，能够在敌军武器装备释放干扰弹、烟雾的情况下，准确地侦察到目标。此外，太赫兹雷达还具有载频高、合成孔径长度小、成像速度快的优点，可以实现对运动目标的视频成像和跟踪。将其用于高速低空侦察系统或武器，是一个可能的应用方向。目前，太赫兹雷达的缺点在于容易被大气对流层吸收，探测距离近，目前可靠的有效作用距离仅为几千米。这是其最主要的问题。图 1-28 是国内中国电子科技集团公司生产的太赫兹雷达实物。

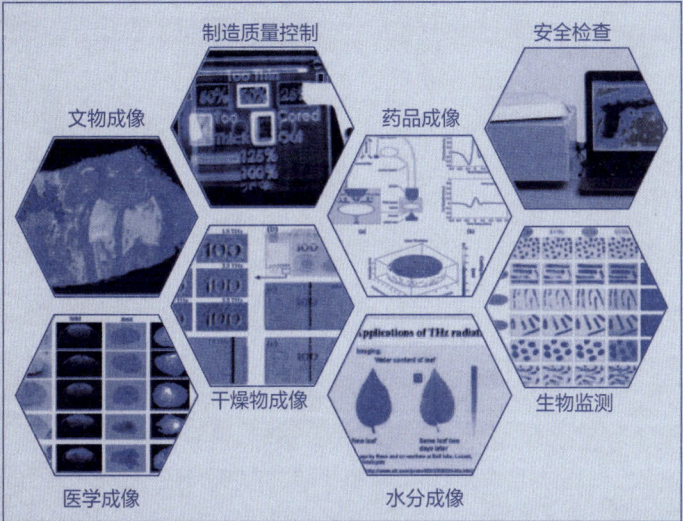

图1-22 太赫兹成像技术的应用

1.时域分析

对样本的反射波形在时域里做信号处理

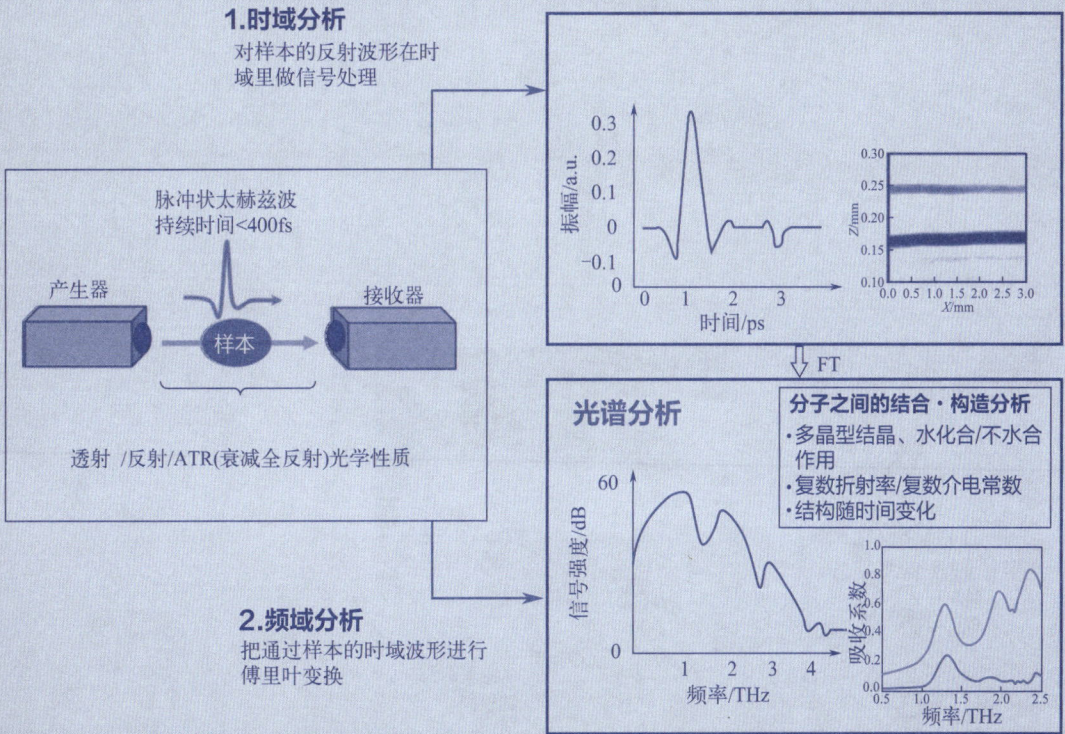

光谱分析

分子之间的结合·构造分析

- 多晶型结晶、水化合/不水合作用
- 复数折射率/复数介电常数
- 结构随时间变化

脉冲状太赫兹波持续时间<400fs

产生器 → 样本 → 接收器

透射 /反射/ATR(衰减全反射)光学性质

2.频域分析

把通过样本的时域波形进行傅里叶变换

图1-23 太赫兹光谱分析基本原理

15

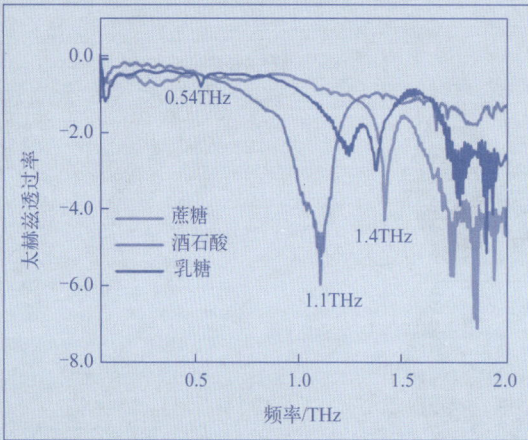

图1-24 不同物质太赫兹光谱

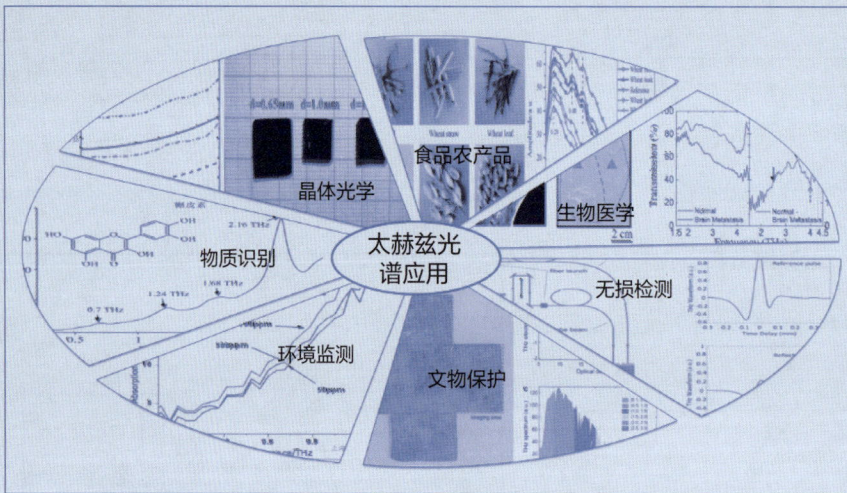

图1-25 太赫兹典型的光谱应用

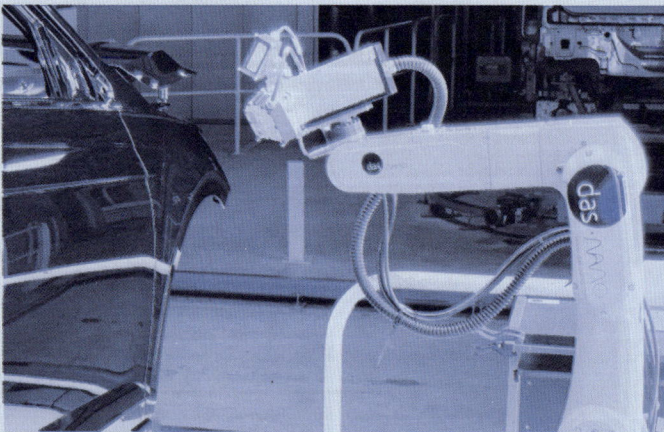

图1-26 Irys 太赫兹系统无损检测车身涂层厚度

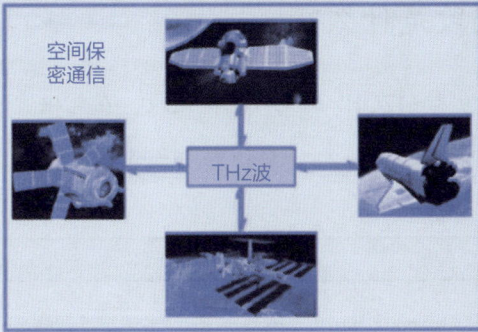

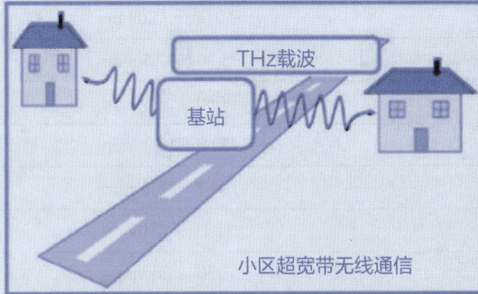

图 1-27 太赫兹通信主要应用领域

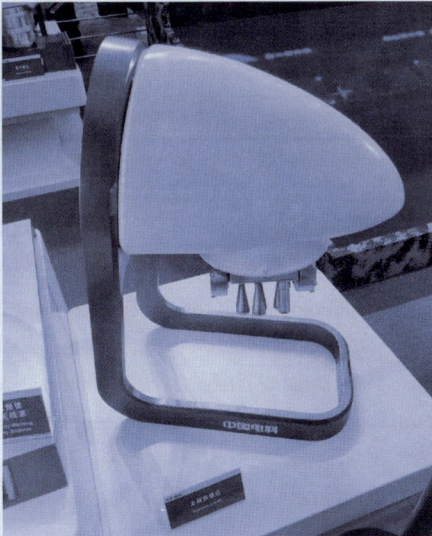

图 1-28 太赫兹雷达实物

题外知识：X波段是什么？

根据 IEEE 521—2002 标准，X 波段是指频率为 8～12GHz 的无线电波波段，在电磁波谱中属于微波。微波波段其他波长的划分如表 1-1 所示。

表1-1 微波波长划分

波段名称	频率范围	波长范围
P 波段	230～1000MHz	
L 波段	1～2GHz	300.00～150.00mm
S 波段	2～4GHz	150.00～75.00mm
C 波段	4～8GHz	75.00～37.50mm
X 波段	8～12GHz	37.50～25.00mm
Ku 波段	12～18GHz	25.00～16.67mm
K 波段	18～27GHz	16.67～11.11mm
Ka 波段	27～40GHz	11.11～7.50mm
U 波段	40～60GHz	7.50～5.00mm
E 波段	60～90GHz	5.00～3.33mm
F 波段	90～140GHz	3.33～2.14mm
Q 波段	30～50GHz	10.00～6.00mm
V 波段	50～75GHz	6.00～4.00mm
W 波段	75～110GHz	4.00～2.73mm
D 波段	110～170GHz	2.73～1.76mm

参考文献

[1] Rubens H, Nichols E F. Heat rays of great wave length[J]. Physical Review (Series I), 1897, 4(4): 314.

[2] Nichols E F, Tear J D. Joining the infra-red and electric wave spectra[J]. Proceedings of the National Academy of Sciences, 1923, 9(6): 211-214.

[3] Chamberlain J M. Where optics meets electronics: recent progress in decreasing the terahertz gap[J]. Philosophical Transactions of the Royal Society of London. Series A: Mathematical, Physical and Engineering Sciences, 2004, 362 (1815): 199-213.

[4] Fleming J W. High-resolution submillimeter-wave Fourier-transform spectrometry of gases[J]. IEEE Transactions on Microwave Theory and Techniques, 1974, 22(12): 1023-1025.

[5] Kerecman A J. The tungsten-P type silicon point contact diode[C]//1973 IEEE G-MTT International Microwave Symposium. IEEE, 1973: 30-34.

[6] Ashley J R, Palka F M. Transmission cavity and injection stabilization of an X-band transferred electron oscillator[C]//1973 IEEE G-MTT International Microwave Symposium. IEEE, 1973: 181-182.

[7] Phillips T G, Keene J. Submillimeter astronomy (heterodyne spectroscopy)[J]. Proceedings of the IEEE, 1992, 80(11): 1662-1678.

[8] Siegel P H. Terahertz technology[J]. IEEE Transactions on microwave theory and techniques, 2002, 50(3): 910-928.

第2章
大赫兹波的产生与测量

太赫兹技术应用的前提是，需要有高效的太赫兹辐射源及探测器。

2.1 如何产生太赫兹波

首先对于太赫兹产生来说，由于太赫兹频率范围在电磁波谱中所处的特殊位置，在研究工作中可以从光学频率和微波频率两个方向来产生太赫兹波，即使用光子学方法和电子学方法两种手段。光子学的方法是频率下转换过程，通过不同方法将频率降低从而实现太赫兹波的输出；而电子学的方法主要是一种上转换的方法，将相对较低的微波频率升高到太赫兹波段从而产生太赫兹波。每种方法都存在不足，电子学的方法能够获得较高的太赫兹波功率，但频谱宽度较窄，一般只有几百吉赫兹，且产生的太赫兹波的频率相对较低，普遍在 1THz 以下；而光子学的方法能够产生非常宽的太赫兹光谱，可以覆盖 0.1～30THz，但产生的太赫兹波的能量很低，一般只有纳瓦（$1nW=10^{-9}W$）或者皮瓦（$1pW=10^{-12}W$）量级[1]。

如图 2-1 所示，基于光子学技术产生太赫兹波的方法可以产生宽带太赫兹脉冲和窄线宽太赫兹波。宽带太赫兹波的产生方法包括光电导、光整流、强场超宽带太赫兹脉冲产生等方法。窄线宽太赫兹波产生的方法包括参量振荡、光学差频技术、光泵浦太赫兹气体激光器、光子混频激光器等。

如图 2-2 所示，基于电子学技术产生太赫兹波的方法包括微型真空电子器件、相对论电子器件以及半导体激光器等。

作者提醒

需要注意的是，在太赫兹波的产生过程中，会涉及大量的理论知识及公式推导，这些需要去参考专业的书籍。

2.1.1 利用光子学方法产生太赫兹波

2.1.1.1 基于光电导的超宽带太赫兹脉冲产生

光电导天线是在半导体材料表面沉积金属电极形成偶极天线结构，在两个电极之间添加偏置电压，从而驱动由超快激光（通常是飞秒激光脉冲）激发的自由载流子进行加速运动，从而向外输出太赫兹脉冲，基本结构和工作原理如图 2-3 所示。此种太赫兹产生系统的性能取决于三个主要因素：光导体材料、天线的几何结构以及泵浦激光的脉冲宽度。

制作光电导天线基底的材料需要具有较短的载流子寿命、较高的载流子迁移率以及较大的材

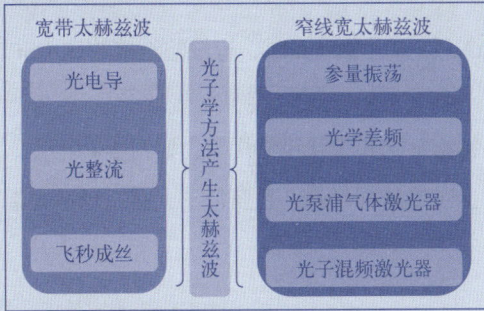

图 2-1 主要的光子学方法产生太赫兹波的技术

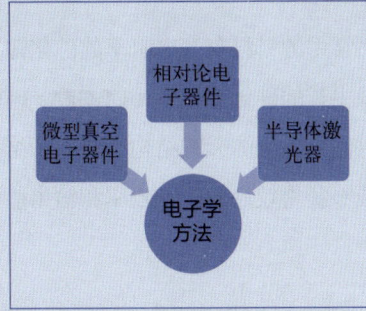

图 2-2 主要的电子学方法产生太赫兹波的技术

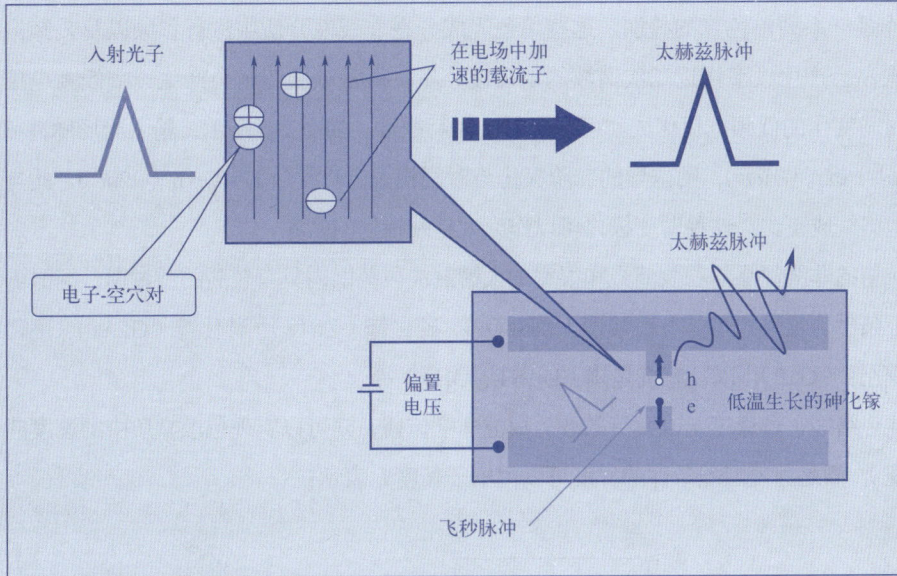

图 2-3 光电导天线的基本结构和工作原理[2]

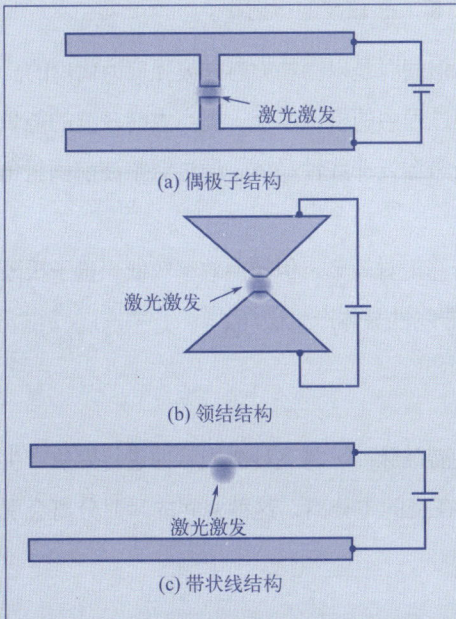

图 2-4 光电导天线几何形状

料暗电阻率等，常用的材料有高电阻率的砷化镓（GaAs）、磷化铟（InP），有缺陷结构的硅（Si）晶片，以及低温生长的砷化镓材料（LT-GaAs）等。

常用来提供偏置电压的天线结构有偶极子结构、领结结构和带状线结构等，如图2-4所示。

此类方法能够获得较高的转换效率和输出能量，但装置结构复杂，且获得的太赫兹脉冲光谱相对比较窄。

2.1.1.2 基于光整流的超宽带太赫兹脉冲产生

光整流现象是非线性介质的二次非线性电极化效应。根据傅里叶变换原理，宽频带的飞秒激光脉冲可以看作是一系列单色光的叠加，这些单色光成分在非线性介质中进行和频以及差频振荡，其中和频振荡会产生频率接近二次谐波的电磁波分量，而差频振荡则会产生一个低频电极化场，这个随时间变化的低频电极化场就可以辐射出太赫兹波。如图2-5所示，输入光场脉冲 $E(t)=E_0\exp(-at^2)\exp(-i\omega t)$，则诱导的二阶极化与时间相关，$P^{(2)}(t)=P_0\exp(-2at^2)$，此与输入光脉冲的包络线成正比。这种时变极化可以作为太赫兹辐射的来源。

光整流中所用的非线性晶体在泵浦光和很宽的太赫兹波段范围内具有较高的透过率，同时需要满足相位匹配条件。常用的晶体有铌酸锂（LiNbO$_3$）、碲化锌（ZnTe）、砷化镓（GaAs）、硒化镓（GaSe）、磷化镓（GaP），以及有机晶体（DAST、OH1）等。

如果光脉冲包络线（群速度）以太赫兹波的相位速度传播，则可以实现色散介质中的速度匹配（或相位匹配）。满足速度匹配条件的程度可以用相干长度 l_c 表示：

$$l_c = \frac{c}{2v_{THz}\left|n_{optical}-n_{THz}\right|} \tag{2-1}$$

式中，v_{THz} 为太赫兹频率；$n_{optical}$ 和 n_{THz} 分别为泵浦光和太赫兹波的折射率。

通常需要使用较薄的晶体来产生宽带太赫兹脉冲，但同时是以牺牲太赫兹波强度为代价的。

如图2-6所示，倾斜波前技术能够用于实现光整流过程中的相位匹配，提高太赫兹波的能量转换效率，其核心思想是利用倾斜波前的飞秒激光脉冲来激发非线性晶体，通过调整波前倾斜角度使光整流过程达到良好的相位匹配。

基于此种方法能够获得很宽的频谱带宽，且装置器件相对简单，但转换效率较低，量子极限效率只有1%。使用较高能量的飞秒脉冲激光泵浦会对非线性晶体产生破坏。

2.1.1.3 基于强场的超宽带太赫兹脉冲产生

可以利用空气中的四波混频效应得到频谱较宽的太赫兹脉冲。将飞秒激光脉冲进行聚焦产生的质动力（Ponderomotive），使得原子中的离子和电子在空间中分离，这种空间的瞬时分离会引

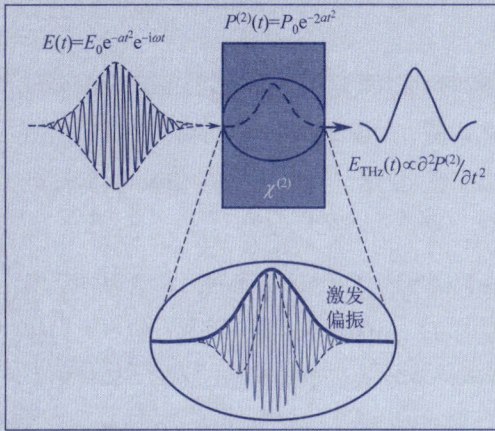

图 2-5 光整流产生太赫兹波过程示意图

{飞秒脉冲（虚线包络）从左侧入射，并通过非线性介质［$\chi^{(2)}$］传播。在非线性介质中，感应极化产生太赫兹电场}

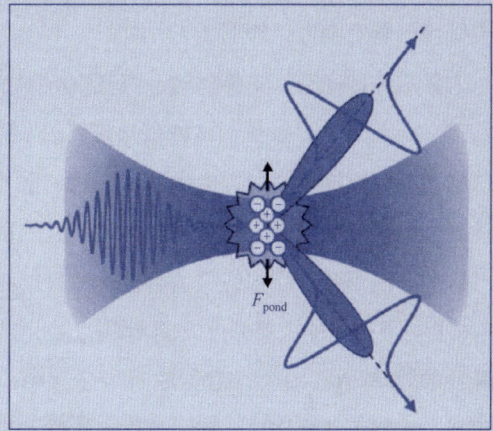

图 2-7 飞秒激光聚焦到气体中产生太赫兹的原理示意图[2]

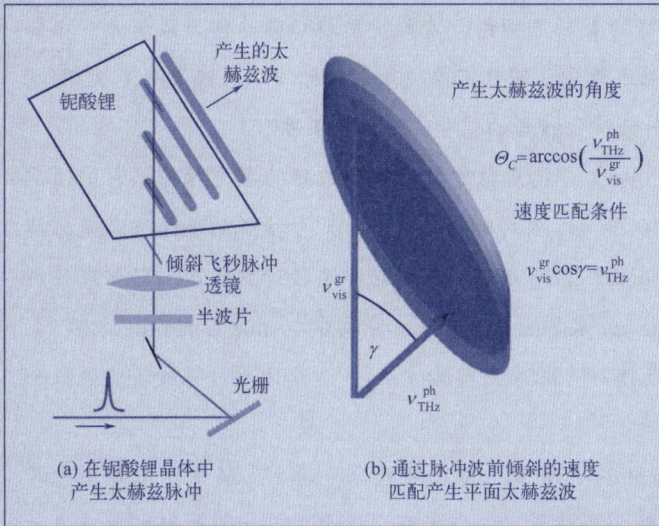

图 2-6 倾斜波前技术

（飞秒脉冲通过光栅产生倾斜，在非线性介质中传输时，与产生的太赫兹脉冲保持同相。图中显示了几个脉冲）

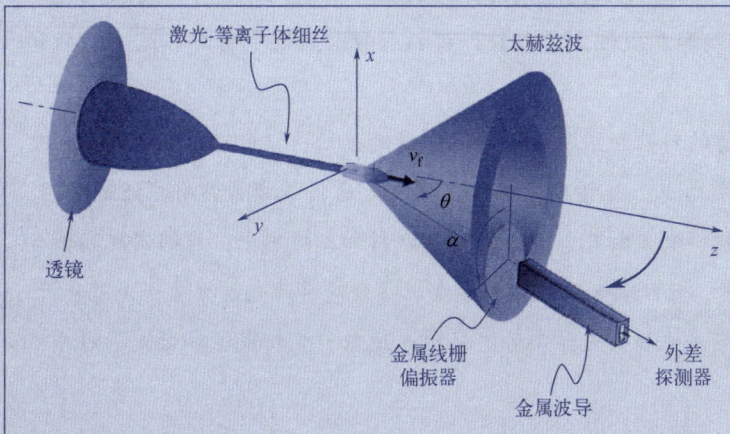

图 2-8 飞秒激光成丝辐射太赫兹波的产生机制[2]

（主流的机制有基于宏观理论-四波混频模型和微观动力学理论-光电流模型。其他物理解释包括：成丝过程中的洛伦兹力导致自由电子和质子纵向位移及相应偶极辐射；电流在光丝中随着激光脉冲移动而形成瞬时切伦科夫形式辐射产生太赫兹波；纵向电子运动和横向密度梯度之间的交叉耦合辐射前向太赫兹波；二维等离子电流模型）

起电磁波的瞬时辐射，如图 2-7 所示。

太赫兹脉冲在空气中传播时，空气中的水分子会强烈吸收太赫兹波，不利于太赫兹波的远距离传输。研究人员提出基于飞秒激光成丝的太赫兹辐射机制，如图 2-8 所示。所谓"成丝"是指超快激光在介质中传播时，由电离、聚焦、散焦等效应而形成的稳定的等离子体通道，其距离可以达到衍射极限的数倍，并且自身没有明显的发散[3]。

这种方法不受介质损伤阈值限制，并且能够在远距离空气中激发太赫兹脉冲。激光驱动气体/液体成丝所产生的太赫兹脉冲具有较宽的光谱，可覆盖 0.1～100THz，甚至更宽。但产生太赫兹脉冲的效率较低（10^{-4}～10^{-5}），在特定频率范围内的能量不高，且由于非线性较强，导致稳定性不足，一般不适合作单一动力学过程的激发光源。

题外知识：超短激光脉冲)))

从之前的分析来看，为了产生较宽的太赫兹频谱，需要使用超短脉冲作为泵浦源，在本书后面章节关于宽谱太赫兹脉冲的探测过程中，同样需要使用超短脉冲。从傅里叶变换可知，在时域上持续时间极短的信号，对应着频域上极宽的信号，如图 2-9 所示。

超短激光脉冲（Ultrashort Laser Pulse）是指光脉冲持续时间极短的激光脉冲。它们通常具有飞秒（$1fs=10^{-15}s$）或皮秒（$1ps=10^{-12}s$）级别的时间尺度。相比于传统的连续波激光，超短激光脉冲的时间持续极短，光强度极高。2023 年诺贝尔物理学奖授予皮埃尔·阿戈斯蒂尼（Pierre Agostini）、费伦茨·克劳斯（Ferenc Krausz）和安妮·卢利尔（Anne L' Huillier），以表彰"为研究物质中的电子动力学而产生阿秒光脉冲的实验方法"。这是比飞秒脉冲还要低三个量级的光脉冲。

典型的飞秒激光器振荡器结构如图 2-10 所示。超短激光脉冲的生成通常使用超快光学技术，如模式锁定激光器和超快激光脉冲压缩技术。模式锁定激光器利用非线性光学效应和适当的光学元件，使得激光脉冲在时间上高度聚焦，形成极短的激光脉冲。而超快激光脉冲压缩技术则利用光的相位调制和非线性光学效应，将初始较长的激光脉冲压缩为更短的脉冲。

超短激光脉冲具有许多独特的特性和应用。由于时间持续极短，它们可以实现高光强度的聚焦和精确控制，从而在材料加工、光谱学、生物医学、光通信等领域具有广泛的应用。例如，超短激光脉冲在激光切割、激光打孔、激光焊接等材料加工应用中，能够实现高精度和微细结构的加工；在光谱学中，超短激光脉冲被用于实现高分辨率的光谱测量和光谱分析。此外，超短激光脉冲还被广泛应用于超快光学实验、高速光通信、生物成像和激光眼科手术等领域。

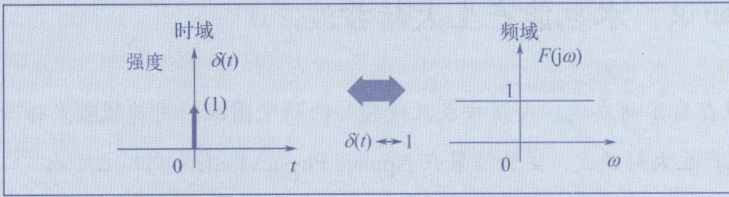

图 2-9 冲激函数的傅里叶变换

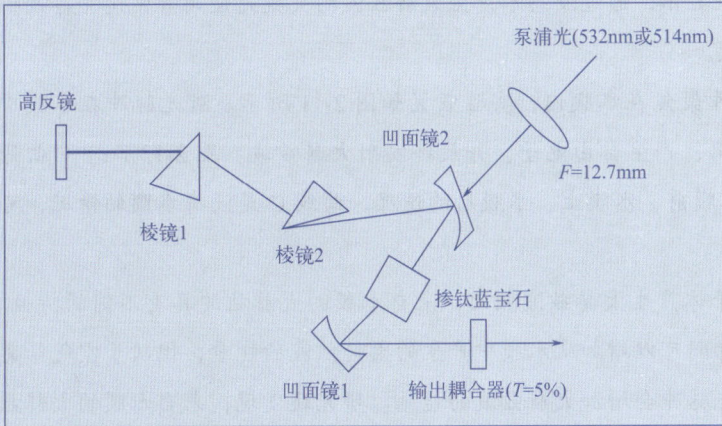

图 2-10 飞秒激光器振荡器结构

（飞秒激光器主要由泵浦源、增益介质、光学谐振腔组成。由泵浦源发出的泵浦光
入射到掺钛蓝宝石晶体产生反转粒子；谐振腔由平面镜和半透镜组成，两个曲率
半径相同的凹面镜在腔内起聚焦作用；布儒斯特角的棱镜对可以实现色散补偿）

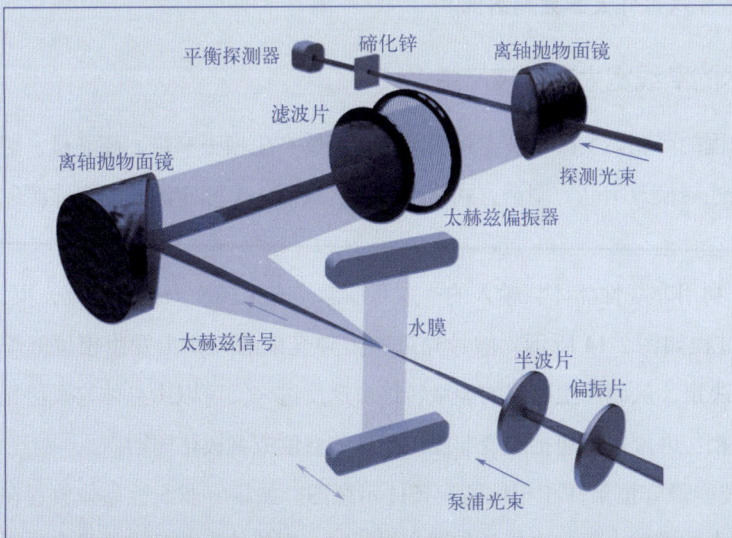

图 2-11 实验装置

（宽带太赫兹波是通过将光学激光束紧密聚焦到重力驱动的导线引导自由
流动的水膜中产生的）

题外知识：水也能产生太赫兹波)))

曾经一度认为不可能，现在有了新发现。由张希成教授领导的研究团队，用超短激光脉冲照射水薄膜，证明液态水可以产生太赫兹波，实验结果在 Applied Physics Letters 期刊上发表[4]。

因为水对太赫兹波强烈的吸收作用，长时间以来，科学界几乎认为液态水不太可能作为太赫兹辐射源。然而，研究表明，水可以在包括白光的其他频率激发出光波，而水蒸气可以激发太赫兹波。新的研究结果显示，通过液态水产生太赫兹波的关键是使用非常薄（厚度小于 200μm）的自由流动的水膜。

研究人员将飞秒激光脉冲聚焦在水膜内，实验装置如图 2-11 所示。激光脉冲在水膜中产生等离子体，使水分子电离，产生自由电子，并最终发射太赫兹波。图 2-12（a）中曲线 A～C 分别表示激光聚焦在水膜前、水膜上、水膜后的情况，曲线 D 是没有水膜的情况，可作为参考。

研究发现，与空气等离子体产生太赫兹波相比，来自水膜的太赫兹波具有不同的特性。例如，较长的激光脉冲持续时间可以增加从水膜中产生的太赫兹波的能量，但对于空气等离子体则正好相反：较短的激光脉冲会增加太赫兹波的能量。研究还发现，来自水膜的太赫兹波的强度与激光束的极化方向有关，而空气等离子体产生的太赫兹波是与激光偏振无关的。图 2-13 给出了激光束不同脉冲持续时间的液态水和空气等离子体的归一化太赫兹能量。

"虽然现在预测任何工业或商业应用还为时过早，但我认为它提供了拼图的最后一块。"张希成教授说，"固体、气体和等离子体已经被用于产生太赫兹波，但液体还没有，加上液体，特别是水，现在有了四种物质形态可以用作太赫兹辐射源。"

2.1.1.4 基于参量振荡技术的窄线宽太赫兹波产生

基于受激电磁耦子散射过程的可调谐太赫兹波参量振荡技术能够产生相干窄带、高能量、可连续调谐的太赫兹波，且非线性转换效率高、调谐方式简单多样、只需一个固定波长的泵浦源以及使用常见的非线性晶体等。

光学参量振荡器（OPO）利用非线性晶体将输入的一束泵浦激光光束转换为两束低频光束，即信号光束和闲频光束，其过程如图 2-14 所示。信号光束和闲频光束的频率由发生相位匹配（$k_p=k_s+k_i$）的频率（和带宽）决定，从而产生有效的能量转移。这反过来又可以由晶体与泵浦光束的入射角度来决定。其他的相位匹配技术包括改变非线性晶体的温度或者极化周期。

图 2-15 为参量过程中三波能量守恒条件和相位匹配条件示意图。如果将非线性晶体放置在一个光学谐振腔内，当参量放大的增益大于腔内损耗和耦合损耗时，则能够振荡输出信号光和闲频光频率的持续相干光，这样就形成了参量振荡器。

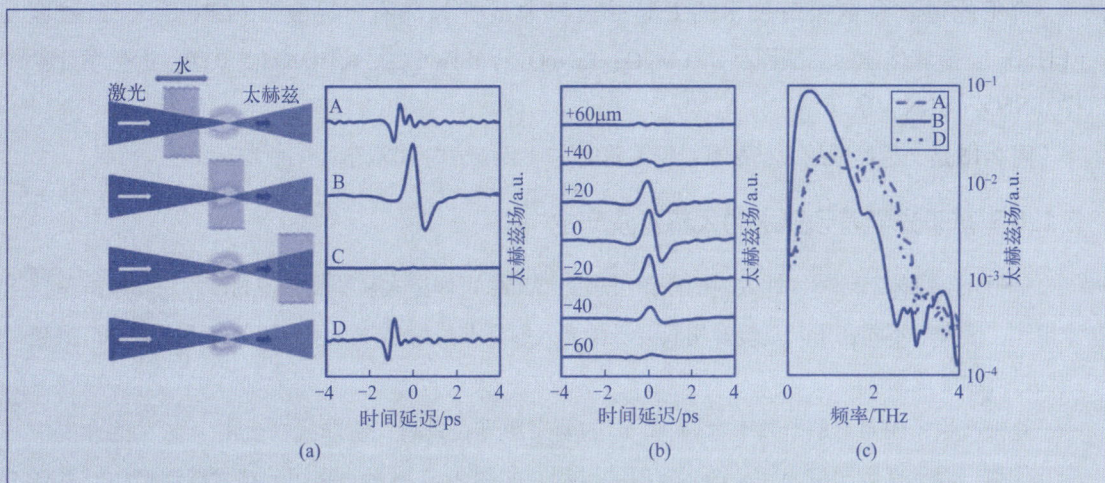

图 2-12 水膜沿激光传播方向平移时的太赫兹场测量结果

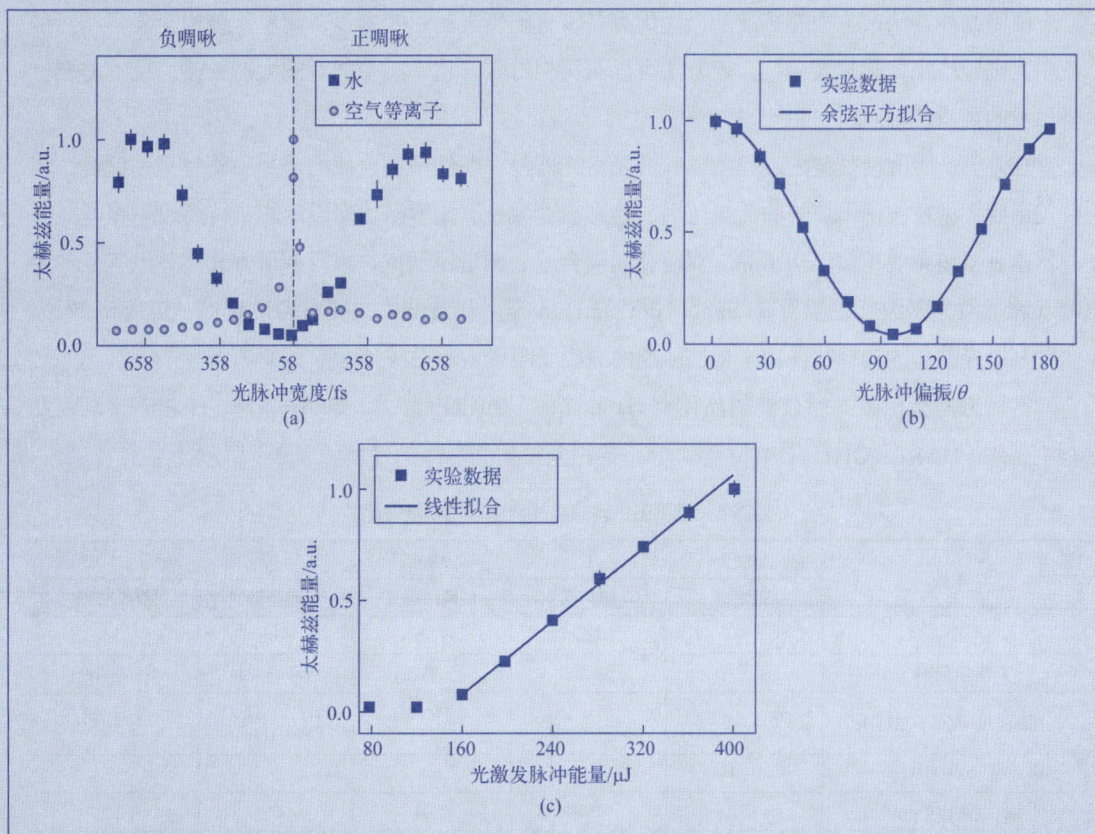

图 2-13 激光束不同脉冲持续时间的液态水和空气等离子体的归一化太赫兹能量

常见的适合参量振荡技术的太赫兹波段非线性晶体有：铌酸锂（LiNbO$_3$）、钽酸锂（LiTaO$_3$）、掺氧化镁的铌酸锂晶体（MgO：LiNbO$_3$）、KTiOPO$_4$、KTiOAM$_4$、RTP、近化学计量比 LiNbO$_3$（SLN）等。

图 2-16 是一种典型的太赫兹参量振荡器的实验系统结构示意图。

2.1.1.5 基于光学差频技术的太赫兹波产生

基于光学晶体二阶非线性效应的差频过程能够产生可调谐太赫兹波，差频技术与参量振荡技术相比，最大的不同在于其直接使用双波长激光入射到非线性晶体，且一般条件下不需要谐振腔结构进行振荡反馈。

差频产生（DFG）是指频率为 ω_1 和 ω_2 的两束激光在具有二阶非线性极化率 $\chi^{(2)}$ 的介质中相互作用，以其差频频率 $\omega_1-\omega_2$ 产生辐射的过程，如图 2-17 所示。利用此技术能够产生一系列高功率、波长连续可调谐的相干单色激光辐射，极大地拓展了基于原子能级跃迁产生激光辐射的波长区域。目前基于该方法已经可以实现亚毫米波到紫外线、X 射线等不同波段的激光辐射。

使用此种方法产生太赫兹波的最大优点是没有阈值限制，实验设备简单，结构紧凑。与光整流和光电导产生太赫兹波相比，该方法可以获得相对较高功率、窄线宽的太赫兹波，且不需要价格昂贵的泵浦装置。

在差频产生太赫兹波的过程中，双波长激光器与非线性增益介质的选择和研究至关重要，不仅关系到太赫兹波输出波长的覆盖范围，还影响着激光器的输出功率以及能量转换效率等。

差频泵浦源要求输出功率高、双波长间隔合适、调谐范围宽，以及调谐方式简单迅速。常用的双波长激光器波长主要有 532nm、1μm、2.1μm 等，调谐方式主要有角度调谐、温度调谐等。差频泵浦光波长的选择往往由于相位匹配的原因受限于太赫兹波差频晶体的选择。

常用来差频产生太赫兹波的晶体有 GaSe 晶体、ZnGeP$_2$ 晶体、GaAs 晶体、GaP 晶体，以及有机晶体（DAST、OH1、DSTM 等）等。各种无机差频晶体的性质如表 2-1 所示。

表2-1　常见无机差频晶体物理与化学特性比较

特 性	晶 体				
	铌酸锂	硒化镓	磷锗锌	砷化镓	亚磷酸镓
点群	3m	$6\overline{2}m$	$\overline{4}2m$	$\overline{4}3m$	$\overline{4}3m$
光学分类	负单轴	负单轴	正单轴	各向同性	各向同性
透明波段（μm）IR/THz	0.4～5.5	0.6～18 >75	0.74～12 >83	1.5～12 >100	0.53～4 >90
破坏阈值 /（MW/cm²）	120	30	60	25	37
非线性系数 /（pm/V）	152	54	75.4	46	22
吸收系数（1～2THz）/cm⁻¹	～22	2.5	～1	～1	3.3
折射率（近红外）	2.16	2.71	3.1	3.33	3.11
折射率（1～2THz）	5.2	3.2	3.4	3.6	3.3
品质因数（FOM）	2.0	19.9	174.0	53.0	1.4

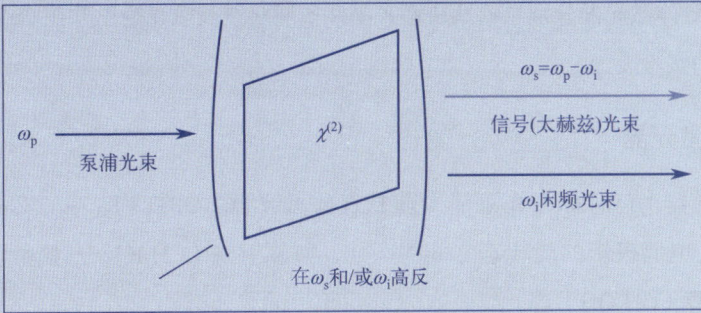

图 2-14 参量振荡过程示意图

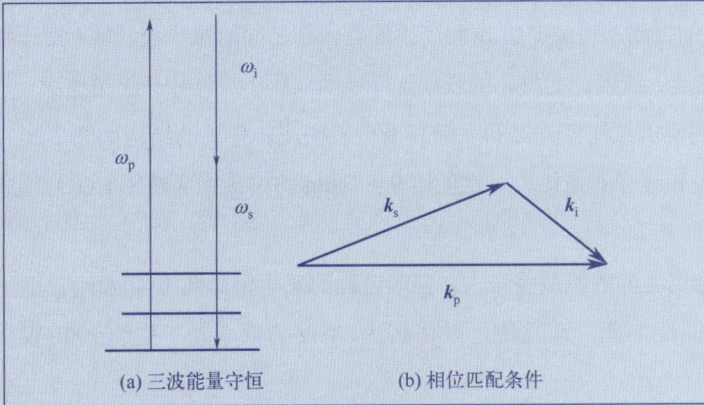

(a) 三波能量守恒   (b) 相位匹配条件

图 2-15 参量过程中三波能量守恒和相位匹配条件示意图

ω_s—信号光频率；ω_i—闲频光频率；ω_p—泵浦光频率；k_s—信号光波矢；k_i—闲频光波矢；k_p—泵浦光波矢

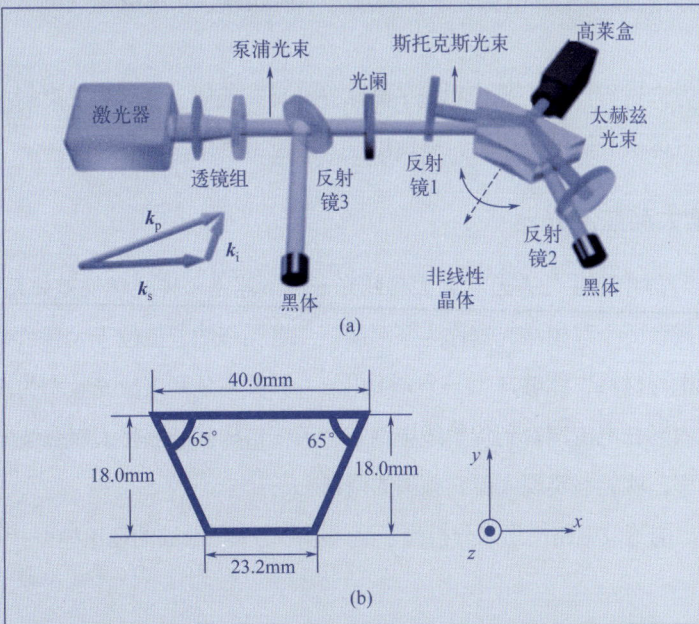

(a)

(b)

图 2-16 基于非线性晶体的太赫兹参量振荡器的实验系统结构示意图

图 2-18 给出了通过两个半导体激光器分别泵浦两块激光晶体实现双波长激光输出并在 GaSe 晶体中进行差频产生太赫兹波的实验装置。

2.1.1.6 光泵浦太赫兹气体激光器

在光泵浦远红外气体激光器 [有时称为光泵浦太赫兹气体激光器（OPTLs）] 中，太赫兹波起源于气体分子具有永久电偶极矩的旋转态之间的跃迁，如氟甲烷（CH_3F）、二氟甲烷（CH_2F_2）、氨气（NH_3）以及甲醇（CH_3OH）等。

如图 2-19 所示，在大多数情况下，二氧化碳（CO_2）激光器的激光泵浦将一些分子从最低的振动态（$\upsilon=0$）激发到第一激发的振动态（$\upsilon=1$）。由此产生的旋转态之间的粒子数反转对应于激发态的振动能级，产生了太赫兹波。所设计的具体的跃迁选择规则取决于气体分子的类型。

光泵浦太赫兹气体激光器主要由泵浦激光器和太赫兹谐振腔构成，常见的结构如图 2-20 所示。谐振腔主要有开放式谐振腔和波导式谐振腔。常使用 $9\sim11\mu m$ 的单谱线高功率 CO_2 激光作为泵浦源。

由于旋转能级和振动能级分离之间的能量差较大，整个过程的效率相当低（$\nu_{THz}/2\nu_{pump}$），大部分泵浦能量转化为热量。但即便如此，该方法可以在高达 8THz 的频率处产生约 100mW 的功率。

由于这种能级转换是由于气体分子产生的，除了改变不同的离散线谱或者改变气体种类，不能够进行连续的调谐。此类太赫兹源的另外一个缺点是其系统的体积较大。但此类系统的高功率和高亮度在众多领域具有应用潜力，包括干涉测量、偏振测定、扫描成像、安全检查、雷达建模等。

最新的研究向着减小尺寸的方向进行。空心光纤和光子晶体光纤具有轻便、灵活和低限制损耗等优点，可以用作紧凑太赫兹气体激光器的反应管，展现出巨大的应用潜力。

2.1.1.7 基于光子混频的连续太赫兹激光器

光子混频是指在高带宽光电导体中产生外差差频。太赫兹光子混频器是一种光学外差体系，使用波长相近的两个单模激光器或者一个双模激光器作为泵浦源，二者频率的差值位于太赫兹频率范围；利用这两束激光激励光电导材料，能够产生一个光生电流，其频率是两束激光频率的差值，即为太赫兹电流；将产生的太赫兹电流耦合到传输线电路或者天线结构就能够将太赫兹波向空间辐射。调节泵浦光的中心频率，就能够实现太赫兹频率的调谐。

目前常常使用 Brown 等人提出的等效电路模型来分析光子混频器产生太赫兹波的理论模型[5]，如图 2-21 所示。

此种系统输出功率较低，尤其是当频率在 1THz 以上时。对于单一的光子混频系统，典型的

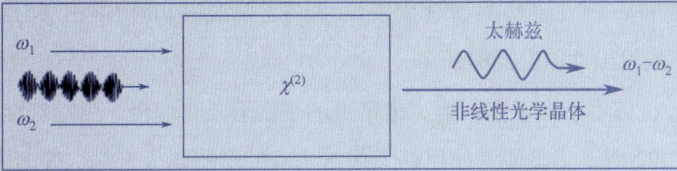

图 2-17 差频产生过程示意图

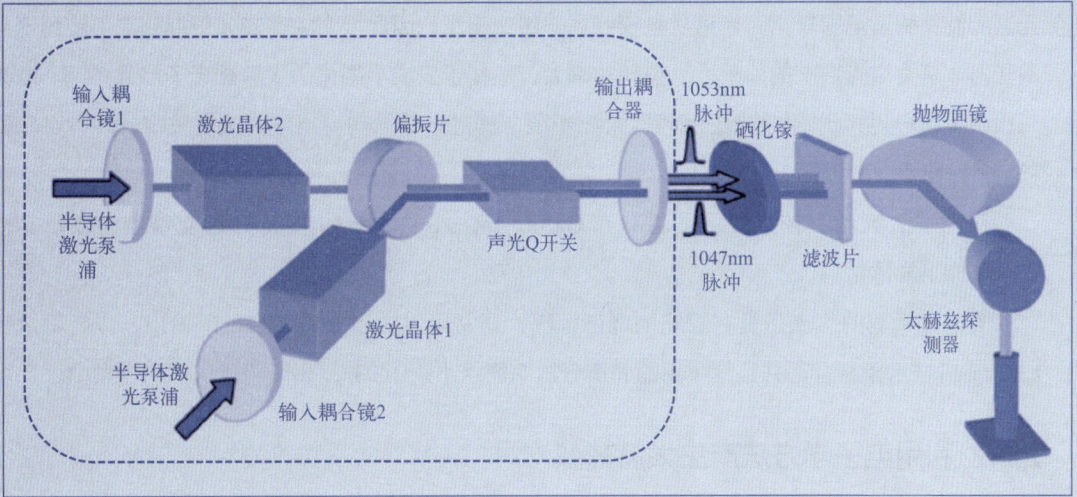

图 2-18 基于双半导体激光（LD）泵浦产生双波长差频的太赫兹实验装置

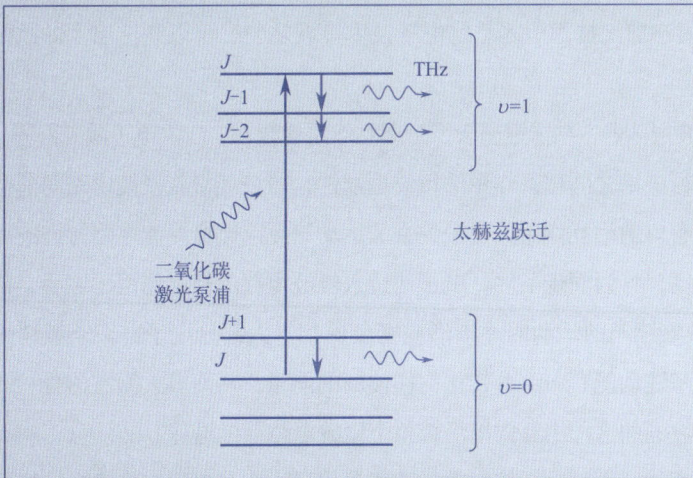

图 2-19 CO_2 激光泵浦太赫兹气体激光器的能级工作示意图

光 - 电转换效率低于 10^{-5}。研究人员从三个方面，即优化天线设计、提高泵浦激光功率和采用其他衬底材料，对太赫兹光子混频器的输出性能进行提升。

目前已经有多种天线的几何形状被用于光子混频器，最常见的平面形式有偶极子、蝴蝶结、对数螺旋线和对数周期等，如图 2-22 所示。其他常使用的天线结构有蛇形槽偶极天线、等离子体纳米天线、三维立体结构等。

目前常用作光子混频器泵浦光的激光波长主要为 780～850nm 和 1550nm。连续钛蓝宝石激光器的波长调谐范围较宽、光束质量较好且输出功率高，因此很多太赫兹光子混频器都使用这类激光器。这类激光系统的体积大、消耗功率大，不利于集成小型化的太赫兹光子混频系统。激光二极管（LD）也可以用于光子混频器泵浦光源，其自身的结构特点使其线宽较窄，并且可获得稳定的输出。

在光子混频器中较常使用的材料有 GaAs、InGaAs、InGaAs 和 InAlAs 交替层，以及其他 III～V 族半导体材料。

光子混频器的优点是具有较宽的调谐范围，通常可以实现 0.1～3THz 的输出，以及可以和 LD、光纤技术相结合。并且其可用的光谱分辨率通常小于 1GHz，可以用于气体光谱学中。

2.1.2 利用电子学方法产生太赫兹波

2.1.2.1 微型真空电子器件

基于先进的微纳加工技术，如 LIGA 技术（采用 X 射线刻蚀和电铸相结合的技术）、MEMS（微机电系统）加工技术等，将固态加工技术引入真空电子技术领域之中，可以制造出太赫兹微型真空电子器件。

此类器件主要有行波管、返波振荡器、纳米速调管、扩展互作用速调管、自由电子激光器等。

行波管是一种基于电子注与行波场之间相互作用的行波型器件，微波场沿着慢波电路向前行进。为了使电子注同微波场产生有效的相互作用，电子的直流运动速度应比沿慢波电路行进的微波场的位相传播速度（相速）略高，称为同步条件。电子注进入慢波电路的相互作用区域后，首先受到微波场的速度调制。电子继续向前运动时逐渐形成密度调制。大部分电子群聚于减速场中，且滞留时间较长。因此，电子注动能有一部分转化为微波场的能量，从而放大微波信号。在同步条件下，电子注与行进的微波场的这种相互作用沿着整个慢波电路继续进行。

返波振荡器是行波管的一种变体，由高频系统中电磁波能量传播方向与电子束传输方向相反而得名，如图 2-23 所示。它是一种利用电子注与慢波线中的返波相互作用产生振荡的微波电子管。在发展过程中，同阶段返波管的输出频率相较于其他小型化的真空电子器件是最高的，目前其主要发展方向是高频率。

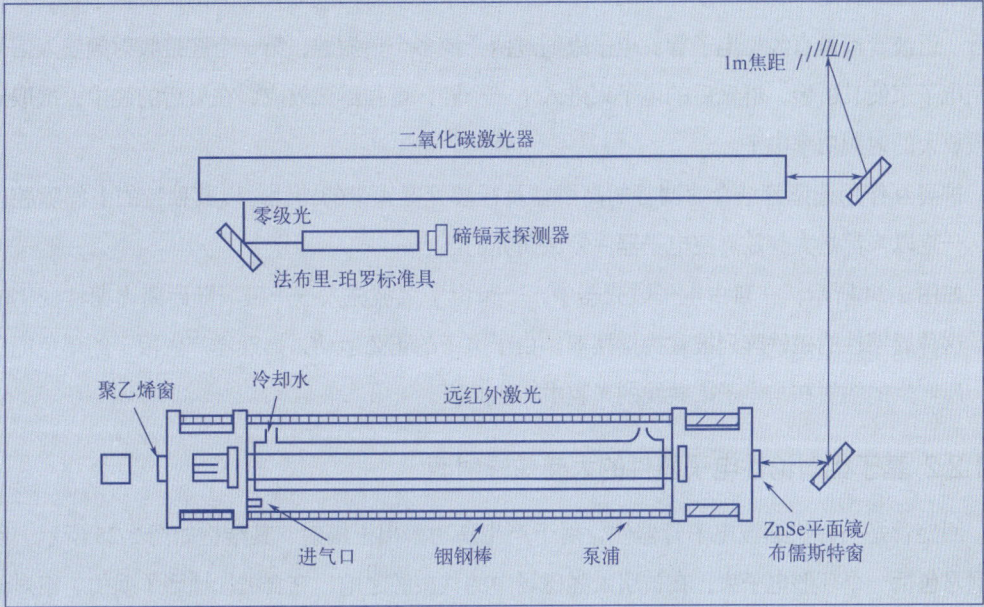

图 2-20 CO_2 激光泵浦太赫兹气体激光器结构

[采用连续 CO_2 激光 9P（36）支泵浦 CH_3OH 气体时，得到 118.8μm 波长的太赫兹波输出。该系统采用水冷结构，充入缓冲气体氦气后，CO_2 泵浦激光功率为 125W 时，得到 1.25W 的太赫兹波输出，功率转换效率达到 1%]

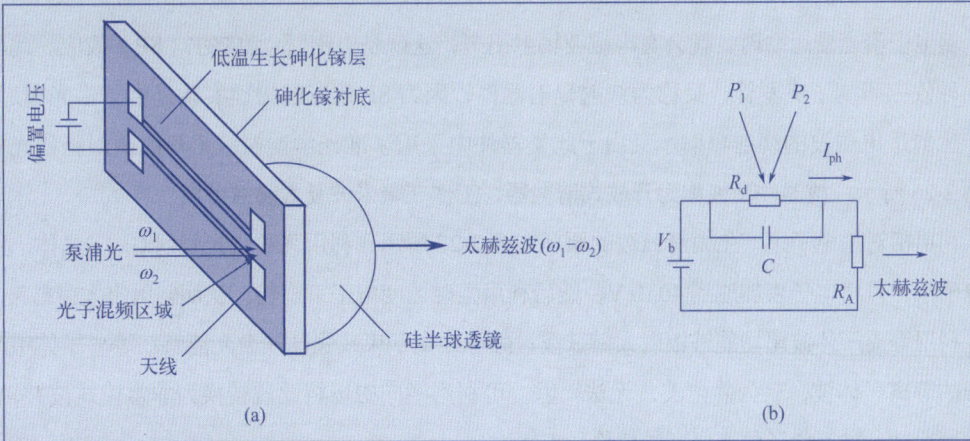

图 2-21 光子混频实现太赫兹波产生原理示意图

纳米速调管是一种靠周期性调制电子注的速度来实现振荡或放大功能的微波电子管。它和行波管、返波管都是直线型电子管。电子束通过两个或多个谐振腔，第一个腔接收射频输入信号并调制电子束使其群聚，群聚后的电子束进入下一个腔，增强群聚效应，在最后的腔中，提取出高倍数放大的射频功率电平。

扩展互作用速调管结合速调管的高增益及行波管宽频带的特性，以其独特的多间隙腔体优势，一直以来都是太赫兹真空电子器件领域研究的热点。

如图 2-24 所示，在自由电子激光器中，一束电子束被注入一个磁场随距离周期性变化的区域，这种周期性的磁铁阵列被称为摇摆器。由于电子的正弦运动，摇摆器产生相干的单色电磁辐射，所产生的辐射在与电子束共线的光腔中产生共振。

2.1.2.2 基于相对论性电子器件的太赫兹辐射源

回旋管是一种快速波电子管器件，用于产生高功率相干辐射，其结构如图 2-25 所示。回旋管通常包括一个环形电子束，在被引入强磁场中的共振腔之前，它会被加速到（弱的）相对论速度。电子在由 $\omega=eB/\gamma m_e$ 确定的回旋共振频率的纵向磁场中旋转、辐射，然后与腔内的电磁场相互作用。其中，ω 表示电子回旋共振频率，γ 表示电子的洛伦兹因子，e 和 m_e 分别表示电子的电荷和质量，B 表示磁场强度。相对论性电子最初在其回旋轨道上的角位置（相位）随机分布，没有净能量转移到电磁场。相位聚束发生在一个波频率略大于回旋频率的初始值。一旦产生聚束，电子就会相干辐射，大部分电子束能量转化为电磁辐射，然后电磁辐射耦合出空腔。

当电子沿光栅运动时，就会有电磁波辐射出来，这就是史密斯 - 珀塞尔（SP）效应。此后基于此种效应研制了奥罗管，又称为绕射辐射器件，因为 SP 效应的物理实质是电子沿光栅运动，所产生的是电磁波的绕射辐射。又由于此类器件中采用了准光学谐振腔（开放谐振腔和光栅），如图 2-26 所示，该器件又被称为开放式谐振器，工作在毫米波及太赫兹波段。

利用相对论电子束产生太赫兹波的原理如图 2-27 所示，利用飞秒激光照射 GaAs 晶体，发射出电子束，再将电子束加速到 40MeV，然后利用强磁场使电子束旋转，从而辐射出太赫兹波。

利用等离子体波尾场能够辐射太赫兹波：强脉冲电子束或强脉冲激光能够在等离子体中激起较强的等离子体波，其为静电波，无法辐射，可利用横向磁场将此波转换为非常模式波并辐射，此种情况是一种等离子体波尾场的切伦科夫辐射。

储存环型太赫兹辐射源：当电子团尺寸小于太赫兹波长时，储存环可辐射很强的太赫兹波，甚至亚太赫兹波。

2.1.2.3 基于半导体激光器的太赫兹辐射源

量子级联激光器（QCLs）是一种可以发射连续太赫兹波的半导体异质结构。与传统的带间

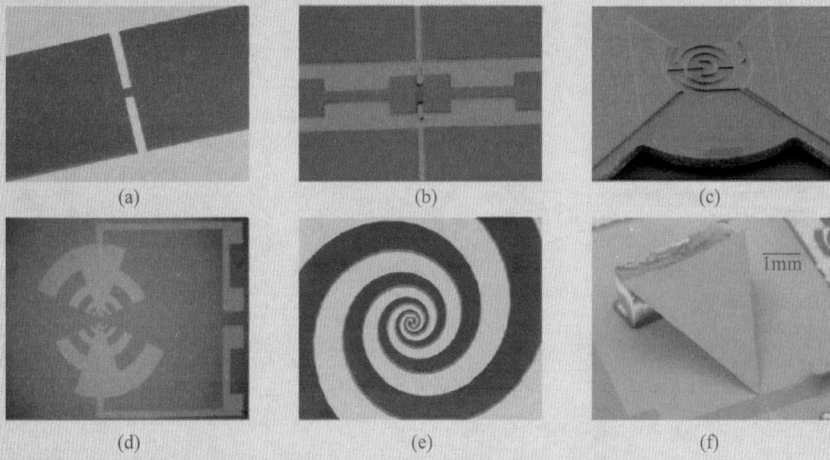

(a)　　　　　　　　　(b)　　　　　　　　　(c)

(d)　　　　　　　　　(e)　　　　　　　　　(f)

图 2-22　常见的天线结构

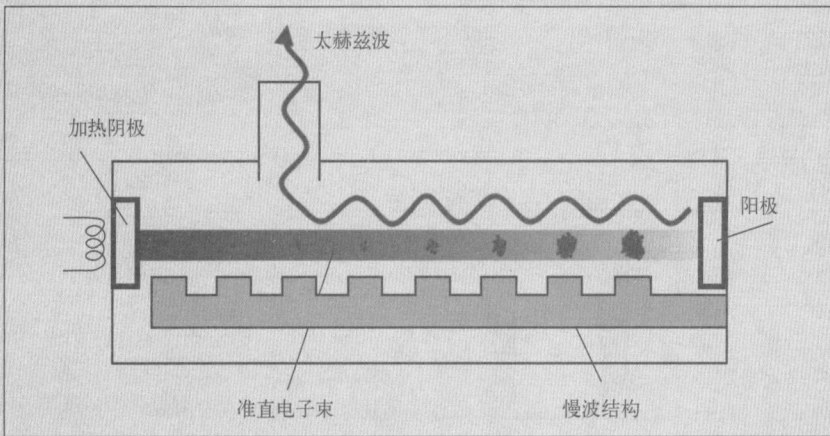

图 2-23　返波振荡管[6]

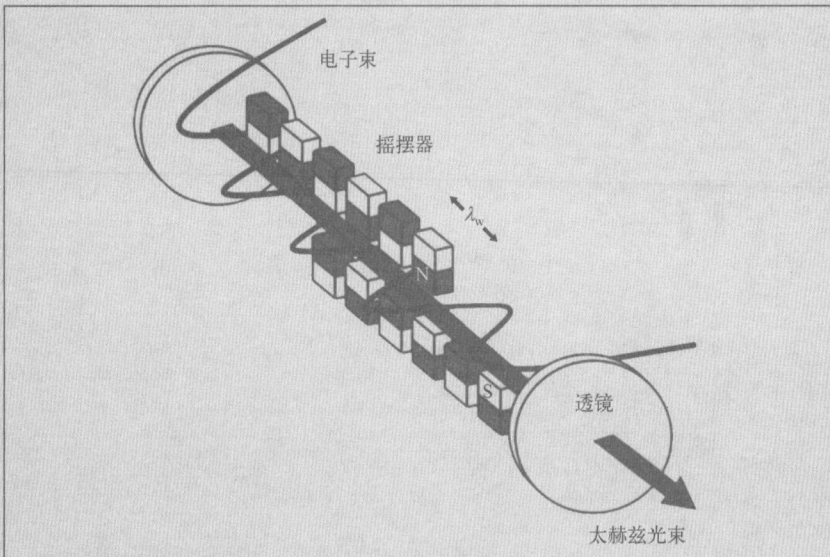

图 2-24　自由电子激光器[6]

35

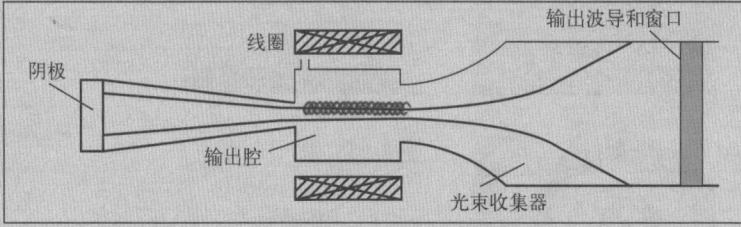

图 2-25　回旋管结构示意图

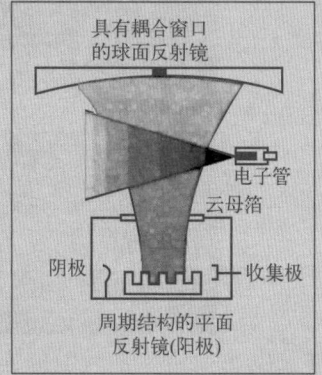

图 2-26　奥罗管的谐振腔结构示意图

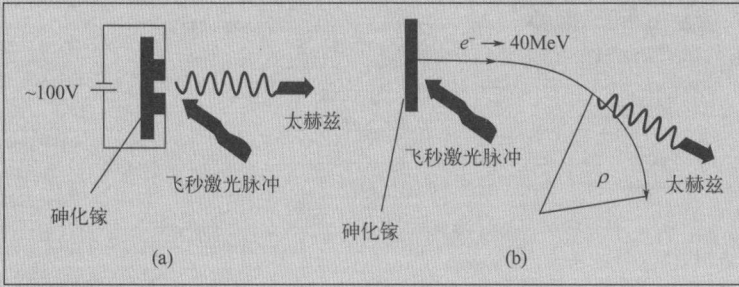

图 2-27　相对论电子束产生太赫兹波示意图

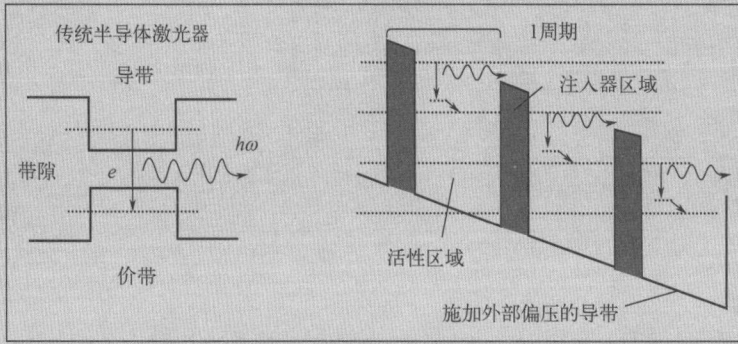

图 2-28　传统半导体激光器和量子级联激光器原理图[6]

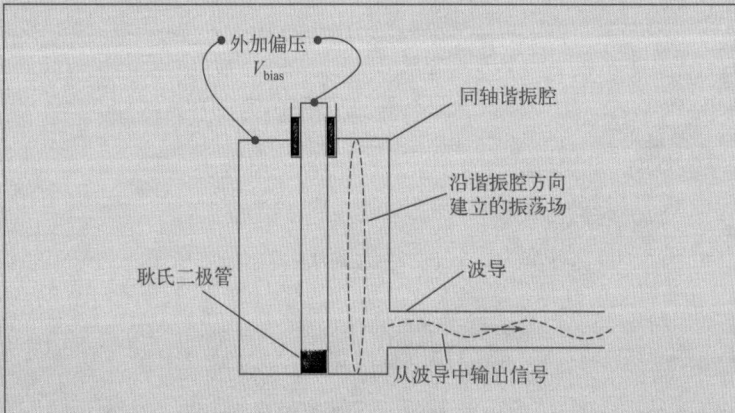

图 2-29　耿氏振荡器的结构示意图

半导体激光器通过导带的电子与价带的空穴复合发射光子不同，QCLs 是单极（仅电子存在）器件，利用了导带态之间的跃迁（子带间跃迁），原理如图 2-28 所示。在交替层（超晶格）中，相邻材料之间的导带偏移产生了一系列的量子阱和势垒。量子约束导致导带能级分裂成子带。QCLs 通常是一个三层系统。电子被注入活性区域的第 3 级，然后激光跃迁到第 2 级，然后迅速耗尽到第 1 级。注入器区域收集电子并将它们注入下一个周期的第 3 级。活性区域通常由几个量子阱组成，合适的层厚设计可以在第 2 级和第 3 级之间产生一个粒子数反转。超晶格周期的级联意味着一个电子可以产生许多光子。最广泛使用的 QCLs 设计是基于 GaAs/AlGaAs 超晶格，被称为啁啾超晶格、束缚 - 连续体和共振声子设计。

耿氏振荡器的核心是耿氏二极管（Gunn Diode），是双端负差动电阻器件，当耦合到适当调谐的交流谐振器时，产生射频功率，结构如图 2-29 所示。通常，耿氏二极管由一个均匀掺杂的 N 型Ⅲ - Ⅴ族材料（例如 GaAs、InP）组成，夹在每个端子的重掺杂区域之间。随着通过二极管的偏置电压的增加，电子获得足够的能量进行转移（耿氏管也被称为转移电子器件）。这些电子由于其有效质量的增加，具有较低的漂移速度；电流随着偏置电压的增加而减小，二极管表现出一个负差动电阻区域。将二极管放置在空腔或者谐振电路中，使其负电阻抵消谐振器的电阻，则电路发生不衰减的振荡，并发出电磁辐射。

2.2 如何探测太赫兹波

太赫兹检测方法通常被分为相干或者非相干测量，这取决于它们是测量输入场的振幅和相位（相干）还是仅测量其强度（非相干）。非相干（或直接）探测器通常是宽带的。

根据太赫兹波的不同形式，其探测方法主要包括连续太赫兹波测量和脉冲太赫兹波测量。

如图 2-30 所示，光电导取样和电光取样是两类较常使用的相干脉冲太赫兹波测量方法。此外，利用空气也可以进行脉冲太赫兹波的探测。

如图 2-31 所示，常使用热效应探测器、电子探测器、半导体探测器来实现连续太赫兹波的测量。

2.2.1 脉冲太赫兹波的探测方法

2.2.1.1 光电导取样

光电导取样是基于光导天线（Photoconductive Antenna，PCA）发射机理的逆过程发展起来的一种探测太赫兹脉冲信号的测量方法。由飞秒激光脉冲激发的 PCA 可以用于检测和产生宽带太赫兹波，原理如图 2-32 所示。在光电导探测器中，太赫兹脉冲被定向到一个无偏置的 PCA 上，从而在天线电极上引起一个时变的偏置。入射在 PCA 电极之间间隙上的激光脉冲（探测光）激发半导体中的自由载流子。激发的载流子被入射的太赫兹脉冲的电场加速，从而产生一种可以在外部电路中被放大和测量的光电流。电流与入射的太赫兹脉冲的振幅成正比，并与由飞秒激光脉冲引起的电导率相卷积。探测飞秒激光脉冲的持续时间远远短于太赫兹脉冲（ps 量级），通过改变这两个脉冲之间的时间延迟，能够"取样"出太赫兹的波形，如图 2-33 所示。

低温生长的砷化镓（LT-GaAs）由于其极短的载流子寿命、大电阻率和良好的载流子迁移率而被广泛用作探测器衬底。光电流的持续时间取决于载流子寿命（皮秒量级），通常比太赫兹脉冲短。PCA 可以用于时间分辨波形测量。

超短光脉冲通常由锁模飞秒钛蓝宝石激光器（约 800nm）产生。

由两个单频（ω_1、ω_2）激光激发 PCA 可用于脉冲和连续波模式下的相干太赫兹检测，需要激光器的频率差等于太赫兹波的频率，工作原理如图 2-34 所示。入射的太赫兹场通过特定的天线结构在光导体的活性区域产生时变电压。同时，光导体衬底的电导率以两束激光的差频或拍频 $\omega_1 - \omega_2$ 进行调制。只要光子的能量大于半导体带隙并产生自由载流子，就会产生上述情况。这些载流子在太赫兹感应电压的加速作用下产生的光电流可以被测量，直流分量的幅度与入射太赫兹波的幅度成正比。激光拍频与太赫兹波之间的相对相位可以调整，以使直流分量最大化。光子混频器可以用来从入射的太赫兹波中恢复振幅和相位信息。

2.2.1.2 电光取样

利用 Pockels（或线性电光）效应，可以用非线性光学晶体检测太赫兹脉冲。当太赫兹脉冲通过电光晶体时，能够产生瞬态双折射，从而影响探测（取样）脉冲在晶体中的传输。当探测脉冲和太赫兹脉冲同时通过电光晶体时，太赫兹脉冲电场会导致晶体的折射率发生各向异性的改变，致使探测脉冲的偏振态发生变化。调整探测脉冲和太赫兹脉冲之间的时间延迟，检测探测光在晶体中发生的偏振变化就能够获得太赫兹脉冲电场的时域波形。

典型的检测装置和原理分别如图 2-35 和图 2-36 所示。在穿过电光晶体后，探测光束穿过一个 $\lambda/4$ 波片，再经过偏振分束镜［这里常用的是沃拉斯顿（Wollaston）棱镜］分为两束正交的线性偏振光束。使用差分探测器测量两束光束的强度差来获得输出信号。

常用的电光晶体主要有 ZnTe、ZnSe、CdTe、$LiTaO_3$、$LiNbO_3$、GaP 等。

光电导取样和电光取样都能够测量自由传播的太赫兹脉冲。对于低频太赫兹信号（< 3THz）和低斩波频率（千赫兹量级），使用光电导取样能够获得较高的信噪比（SNR，约 2 个数量级）。对于高频斩波技术，电光取样可以大大降低噪声（约 2 个量级）。当频率大于几个太赫兹时，电光取样能够获得较高的灵敏度。

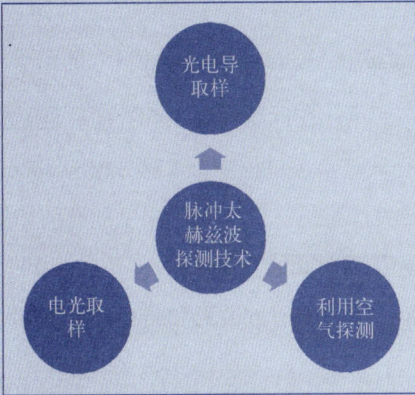

图 2-30 脉冲太赫兹波探测技术

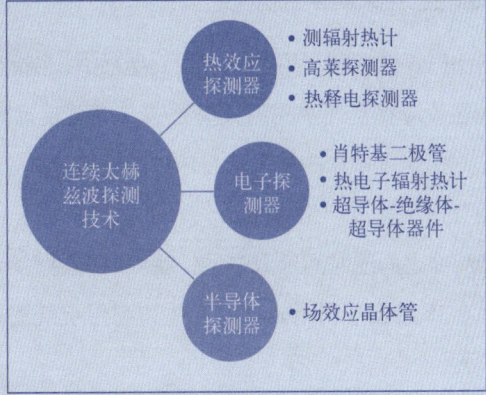

图 2-31 连续太赫兹波探测技术

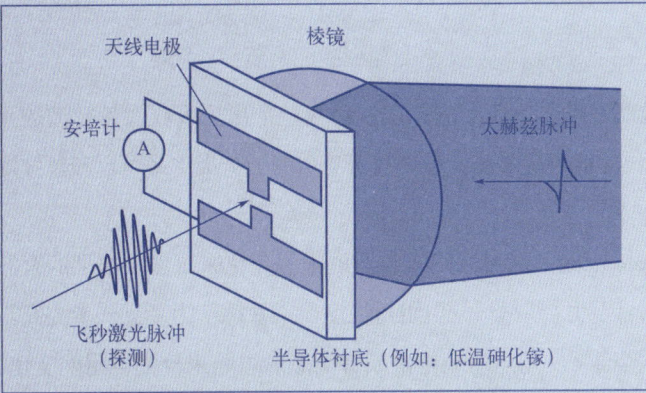

图 2-32 光电导天线探测原理[6]

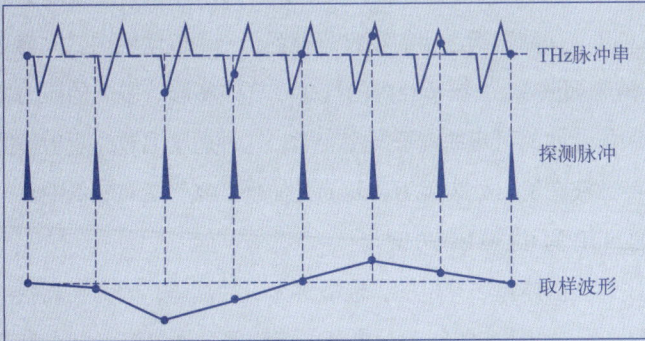

图 2-33 光电导取样脉冲变化

2.2.1.3 空气探测太赫兹波

前面已经介绍了利用空气产生太赫兹波，则同样也能够使用空气来探测太赫兹波，即利用三阶非线性效应在空气中探测太赫兹波。探测装置如图 2-37 所示，在探测太赫兹脉冲时，通常将 800nm 的探测飞秒脉冲和太赫兹脉冲同时聚焦在空气中，在四波混频过程中，太赫兹波与 800nm 激光相互作用可以产生 400nm 波长的激光。探测由太赫兹波产生的二倍频光的强度随泵浦和探测激光脉冲之间的时间延迟关系，就可以得到太赫兹脉冲光强随时间的变化。

图 2-38 给出了利用碲化锌晶体和利用空气测量的太赫兹脉冲的时域波形和转换之后的频域波形。

2.2.2 连续太赫兹波的探测方法

2.2.2.1 热效应探测器

许多广泛使用的太赫兹波探测器都是基于热探测的原理，包含一个用于吸收太赫兹波的元件，从而导致温度略微上升，通过温升测量太赫兹波。热效应探测器的一个优点是可以较灵敏地测量宽范围辐射，但部分探测器需要冷却。

如图 2-39 所示，测辐射热计（Bolometer）通过感知吸收器电阻的变化来工作。典型的有源元件是高掺杂的半导体，比如硅或锗，因为这些材料的电阻对温度非常敏感。为了进一步提高其灵敏度，通常使用液氦冷却。该探测器通常使用惠斯通电桥或者类似的电路来检测电阻的变化。液氦冷却的 Bolometer 的典型的噪声等效功率（NEP）为 $2pW/Hz^{1/2}$。

高莱（Golay）探测器是一种不需要冷却的热（非相干）探测器，利用气体压力随温度的变化来探测太赫兹波。如图 2-40 所示，Golay 探测器半透明的吸收薄膜置于一个气动腔内。太赫兹波照射到吸收体（在基底上的黑化的薄金属膜），加热了腔内的气体。气体膨胀，腔内的压力增加。由此产生的压力增加使得固定在腔体背面的可弯曲镜子发生变形，这种运动通过光反射率测量进行检测。因此，输入处的调制太赫兹波在输出处表现为调制的光信号。氙气具有较低的热导率，常用在探测器中。Golay 探测器的 NEP 为 $0.1\sim1nW/Hz^{1/2}$。

热释电探测器利用了热释电效应。许多晶体是热释电的，也被称为极性晶体，因为在晶胞中有永久偶极矩，使得整个晶体都是极化的。如图 2-41 所示，热释电探测器是通过测量随温度变化的极化来进行工作的。用于检测太赫兹波的常见晶体是去氘三甘氨酸硫酸盐（DTGS）、钽酸锂（$LiTaO_3$）和三甘氨酸硫酸盐（TGS）。探测过程中，热释电晶体与电极之间形成了一个电容器。由于晶体的永久偶极矩，电容器板上会存在电荷。当太赫兹波被晶体或电极吸收时，晶体的温度会上升，从而改变了极化。极化的变化将导致电荷在电容器板之间流动，并进行测量。热释电探测器的 NEP 为 $3\sim5nW/Hz^{1/2}$。

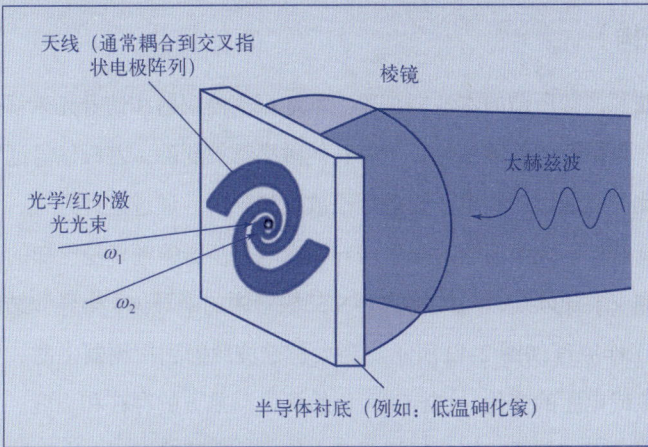

图 2-34 光子混频器检测方法 [6]

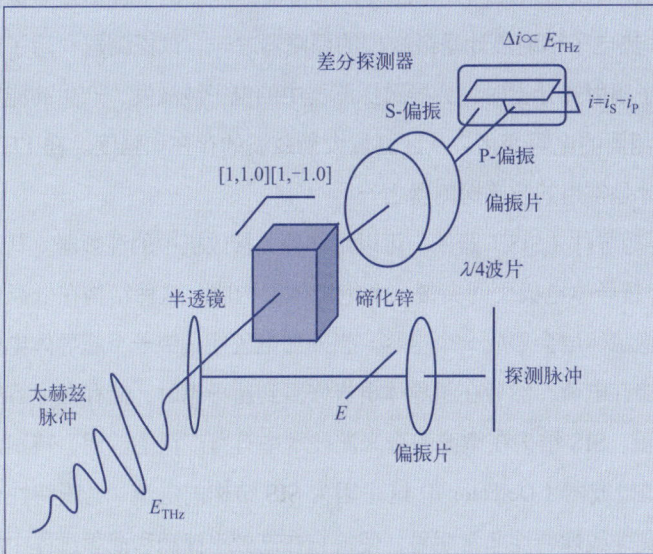

图 2-35 电光采样原理

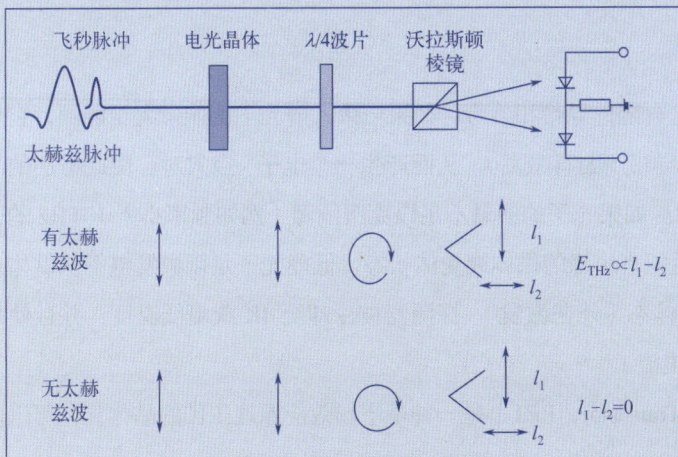

图 2-36 电光取样原理 [6]

2.2.2.2 电子探测器（超外差结构）

该方案需要有一个较强的太赫兹源，即所谓的本地振荡器。本地振荡器辐射和信号光束都同时作用于非线性探测器并产生谐波，包括差频处的信号；所有其他频率都被滤除。差频信号通常较弱，但它将处于吉赫兹范围，因此可以通过射频电子设备轻松放大和分析。通过这种方式，不仅可以测量信号的幅度，还可以测量其与本地振荡器的频率差异（本地振荡器的频率是已知的）。

在肖特基二极管中，形成了金属 - 半导体结，与传统的 P-N 二极管中的半导体 - 半导体结不同，在接口处产生了肖特基势垒，工作原理如图 2-42 所示。当太赫兹波照射到探测器上时，引起肖特基势垒的变化，从而导致电流或电压的变化，这样就可以检测太赫兹波的存在和强度。肖特基二极管在低于 1 THz 的频率范围内工作效果良好，但需要较大的本地振荡功率。

如图 2-43 所示，热电子辐射热计可以用来探测太赫兹波，通常被称为热电子玻尔兹曼探测器（HEB）。在太赫兹频率范围内，热电子辐射热计是最敏感的探测器之一。该探测器利用了热电子效应，当太赫兹波照射到热电子辐射热计上时，会导致探测器中的电子被激发，产生高能态电子。这些高能态电子可以导致探测器的电阻变化，从而测量太赫兹波的存在和强度。在 1THz 以上的高频范围内，热电子辐射热计是常用的敏感探测器之一。

超导隧道结或超导体 - 绝缘体 - 超导体（SIS）器件，可以用作外差接收机中的混频器，其工作原理如图 2-44 所示。通常由两个超导体电极之间夹带一个绝缘体层构成。这种结构在低温下工作，其中两个超导体电极之间的绝缘体层会形成一个电容。当外加电压使其中一个超导体电极变成正常态（非超导）时，电容将储存电荷，然后在超导体电极恢复到超导态时，储存在电容中的电荷将被释放并形成一个交流电流。SIS 结构在微波和毫米波技术中有着广泛的应用，特别用于制造高频率的混频器（Mixer）和检波器（Detector）。这是因为 SIS 结构的电流 - 电压特性非常陡峭，而且在特定工作温度下，其非线性特性非常明显，使得它在高频率探测和混频过程中能够提供优异的性能。

2.2.2.3 半导体探测器

半导体具有由能隙 $E_G=E_C-E_V$ 分隔的导带和价带。如果一束入射光子的能量大于能隙，它就可以激发一个电子从价带跃迁到导带（固有激发），从而产生一个电子 - 空穴对。由此增加的导电性可以被测量，如图 2-45 所示。如果光子的能量不足以克服能隙（例如频率小于 10THz 的辐射），则可以添加杂质，创建接近能带边缘的供体或受体状态。低能光子足以激发电子从供体态跃迁到导带，或从价带跃迁到受体态（外在激发）。探测器被冷却至 4K 或更低温度，并且使用低杂质水平，以减少热激发（暗电流）。

场效应晶体管（Field Effect Transistor，FET）是一种基于场效应原理工作的晶体管，可以用

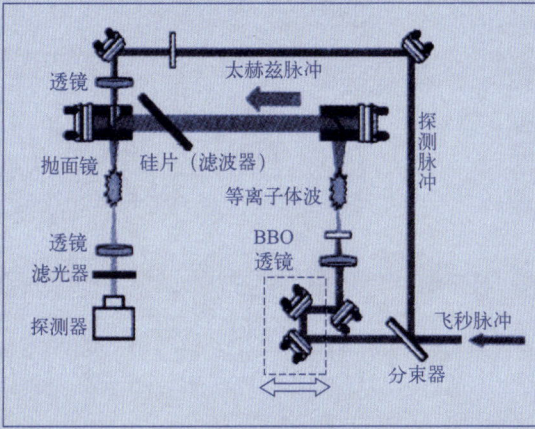

图 2-37 基于空气产生和探测太赫兹脉冲的实验示意图

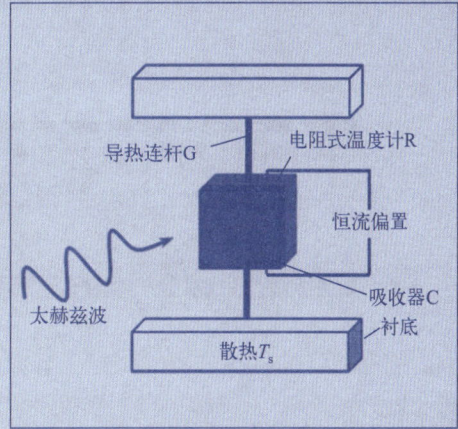

图 2-39 Bolometer 原理图[6]

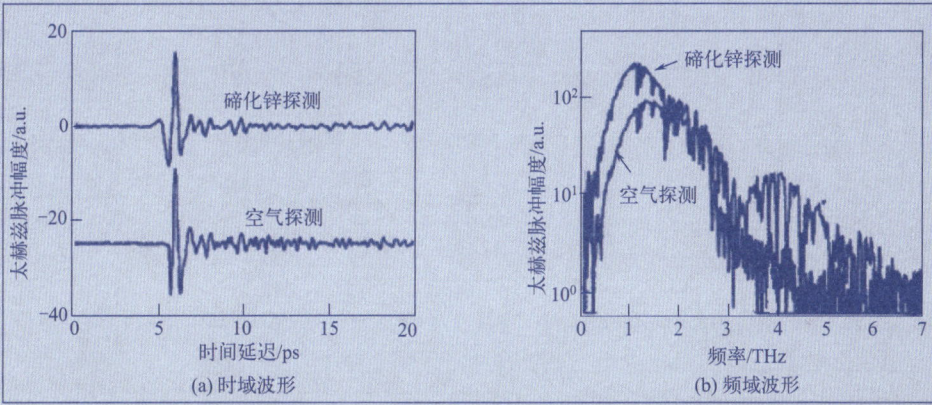

(a) 时域波形

(b) 频域波形

图 2-38 测量对比结果

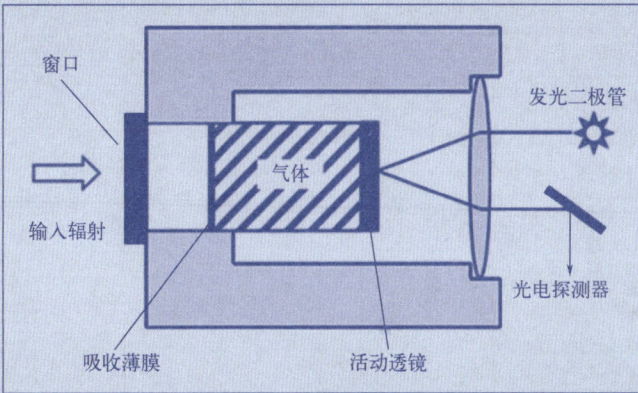

图 2-40 高莱探测器原理图[6]

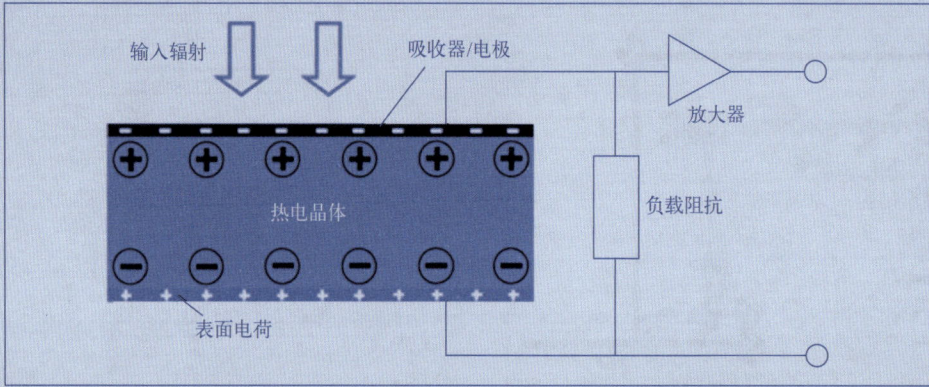

图 2-41 热释电探测器原理图[6]

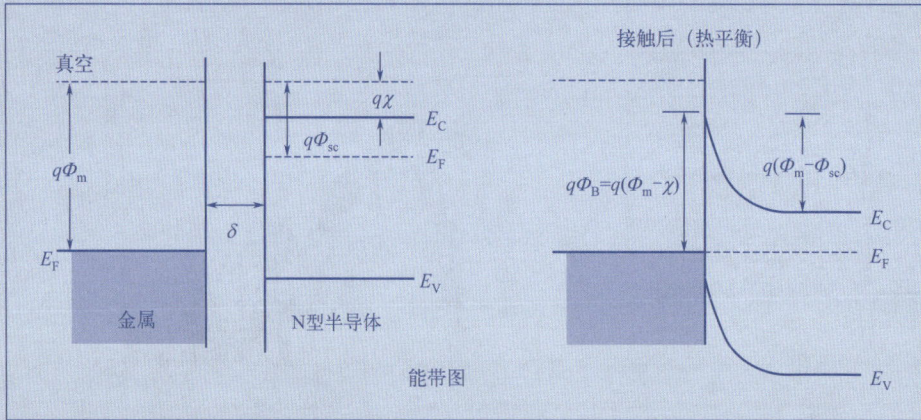

图 2-42 肖特基二极管工作原理图[6]

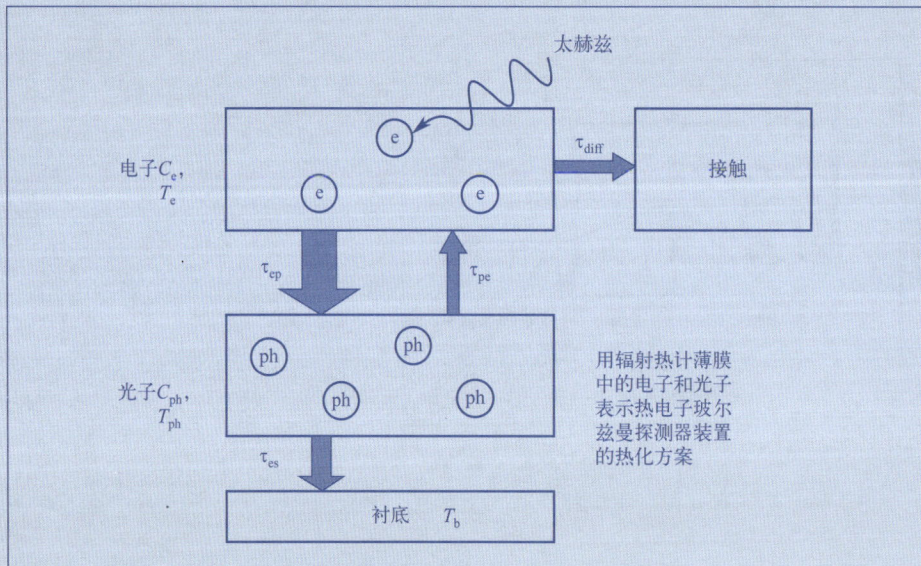

图 2-43 热电子辐射热计工作原理[6]

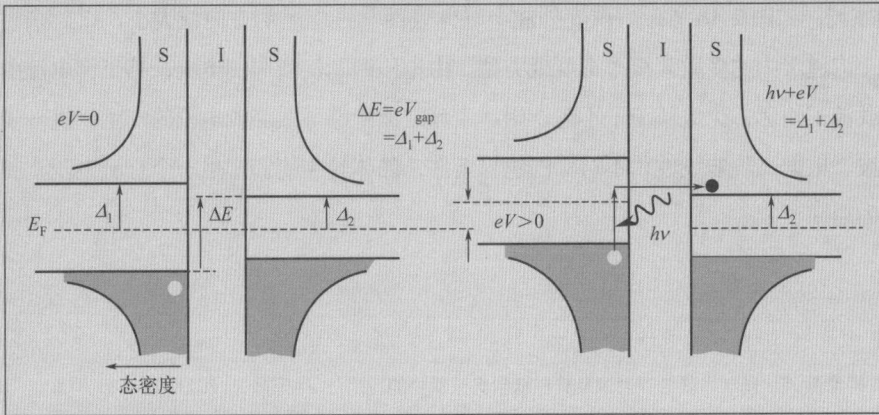

图 2-44 SIS 器件工作原理[6]

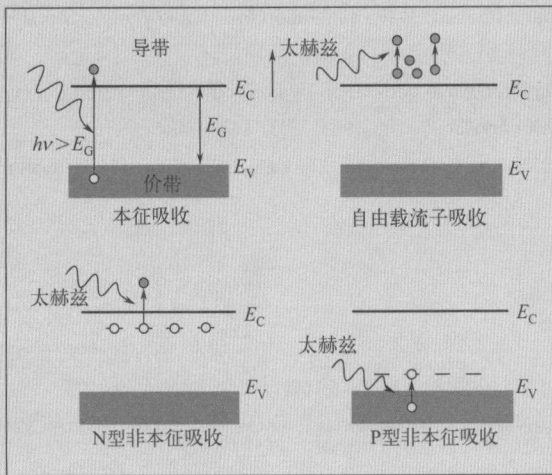

图 2-45 半导体探测原理[6]

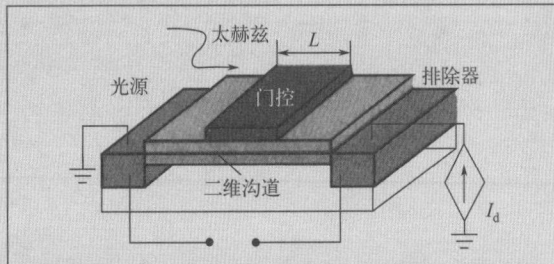

图 2-46 FET 结构示意图

来探测连续太赫兹波，如图 2-46 所示。改变外加半导体表面垂直电场的方向或大小，以此来控制半导体导电层（沟道）中的多数载流子密度或类型。由电压调制沟道中的电流，其工作电流由半导体中的多数载流子输运，少数载流子不起作用。太赫兹波能够导致交流电压的产生，进一步激发出等离子体波。根据二阶非线性和不对称的边界条件，晶体管中能够产生一个直流电压，并且正比于入射波的功率。

参考文献

[1] 徐德刚, 王与烨, 胡常灏, 等. 光学太赫兹辐射源及其在脑创伤检测中的应用[J]. 中国激光, 2021, 48(19): 1914002.

[2] 徐德刚, 等. 光学太赫兹辐射源及其生物医学应用[M]. 上海: 华东理工大学出版社, 2021.

[3] 田野, 郭丝霖, 曾雨珊, 等. 强场太赫兹光源及其物质调控研究(特邀)[J]. 光子学报, 2020, 49(11): 1149001.

[4] Jin Q, Williams K, Dai J, et al. Observation of broadband terahertz wave generation from liquid water[J]. Applied Physics Letters, 2017, 111(7), 071103.

[5] Brown E R, Smith F W, McIntosh K A. Coherent millimeter-wave generation by heterodyne conversion in low-temperature-grown GaAs photoconductors[J]. Journal of Applied Physics, 1993, 73(3): 1480-1484.

[6] O'Sullivan C M, Murphy J A. Field Guide to Terahertz Sources, Detectors, and Optics[M]. Bellingham, WA, USA: SPIE, 2012.

第3章
太赫兹波实现应用的基础

3.1 太赫兹波的传输

3.1.1 物质中的太赫兹波

与其他频段一致，我们将从麦克斯韦方程组（Maxwell's Equations）出发描述太赫兹波。麦克斯韦方程组的微观形式如图 3-1 所示。常见的电磁场量有：电位移矢量 D、磁感应强度 B、电场强度 E 以及磁场强度 H。

麦克斯韦方程组是描述电磁场和电荷之间关系的四个基本方程，它们分别是高斯定律、法拉第定律、安培定律和麦克斯韦 - 亨利定律。这四个方程组成了电磁学的基石，对于理解和解释电磁现象有着至关重要的作用。

作者提醒

当然，需要注意的是，电磁场以及电磁波是一门专业的课程，在这里仅讲解电磁波的基本概念，读者如果想要深入学习或者研究，需要参考更专业的书籍。

3.1.2 波动方程

通过对麦克斯韦方程组进行求解，可以得到电场强度 E 和磁场强度 H 的波动方程，如图 3-2 所示。这些时变场通过麦克斯韦方程组紧密联系在一起：如果知道了一个场，完全可以确定其他的场。电场和磁场的耦合实体称为电磁波。

3.1.3 反射和透射

当电磁波从两个线性电介质交界面反射和透射时，E、H 服从边界条件——向量场的平行分量在交界面处是连续的。边界条件的呈现形式是斯涅尔定律：$n_1\sin\theta_1 = n_2\sin\theta_2$。式中，$n_1$、$n_2$ 为媒质的折射率，θ_1、θ_2 分别为入射角和反射角。

图 3-3 为入射平面处的入射波、反射波和透射波的示意图。S 极化表示入射波的极化方向垂直于入射平面，P 极化为入射波的极化方向与入射平面平行。因此，边界条件决定了反射场、透射场幅度与入射场幅度的比值。这些关系可以表示成菲涅耳（Fresnel）方程，如图 3-4 所示。

反射率 R 定义为从界面反射的入射波功率的百分率，而透射率 T 定义为从界面透射的入射波功率的百分数。由于入射到交界面上的辐射强度是坡印亭矢量 $<S> \cdot e_k$ 的法向分量，则反射率和透射率表达式如图 3-5 所示。图中还给出了几个特殊情况。

麦克斯韦方程组　　　　洛伦兹定律

$$\nabla \cdot \boldsymbol{D} = \rho_f$$

$$\nabla \cdot \boldsymbol{B} = 0$$

$$\nabla \times \boldsymbol{E} = -\frac{\partial \boldsymbol{B}}{\partial t} \qquad \boldsymbol{F} = q(\boldsymbol{E} + \boldsymbol{v} \times \boldsymbol{B})$$

$$\nabla \times \boldsymbol{H} = \boldsymbol{J}_f + \frac{\partial \boldsymbol{D}}{\partial t}$$

经典电磁学的理论基础

图 3-1　麦克斯韦方程组

对于 S 极化：

$$\frac{E_{R,S}}{E_{I,S}} = \frac{n_1\cos\theta_1 - n_2\cos\theta_2}{n_1\cos\theta_1 + n_2\cos\theta_2} \quad \text{与} \quad \frac{E_{T,S}}{E_{I,S}} = \frac{2n_1\cos\theta_1}{n_1\cos\theta_1 + n_2\cos\theta_2}$$

对于 P 极化：

$$\frac{E_{T,P}}{E_{I,P}} = \frac{n_2\cos\theta_1 - n_1\cos\theta_2}{n_2\cos\theta_1 + n_1\cos\theta_2} \quad \text{与} \quad \frac{E_{T,P}}{E_{I,P}} = \frac{2n_1\cos\theta_1}{n_2\cos\theta_1 + n_1\cos\theta_2}$$

图 3-4　菲涅耳方程

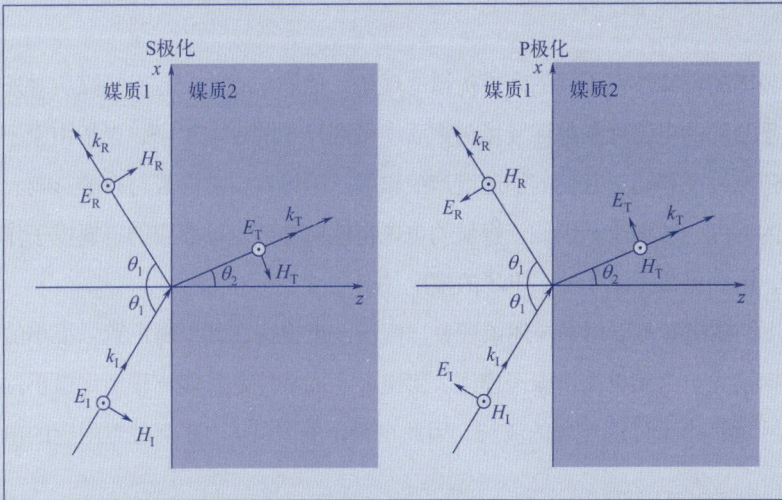

图 3-3　S 和 P 极化电磁波的反射与透射

$$\nabla^2 \times \boldsymbol{E} = \sigma\mu\frac{\partial \boldsymbol{E}}{\partial t} + \varepsilon\mu\frac{\partial^2 \boldsymbol{E}}{\partial t^2}$$

$$\nabla^2 \times \boldsymbol{H} = \sigma\mu\frac{\partial \boldsymbol{H}}{\partial t} + \varepsilon\mu\frac{\partial^2 \boldsymbol{H}}{\partial t^2}$$

图 3-2　波动方程

反射率和透射率分别表示为：$R = \dfrac{|E_R|^2}{|E_I|^2}$ 与 $T = \dfrac{n_2|E_T|^2}{n_1|E_I|^2}$

P 极化的反射率在布儒斯特角处完全消失：$\theta_B = \arctan\dfrac{n_2}{n_1}$

如果媒质1比媒质2光密，即 $n_1 > n_2$，在 $\theta_1 = \arcsin\dfrac{n_2}{n_1}$ 时反射率变成1，发生全内反射（Total Internal Reflection）

图 3-5　反射率和透射率公式

3.1.4 相干透射光谱

透射几何光学中相干太赫兹光谱学是一种常用的测量材料光学常数的技术。测量太赫兹场的幅度及相位的相干检测方法确保同时测量介电函数 $\varepsilon_r(\omega)$ 或电导率 $\sigma(\omega)$ 的实部和虚部。

图 3-6 为垂直入射的电磁波通过平行平板单层材料的示意图。层内一部分电磁波在交界面处经过多次反射才透射通过。最终总的透射是经过多次反射的所有部分的叠加。

实际上所测得的是幅度为 $|t(\omega)|$、相位为 $\Phi(\omega)$ 的复透射系数 $t(\omega)$，其可以表示为 $\tilde{n}(\omega)$ 的形式，如图 3-7 所示。

3.1.5 吸收和色散

频率色散指的是不同频率的电磁波以不同的速度传播的现象。色散与吸收一起表征媒质对外部的电磁场如何响应。几乎全部的电磁现象都涉及场与物质中微观尺寸的带电粒子、电子和原子的相互作用。电磁波迫使带电粒子移动，它们的加速度产生辐射。磁场对自然形成材料的影响大多不用考虑，且电子运动的幅度一般很小。因此，媒质的电磁特性由外部电场感应的电偶极子作用决定。在线性光频区域，电偶极矩正比于外部电场的幅度。

如图 3-8 所示，经典洛伦兹模型可以用来描述该现象。假设一束电荷在其平衡位置以很小的幅度摆动，可以将该系统描述为一个简单的谐振子模型。带电粒子的势能是其偏离平衡点微小位移的二次函数。振子的尺寸远远小于外部电场的波长，因此在给定的时间 t 内平衡位置附近的电场为恒定值。

图 3-9 为介电常数表达式及谐振频率附近的特征介电色散曲线。由于媒质对外部电磁波的响应与频率有关，故该媒质是色散的。介电常数的虚部表明在谐振频率处吸收最大，其带宽约为 γ。

通过色散关系，可以得到波向量的复数幅度，如图 3-10 所示。这决定了波在媒质中以何种方式传播。

3.1.6 等离子体频率

电磁波与一个系统相互作用，该系统中电荷自由移动，并且忽略粒子之间的散射。等离子体是一种物质状态，由电子和正离子（或称离子）组成，其中电子和离子的数量大致相等，整体呈电中性。在等离子体中，电子从原子或分子中获得足够的能量，使其脱离原子或分子，形成带电粒子。这些带电粒子通过碰撞和相互作用，形成一个相对稳定的带电气体。太赫兹波入射到掺杂半导体或等离子体时可能表现为上述现象。等离子体频率（Plasma Frequency）如图 3-11 所示。

实验室等离子体和掺杂半导体的典型电子密度为 $10^{16}\mathrm{cm^{-3}}$，相应的等离子体频率为 $\omega_p \approx 6\mathrm{THz}$。

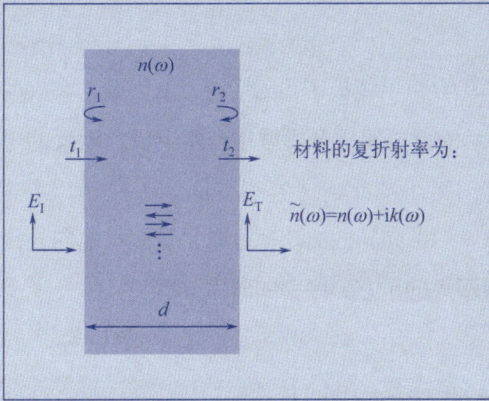

图 3-6 电磁波通过厚度为 d、复折射率为 $\tilde{n}(\omega)$ 的平面单层材料传播示意图

(r_1 和 r_2 分别是入射面和出射面的反射系数，t_1 和 t_2 分别是对应的传输系数)

材料的复折射率为：

$$\tilde{n}(\omega)=n(\omega)+\mathrm{i}k(\omega)$$

$$t(\omega)=\mid t(\omega)\mid \mathrm{e}^{\varPhi(\omega)}$$

$$=\frac{E_T(\omega)}{E_1(\omega)}=\frac{4\tilde{n}(\omega)\mathrm{e}^{\mathrm{i}\phi_d{}^{(\omega)}}}{[\tilde{n}(\omega)+1]^2-[\tilde{n}(\omega)-1]^2\mathrm{e}^{2\mathrm{i}\phi_d{}^{(\omega)}}}$$

其中，在材料中传播距离 d 产生的相移为：

$$\phi_d(\omega)=\tilde{n}(\omega)\frac{\omega}{c}d$$

复介电函数：$\varepsilon_r(\omega)=[\tilde{n}(\omega)]^2=\varepsilon_{r_1}(\omega)+\mathrm{i}\varepsilon_{r_2}(\omega)$

复电导率：$\sigma(\omega)=\sigma_1(\omega)+\mathrm{i}\sigma_2(\omega)$

$$\sigma_1(\omega)=-\varepsilon_0\omega\varepsilon_{r_2}(\omega)$$

$$\sigma_2(\omega)=\varepsilon_0\omega[\varepsilon_{r_1}(\omega)-\varepsilon_{r_1}(\infty)]$$

$\varepsilon_{r_1}(\infty)$ 是在高频极限情况下的介电常数

图 3-7 相关材料参数

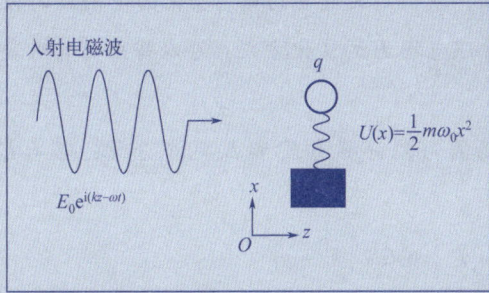

$$U(x)=\frac{1}{2}m\omega_0 x^2$$

$$E_0\mathrm{e}^{\mathrm{i}(kz-\omega t)}$$

入射电磁波

图 3-8 电介质中束缚电子的光学响应的经典洛伦兹模型

$$k^2=\varepsilon\mu\omega^2\implies k(\omega)=k_R(\omega)+\mathrm{i}k_I(\omega)=\sqrt{\varepsilon_r(\omega)}\frac{\omega}{c}$$

沿 z 轴方向传播的平面波为：

$$E(z,t)=E_0\mathrm{e}^{\mathrm{i}(kz-\omega t)}=E_0\mathrm{e}^{-\frac{\alpha}{2}z}\mathrm{e}^{-\mathrm{i}\omega\left(t-\frac{n}{c}z\right)}$$

吸收系数：$\alpha(\omega)=2\mathrm{Im}[k(\omega)]$

相速度：$\upsilon=\dfrac{n(\omega)}{c}=\dfrac{\mathrm{Re}[k(\omega)]}{\omega}$

图 3-10 电磁波传输特性

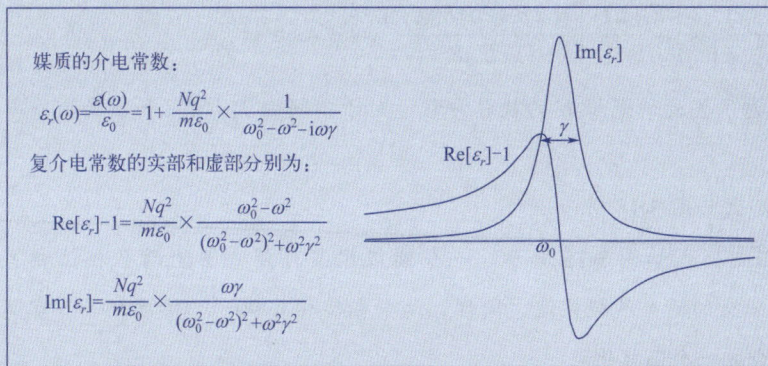

媒质的介电常数：

$$\varepsilon_r(\omega)=\frac{\varepsilon(\omega)}{\varepsilon_0}=1+\frac{Nq^2}{m\varepsilon_0}\times\frac{1}{\omega_0^2-\omega^2-\mathrm{i}\omega\gamma}$$

复介电常数的实部和虚部分别为：

$$\mathrm{Re}[\varepsilon_r]-1=\frac{Nq^2}{m\varepsilon_0}\times\frac{\omega_0^2-\omega^2}{(\omega_0^2-\omega^2)^2+\omega^2\gamma^2}$$

$$\mathrm{Im}[\varepsilon_r]=\frac{Nq^2}{m\varepsilon_0}\times\frac{\omega\gamma}{(\omega_0^2-\omega^2)^2+\omega^2\gamma^2}$$

图 3-9 介电常数表达式及谐振时的介电色散曲线

51

3.1.7 电偶极子辐射

电磁波通过加速粒子和时变电流产生。接下来简单介绍电偶极子辐射场的发射问题，在大多数情况下，这是电磁辐射的主要来源。如图 3-12 所示的谐振偶极子模型中，两个极性相反的电荷间距为 d，并以角频率 ω 谐振：$q\,(t)=q_0 e^{-i\omega t}$。

图 3-13 为辐射功率的角分布，辐射以正比于 $\sin^2\theta$ 的各向异性的功率分布呈放射状地向外传播。从总的辐射功率表达式中可以看出，功率随偶极子矩的平方、频率的四次方增长。

题外知识：电磁波的极化)))

谈到电磁波，除了频率和幅度之外，还有一个比较重要的方面就是：极化（在有些场合也叫作偏振）。极化，就是指波振动的平面，电磁波的传播是由相互垂直的电场和磁场产生的。因此存在电场和磁场两个相互垂直的振荡平面，我们定义电场的振荡平面为电磁波的极化，即空间固定点，电场 E 随时间变化的方式。按照电场 E 的变化方式，可以将平面电磁波的极化分为三种：线极化、圆极化和椭圆极化。

对于一个沿着 z 方向传播的平面电磁波，电场 E 可以分解为 E_x 和 E_y 两个分量，电场 E 的瞬时方程为：

$$E(z,t)=a_x E_{x0}\cos(\omega t-kz)+a_y E_{y0}\cos(\omega t-kz-\varphi)$$

消除上面公式中的 $\omega t-kz$，即可得到这两个分量之间满足的关系：

$$\left[\frac{E_x(z,t)}{E_{x0}}\right]^2+\left[\frac{E_y(z,t)}{E_{y0}}\right]^2-\frac{2E_x(z,t)E_y(z,t)}{E_{x0}E_{y0}}\cos\varphi=\sin^2\varphi$$

上面这个方程就是任意位置处的电场 E 的轨迹方程。对于不同的 E_{x0}、E_{y0} 和 φ 的值，电场 E 有不同的极化方式。

线极化示意图及相关公式如图 3-14 所示。

圆极化波示意图及相关公式如图 3-15 所示。一个圆极化波可以分解为两个相位相差 90°、幅度相等、空间上正交的两个线极化波，同理，两个相位相差 90°、幅度相等、空间上正交的线极化波也可以合成一个圆极化波。

除了上述两种情况，当 φ 为任意值时，电场 E 的尾端轨迹方程就是一个椭圆方程，称为椭圆极化。椭圆极化根据旋转方向的不同，也分为右旋椭圆极化和左旋椭圆极化。椭圆极化波作为电磁波极化的最普遍形式，既可以分解为两个空间上正交的线极化波，也可以分解成两个旋向相反的圆极化波。

52

介电常数：$\varepsilon_r(\omega)=1-\dfrac{\omega_p^2}{\omega^2}$ 　　等离子体频率：$\omega_p=\sqrt{\dfrac{Nq^2}{m\varepsilon_0}}$

色散关系：$ck=\sqrt{\omega^2-\omega_p^2}$ $\begin{cases} \omega>\omega_p \text{ 电磁波能够传播通过媒质} \\[2mm] \omega<\omega_p \Rightarrow \alpha(\omega)=\dfrac{2}{c}\sqrt{\omega_p^2-\omega^2} \text{ 衰减传输} \end{cases}$

图 3-11 等离子体频率

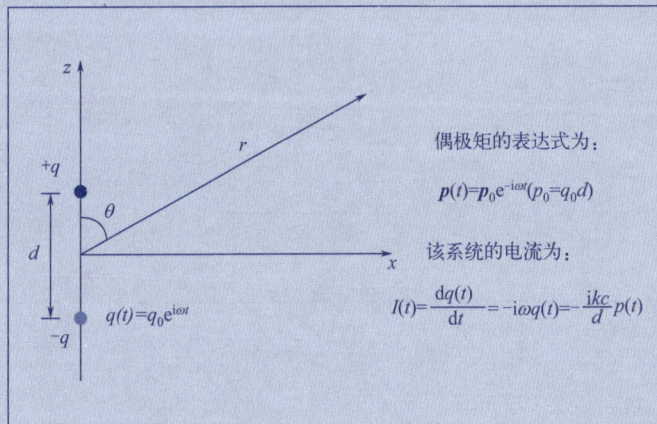

偶极矩的表达式为：

$$\boldsymbol{p}(t)=\boldsymbol{p}_0 \mathrm{e}^{-\mathrm{i}\omega t}(p_0=q_0 d)$$

该系统的电流为：

$$I(t)=\frac{\mathrm{d}q(t)}{\mathrm{d}t}=-\mathrm{i}\omega q(t)=-\frac{\mathrm{i}kc}{d}p(t)$$

$+q$

$q(t)=q_0 \mathrm{e}^{\mathrm{i}\omega t}$

$-q$

图 3-12 谐振偶极子及相关公式

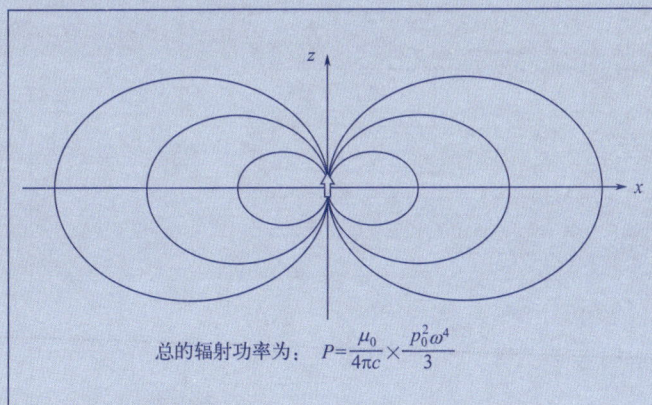

总的辐射功率为：$P=\dfrac{\mu_0}{4\pi c}\times\dfrac{p_0^2\omega^4}{3}$

图 3-13 电偶极子辐射方向图

如果 E_x 和 E_y 相位相同或相差 π，
则波为线极化。

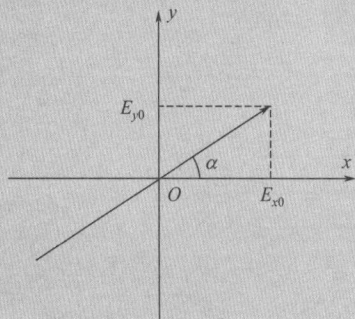

合成电场的矢端轨迹为直线，
电场的轨迹方程简化为：

$$\left[\frac{E_x(z,t)}{E_{x0}}\right]^2 + \left[\frac{E_y(z,t)}{E_{y0}}\right]^2 - \frac{2E_x(z,t)E_y(z,t)}{E_{x0}E_{y0}} = 0$$

$$E_y(z,t) = \pm \boxed{\frac{E_{y0}}{E_{x0}}} E_x(z,t)$$

斜率

线极化，也是移动通信中最常用的极化方式。根据线极化方向与水平面的关系，线极化波
又分为水平极化波、垂直极化波和 $\pm 45°$ 极化波

图 3-14　线极化示意图

如果 E_x 和 E_y 振幅相同，相位相差 $\pm\pi/2$，合成电场的矢端轨
迹为圆，则波为圆极化。

电场的轨迹方程简化为：　$E_x^2(z,t) + E_y^2(z,t) = E_0^2$

🌐 右旋圆极化波：若 $\varphi_x - \varphi_y = \pi/2$，则电场矢端的旋转方向与电磁波传播方向成右手螺旋关系，称为右旋圆极化波

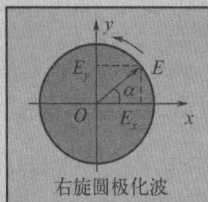

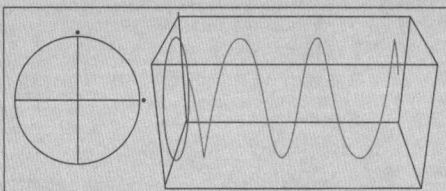

右旋圆极化波

🌐 左旋圆极化波：若 $\varphi_x - \varphi_y = -\pi/2$，则电场矢端的旋转方向与电磁波传播方向成左手螺旋关系，称为左旋圆极化波

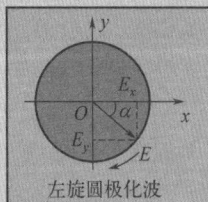

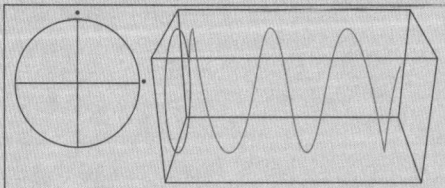

左旋圆极化波

图 3-15　圆极化示意图

3.2 太赫兹光学

3.2.1 固体在太赫兹频段的介质特性

太赫兹频段是介质光特性的中间区域。在微波频段以下的低频段，主要使用德鲁特机制（Drude Mechanism）和德拜弛豫（Debye Relaxation）来确定固体的介质特性。对于频率更高的区域而言，中红外频段的介质光特性被晶格振动压制。太赫兹频率范围通常超出了光频声子谐振的范畴，太赫兹波处于频谱的低能带尾，因此会存在吸收。

根据德鲁特机制可以确定材料中自由载流子的传输特性，其电导率如图 3-16 所示。根据图中的表达式可以看出，弛豫时间是决定基于频率的光特性的唯一参数。高品质本征半导体的弛豫时间在室温下接近于皮秒级。大多数介质媒质的时间尺度要低数个数量级。该时间尺度的倒数在太赫兹频率范围。

介质弛豫也叫作德拜弛豫，涉及介质媒质对施加电场的延时响应。响应的瞬时时延是一种随机热振荡，减缓了材料中偶极矩的重新定向。该过程的表达如图 3-17 所示。由于材料系统不同，德拜弛豫时间的变化较大。在室温下，典型的时间量级从毫秒级到纳秒级变化。

通常情况下，介质晶体的最低光频声子谐振频率接近于 10THz。一种晶格振动的介质响应的简单近似可由谐波振荡器模型描述，如图 3-18 所示。

在太赫兹频段，德鲁特机制、介质弛豫和晶格振动这三种微观过程是固体的主要吸收过程。图 3-19 给出了太赫兹频段典型的介质响应。

3.2.2 太赫兹光学材料

太赫兹波段固体材料的特殊光学性质与其他光谱范围的物理机制不同。在这个光谱范围内，自由载流子效应特别强烈；声子谐振使材料在这个光谱范围内不透明。在光学区域常用的普通玻璃在太赫兹应用中毫无用处，因为来自带电缺陷的外部介质损耗太高。然而，一些材料类型在太赫兹频率下具有很高的透明度。可传输太赫兹波的材料包括聚合物、介质和半导体。聚合物如聚乙烯、聚四氟乙烯（PTFE）和 TPX 在太赫兹频率下透明且几乎无色散。它们的吸收系数在 1THz 时小于 $0.5\mathrm{cm}^{-1}$，并且随频率呈近似二次增加。这些聚合物的平均折射率在 1.4～1.5 之间，变化很小。常用的介质和半导体材料包括硅、锗、砷化镓、石英、熔融二氧化硅和蓝宝石等。硅在太赫兹波段透过率较高、色散较小。高纯度晶体的吸收系数在 3 THz 以下小于 $0.1\mathrm{cm}^{-1}$，在同一范围其折射率 3.4175 的变化小于 0.0001。其他介质和半导体中的自由载流子和晶格振动效应远远大于硅中的效应。可传输太赫兹波的材料能够制成基本光学元件，如窗户和透镜。抛光金属表面或金属涂层镜子通常用作太赫兹反射器，典型的反射率为 98%～99%。

3.2.2.1 聚合物

表3-1给出了几种常见聚合物在0.5～3THz时的平均折射率和频率为1THz时的吸收系数[1]。图3-20给出了几种聚合物材料在两种频谱窗口中的吸收系数曲线。

表3-1 常见聚合物的光学常数

聚合物	英文名	折射率 n	1THz 处吸收质数 /cm^{-1}
低密度聚乙烯	LDPE	1.51	0.2
高密度聚乙烯	HDPE	1.53	0.3
聚四氟乙烯	PTFE	1.43	0.6
聚丙烯	PP	1.50	0.6
甲基戊烯共聚物	TPX	1.46	0.4
—	Tsurupica	1.52	0.4

3.2.2.2 介质和半导体

晶体硅被广泛用于太赫兹器件中，在该波段透过率较高，且色散较小。晶体硅由单元素组成，不存在偶极矩和外部电场耦合。因此，和晶格振动相关的吸收由二阶（双声子）过程主导。由浮区晶体生长方式得到的高纯度硅的载流子浓度非常低（对于 N 型硅，$< 4 \times 10^{11} cm^{-3}$），电阻率高（$> 10 k\Omega \cdot cm$）。图 3-21（a）给出了浮区高阻抗硅在太赫兹波段的折射率和吸收系数。

如图 3-21（b）所示，GaAs 晶体可以获得较高的电阻率（$> 10 M\Omega \cdot cm$）和较低的载流子浓度，其主要的太赫兹吸收与8.1THz的光声子模式相关。由于晶体的两种元素之间的电荷分布不对称，在Ⅲ-Ⅴ族材料中有一阶吸收，同时相应的偶极矩与施加电场直接耦合。

锗与硅有同样的晶体结构，不存在一阶吸收。本征锗具有相对较小的带隙能量（0.66eV），在室温下的本征载流子浓度为 $2 \times 10^{13} cm^{-3}$，远高于硅。其电阻率为 $46\Omega \cdot cm$，相对较低。载流子浓度很高，德鲁特机制在太赫兹波段的吸收中起主导作用：电子和空穴的弛豫时间分别为 0.6ps 和 0.7ps。图 3-22 给出了本征锗晶体的折射率和吸收系数。

在太赫兹波段，蓝宝石、石英晶体以及熔融石英的吸收远高于硅，在太赫兹波段的折射率和吸收系数如图 3-23 所示。由于蓝宝石和石英是双折射晶体，对于寻常光和非寻常光的光学常数有差异。

3.2.2.3 导体

在太赫兹波段，金属表面的反射率接近 1，因此金属涂层镜面可用作太赫兹波段的反射器。金属表面在太赫兹波段的光学特性符合德鲁特机制，其电导率如图 3-24 所示。因为 $\omega\tau \ll 1$，此时这些常见金属的弛豫时间的数量级为 $10^{-14} s$。

56

由德鲁特模型得到的电导率为： $\sigma(\omega)=\dfrac{\sigma_0}{1-\mathrm{i}\omega\tau}$

静态电导率为： $\sigma_0=\dfrac{n_q q^2\tau}{m_q}$ n_q 是电荷密度
                                       m_q 是粒子质量
                                       τ 是弛豫时间

材料的介电常数为：

$$\varepsilon(\omega)=\varepsilon_0+\mathrm{i}\,\frac{\sigma(\omega)}{\omega}=\varepsilon_0+\frac{\mathrm{i}\sigma_0}{\omega(1-\mathrm{i}\omega\tau)}$$

图 3-16   德鲁特模型

最普遍的描述弛豫过程的模型可由德拜等式表达：

$$\varepsilon(\omega)=\varepsilon(\infty)+\frac{\varepsilon(0)-\varepsilon(\infty)}{1-\mathrm{i}\omega\tau_{\mathrm{D}}}$$

与频率相关的介电常数由静态介电常数 $\varepsilon(0)$、高频介电常数 $\varepsilon(\infty)$ 和德拜弛豫时间 τ_{D} 决定

图 3-17   德拜弛豫模型

由谐波振荡器模型得到的介电常数可表示为：

$$\varepsilon(\omega)=\varepsilon_{\mathrm{L}}(0)+\frac{f_{\mathrm{L}}}{\omega_{\mathrm{L}}^2-\omega^2-\mathrm{i}\omega\gamma_{\mathrm{L}}}$$

$\varepsilon_{\mathrm{L}}(0)$ 是晶格振动的静态介电常数，ω_{L} 是谐振频率，f_{L} 是振荡强度，γ_{L} 是阻尼常数

图 3-18   晶格振动模型

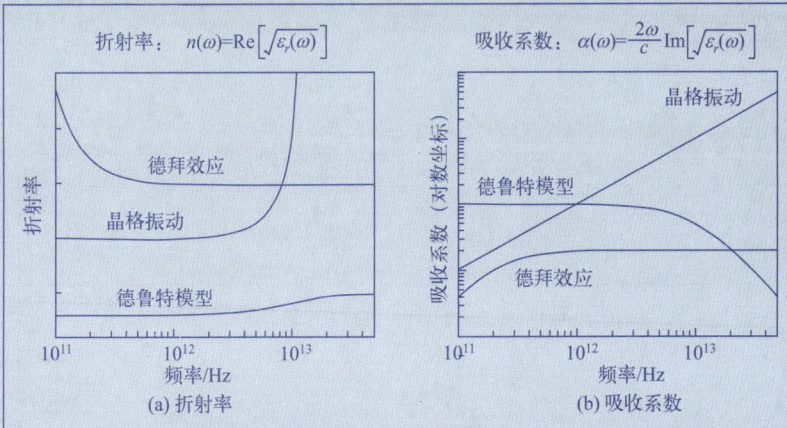

折射率： $n(\omega)=\mathrm{Re}\left[\sqrt{\varepsilon_r(\omega)}\right]$ 吸收系数： $\alpha(\omega)=\dfrac{2\omega}{c}\mathrm{Im}\left[\sqrt{\varepsilon_r(\omega)}\right]$

(a) 折射率   (b) 吸收系数

图 3-19   太赫兹频段典型介质响应

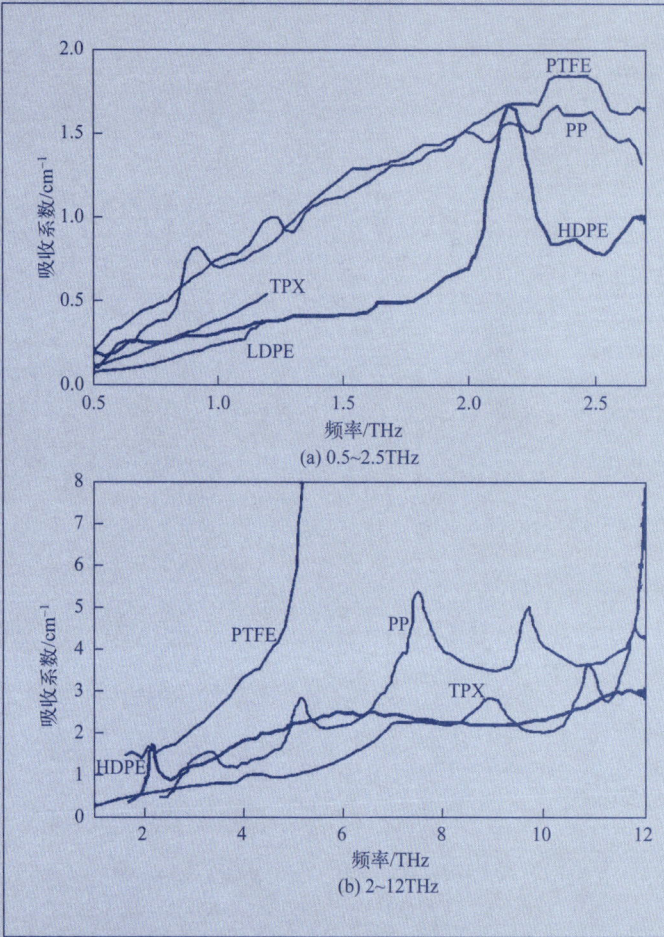

图 3-20 聚合物材料的吸收系数

（相关的英文简称见表 3-1 ）

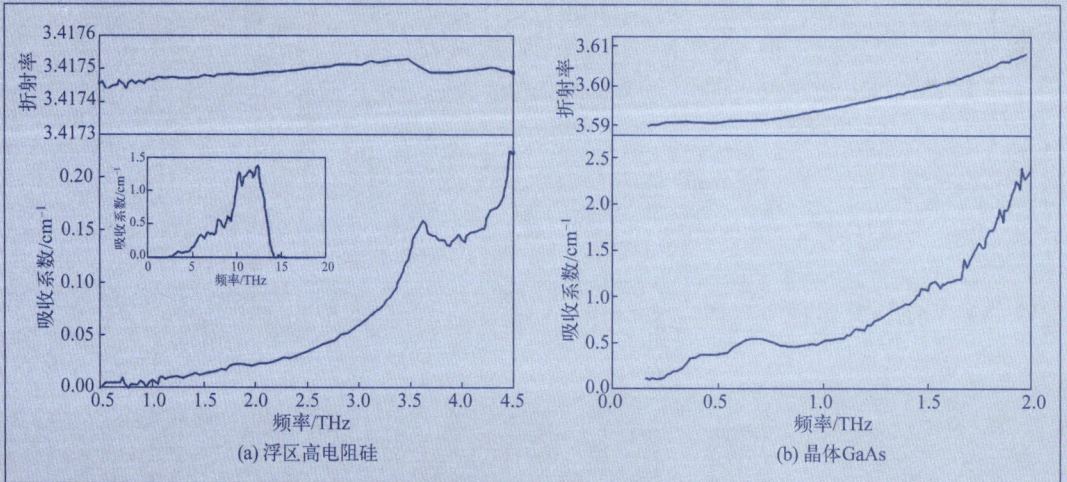

图 3-21 浮区高电阻硅和晶体 GaAs 的折射率和吸收系数

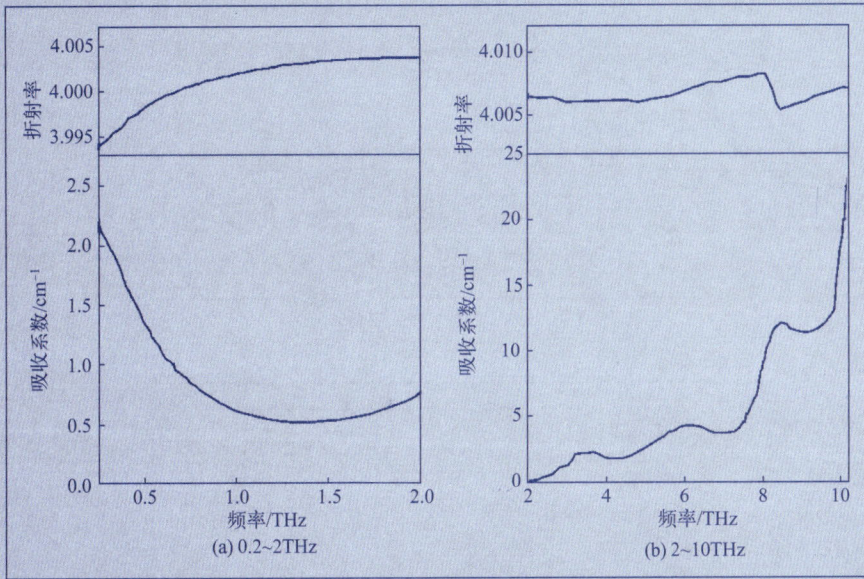

图 3-22 锗在 0.2 ～ 2THz 和 2 ～ 10THz 范围内的折射率与吸收系数

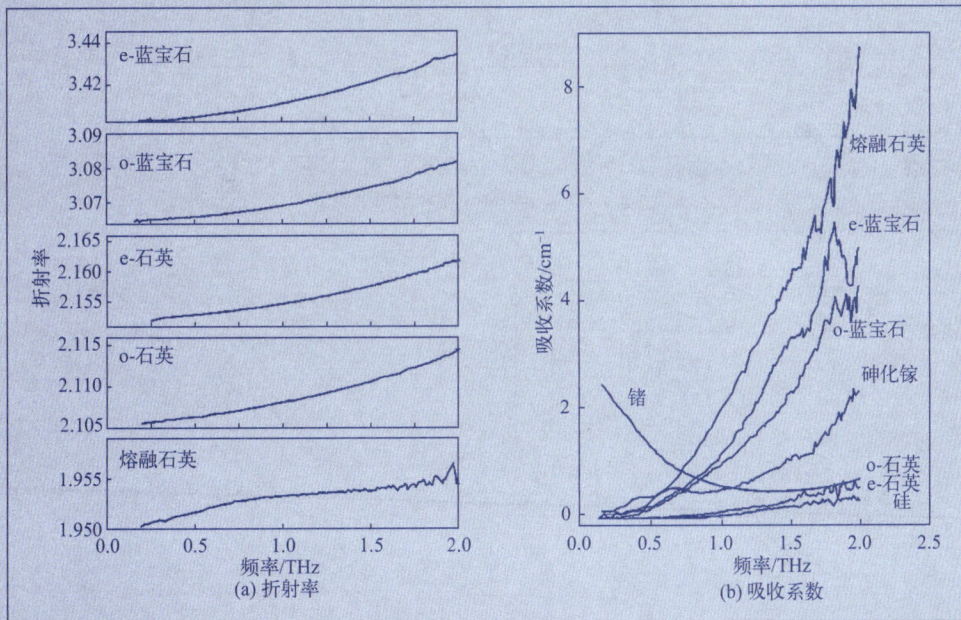

图 3-23 0.2 ～ 2THz 范围内不同材料的折射率和吸收系数

（o 和 e 分别表示 o 光和 e 光。按照电矢量的振动所在的折射率面来区分，把电矢量振动方向在折射率圆内的光线称为 o 光，振动方向不在折射率圆内的称为 e 光。图中几项表示相关晶体在不同光轴方向的折射率）

由德鲁特模型得到的电导率可简化为：$\sigma(\omega) = \dfrac{\sigma_0}{1-i\omega\tau} \cong \sigma_0$

趋肤深度为：$\delta = \sqrt{2/\omega\mu_0\sigma_0}$

参数	铜	银	金	铝
$\sigma_0/(10^6 \text{S/m})$	59.6	63.0	45.2	37.8
$\delta(1\text{THz})/\text{nm}$	65.2	63.4	74.9	81.9

图 3-24 不同金属的电导率和趋肤深度

在金属表面正入射时的反射率：

$$R(\omega) = \left| \frac{\sqrt{\varepsilon_r(\omega)} - 1}{\sqrt{\varepsilon_r(\omega)} + 1} \right|^2$$

此时的复介电常数为：

$$\varepsilon_r(\omega) = \varepsilon_b + i\frac{\sigma(\omega)}{\varepsilon_0\omega} \cong i\frac{\sigma_0}{\varepsilon_0\omega}$$

ε_b 为弹射电子引起的介电常数变化，在THz，$\sigma_0/(\varepsilon_0\omega) \gg \varepsilon_b$，则发射率简化为：

$$R(\omega) \cong 1 - \sqrt{\frac{8\varepsilon_0\omega}{\sigma_0}}$$

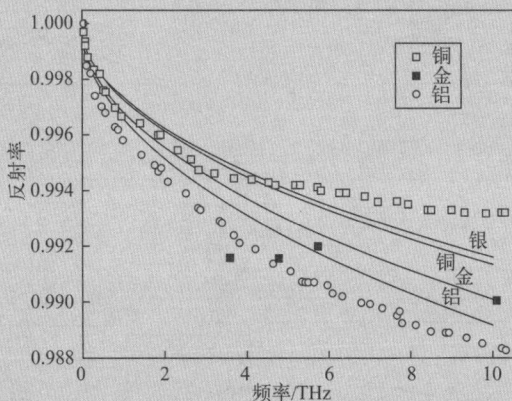

图 3-25 不同金属的反射率随频率的变化

考虑实部，复介电常数为：$\varepsilon_r(\omega) \cong -\dfrac{\sigma_0\tau}{\varepsilon_0} + i\dfrac{\sigma_0}{\varepsilon_0\omega}$

假设对于铝和铜金属，τ 分别为7.5fs和25fs，则：

Al：$\varepsilon_r(\upsilon) = -3.2\times10^4 + i6.7\times10^5\upsilon^{-1}$

Cu：$\varepsilon_r(\upsilon) = -1.7\times10^5 + i1.1\times10^6\upsilon^{-1}$

$\upsilon = \omega/2\pi$，单位为THz

图 3-26 考虑实部的复介电常数

当电磁波在空气和金属的交界面上反射时，其相应的反射率和复介电常数如图 3-25 所示。图中实线表示了用简化的反射率表达式计算的结果，与实验数据吻合良好。

目前我们忽略了 ε_r 的实部，因为与其虚部相比，实部的影响可以忽略。ε_r 在太赫兹波段是负数，且与频率无关，其绝对值远大于 1，此时的复介电常数如图 3-26 所示。

作者提醒

在太赫兹波段应用的材料研究是一个全新的领域，可以从不同的材料种类进行器件设计，在作者的另一本著作《微结构波导及器件的设计与应用》中，有相关材料详细的介绍及实验测量，可从中获得更为专业的知识。

3.3 太赫兹光学器件

3.3.1 聚焦器件

离轴抛物面镜广泛用于太赫兹波束的聚焦和准直中。如图 3-27 所示，离轴抛物面镜的反射表面通过切除部分抛物面形成，通常涂覆金、铜、铝等金属。与传统的透镜相比，反射光学元件由反射和吸收引起的损耗很小。其工作频段宽，无光谱偏差，不存在球面偏差，将一束平行波聚焦到一点或将从点源发出的辐射高度准直。可以通过反射镜的优化排布来减小畸变，在图 3-28（a）情形中，反射镜的取向可以降低畸变，而图 3-28（b）情形的取向会导致较大的畸变。

基板透镜、准直透镜和超半球透镜已用于对太赫兹波的准直聚焦。低损耗的聚合物、介质和半导体是制作太赫兹透镜的优良材料。一般应用的太赫兹透镜由硅、聚乙烯、Teflon 和 Tsurupica 制成，均已有商业成品，如图 3-28 所示。

有一种特殊的透镜设计称为分区透镜或菲涅耳透镜，其原理是基于透镜聚焦特性与相位 2π 弧度的周期变化是无关的。菲涅耳透镜是将普通透镜的厚度减小一定量以产生 2π 相位变化，结果导致透镜厚度的一系列跳变，每次变化都产生 2π 相位变化。如图 3-29 所示为这些透镜之间的区别。菲涅耳透镜的一个缺点是带宽有限，因为相位变化仅在一个频率得到严格遵守，另一个缺点是透镜横截面跳变导致的遮挡也会产生损耗。

3.3.2 抗反射涂层

由于太赫兹器件使用的大多数低损耗介质和半导体在太赫兹波段具有相对较大的折射率，菲涅耳损耗或反射损耗是太赫兹光学系统主要的损耗机制之一。抗反射（AR）涂层能够大幅度降低菲涅耳损耗。

如图 3-30 所示为单层和多层 AR 涂层的原理示意图。

AR 涂层的机理是从多界面反射的反射波之间的相消干涉。单层 AR 涂层需要两个条件，如图 3-31 所示。

利用热键合技术可以在石英、蓝宝石和氟化钙上构造聚乙烯（$n \approx 1.5$）AR 涂层。将聚乙烯薄膜与基板物理连接，并加热至略低于熔点的温度。

二氧化硅（SiO_2）是另外一种有效的涂层材料，其折射率（$n \approx 2$）接近于锗（$n \approx 4$）和砷化镓（$n \approx 3.6$）的折射率的平方根。将二氧化硅平面粘至锗和砷化镓晶片上，并通过机械打磨控制涂层厚度。

利用等离子体增强化学气相沉积（CVD）可以精确控制涂层厚度。利用该技术可以在锗镜片上生长 SiO_x 涂层。

通过改变材料表面的几何特性来设计所需的介电特性，也可以产生 AR 效果，最常用的方法是在材料表面刻槽。当刻槽间距远小于入射波长（0.1λ）时，刻槽以及对应的脊能够看作电容器件，阻抗取决于槽的几何尺寸和材料介电常数。通过合适的设计能够实现模拟的等效介电常数，满足 $\lambda/4$ AR 涂层所需的折射率 $\sqrt{n}$，如图 3-32 所示。

3.3.3 谐振网栅滤波器

网栅是金属薄片上的二维栅格阵列，或薄电介质基底上的金属块阵列，一般而言主要有两类，即电感性网栅和电容性网栅，如图 3-33 所示。其光学特性由金属和介质交界面的表面等离子体激元的动力学特性决定。电磁波入射到金属网栅结构发生电磁感应，由场产生的表面电流在闭环网格中循环。电荷分布随时间变化，由场的幅度、相位和极化所决定。谐振波长为 $\lambda_0=2\pi c/\omega_0$，与网格周期 g 可比拟。

电感性网栅可以是无接触悬空的，也可以用一个薄的（约 $3\mu m$）透明电介质薄膜来做基底支撑，例如，使用迈拉（Mylar）薄膜。$2r/g \approx 1$ 是网栅带通滤波器的最佳值，对于其他值，带通效果就不那么好，会出现通带太大或者双峰结果。可以通过串联排布网栅滤波器来提高滤波器性能。如果间距不是太小，透过率仅为简单相乘。精确排布网格间距，可以产生干涉图样，导致更加陡峭的透过率特性。

电容性网栅与电感性网栅互补。电容性网栅需要制作在介质薄膜和基底上。对于较长的波长，透射急剧增加；对于较短的波长，透射也会相对较慢增加。$\lambda < g$ 时，网栅的倏逝波相互作用导致透射率增加。对于更短的波长，衍射导致透射率增加，这就不能够再利用等效电路模型来描述。

除了矩形栅格结构，如图 3-34 给出了十字孔阵列结构，本质上讲，这是一种电感性和电容

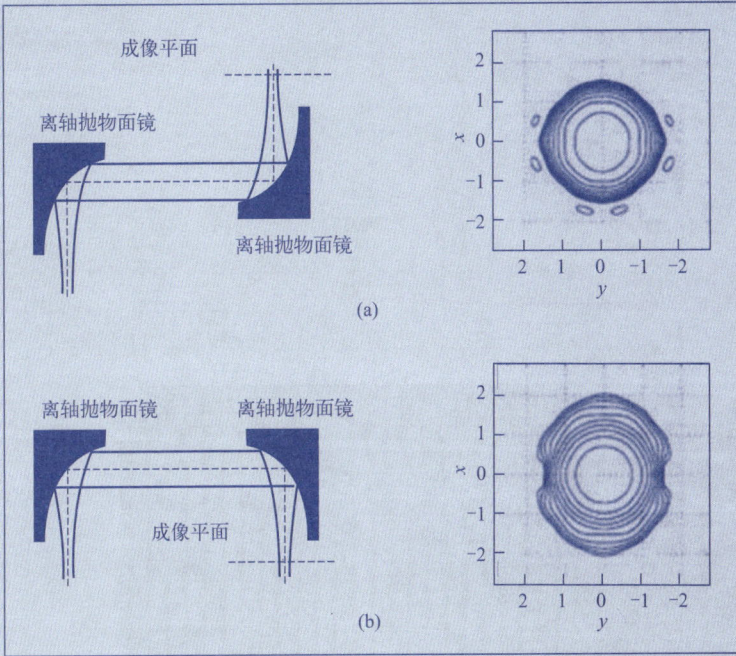

图 3-27 离轴抛物面镜及成像结果

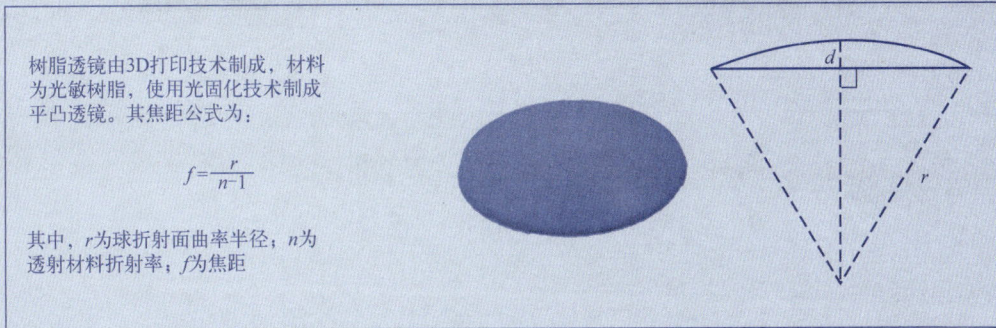

树脂透镜由3D打印技术制成，材料为光敏树脂，使用光固化技术制成平凸透镜。其焦距公式为：

$$f = \frac{r}{n-1}$$

其中，r为球折射面曲率半径；n为透射材料折射率；f为焦距

图 3-28　3D 打印树脂平凸透镜

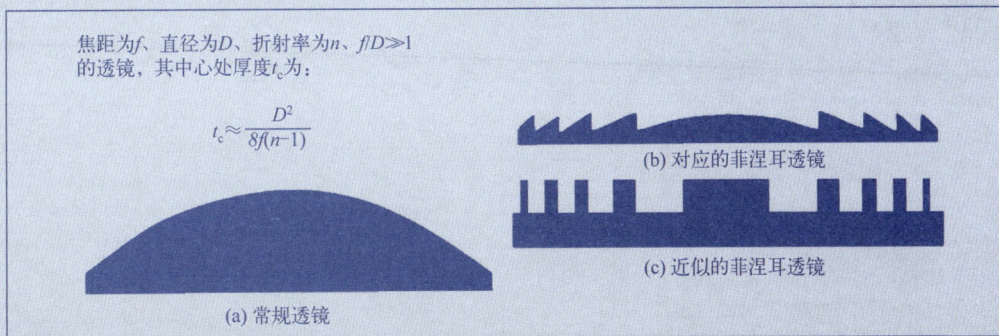

焦距为f、直径为D、折射率为n、$f/D \gg 1$的透镜，其中心处厚度t_c为：

$$t_c \approx \frac{D^2}{8f(n-1)}$$

(b) 对应的菲涅耳透镜

(c) 近似的菲涅耳透镜

(a) 常规透镜

图 3-29　透镜之间的区别

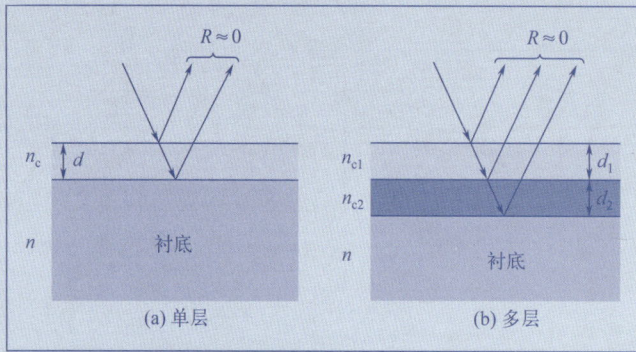

图 3-30 单层和多层 AR 涂层原理示意图

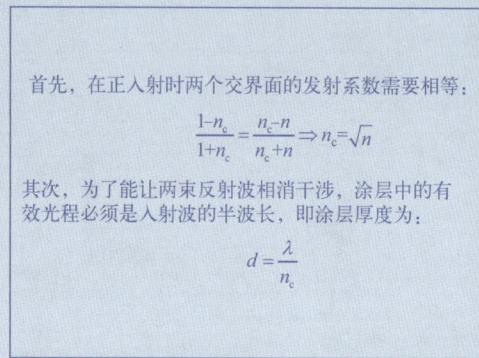

首先，在正入射时两个交界面的发射系数需要相等：

$$\frac{1-n_c}{1+n_c} = \frac{n_c-n}{n_c+n} \Rightarrow n_c = \sqrt{n}$$

其次，为了能让两束反射波相消干涉，涂层中的有效光程必须是入射波的半波长，即涂层厚度为：

$$d = \frac{\lambda}{n_c}$$

图 3-31 单层 AR 涂层需满足的条件

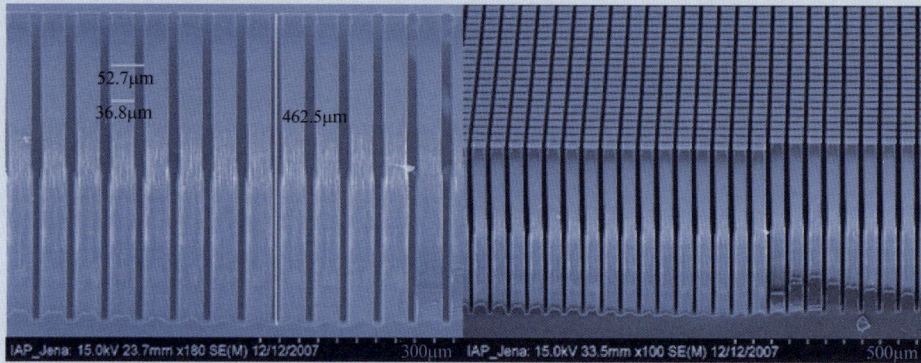

(a) 横截面

(b) 正视图

图 3-32 加工的 AR 结构[2]

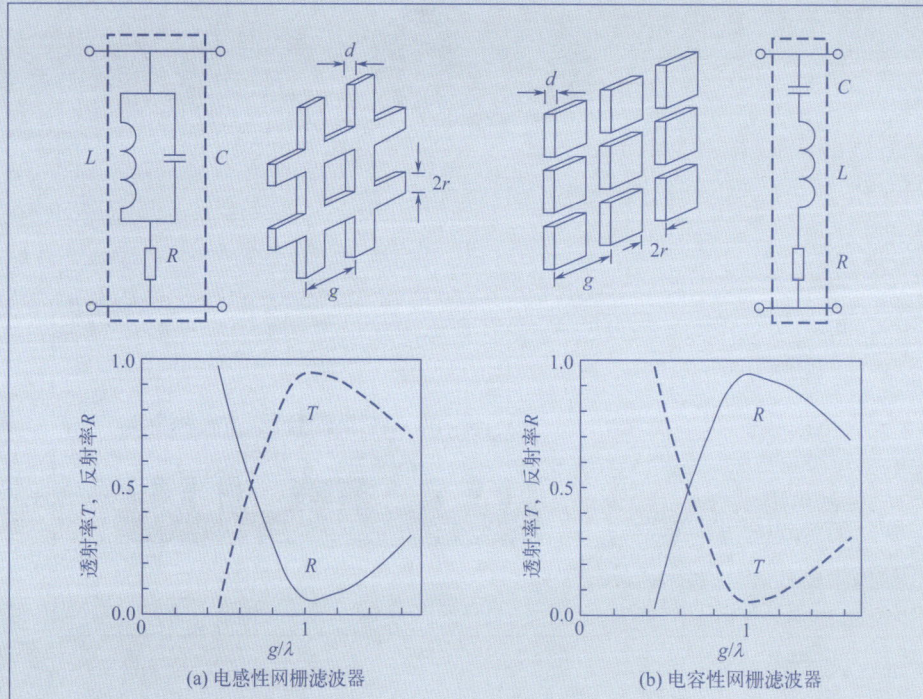

(a) 电感性网栅滤波器

(b) 电容性网栅滤波器

图 3-33 谐振网栅滤波器

64

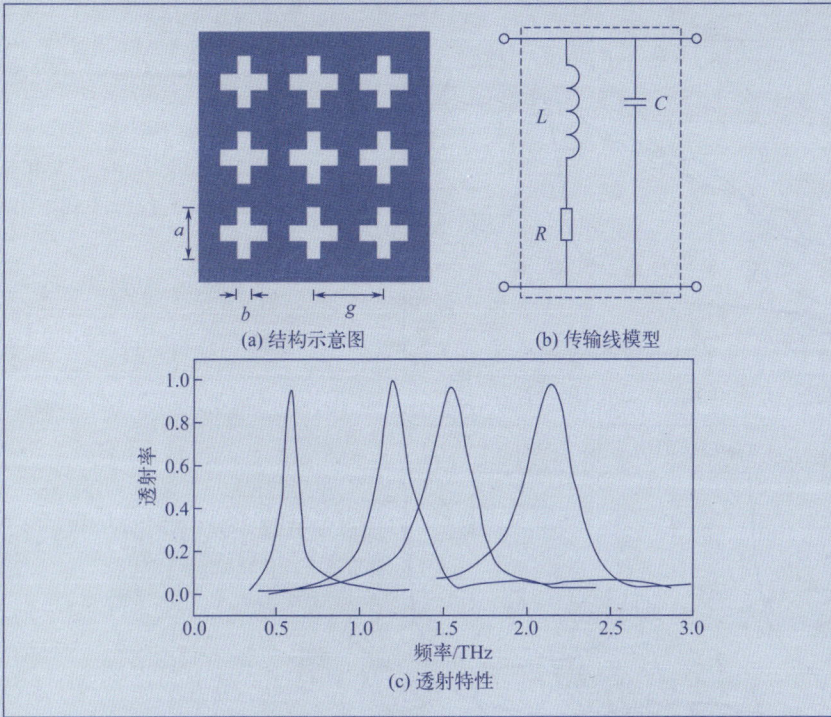

(a) 结构示意图   (b) 传输线模型

(c) 透射特性

图 3-34   带有十字孔阵列的谐振带通滤波器[3]

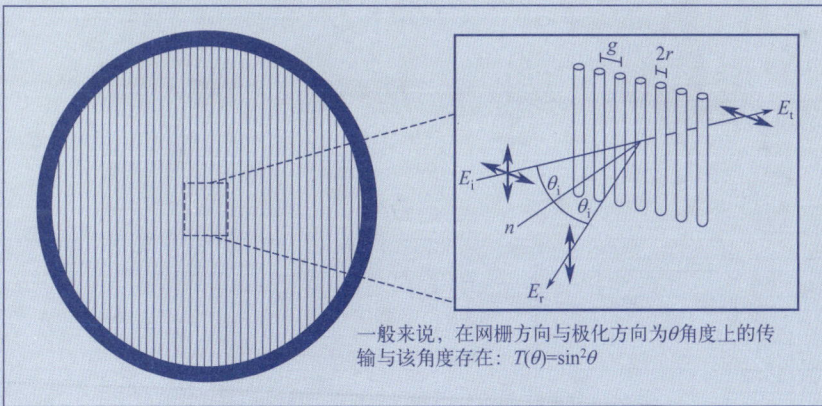

一般来说，在网栅方向与极化方向为 θ 角度上的传输与该角度存在：$T(\theta) = \sin^2\theta$

图 3-35   线栅偏振器

（透射与消光比由栅格周期 g 与线直径 $2r$ 决定）

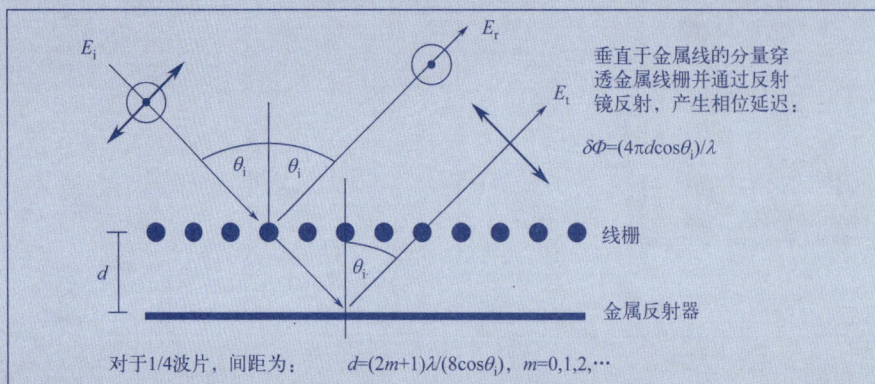

图 3-36　间距 d 的金属反射器 – 线栅型波片的结构示意图

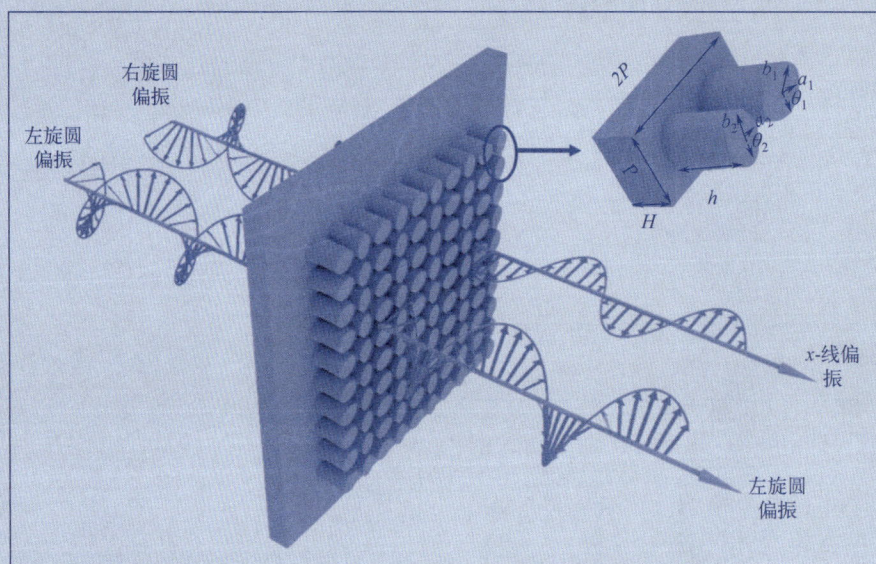

图 3-37　超材料极化转换器[5]

性网栅的复合体。

3.3.4 起偏器和极化转换器

研究法拉第旋转效应及其他各种效应，进行半导体和各向异性晶体的光学参数测量，需要使用极化波。有许多仪器设备，例如，椭偏仪或一些特定的双工器及傅里叶变换频谱仪要求线性极化光输入、输出或旋转其极化态。

作者提醒

需要注意的是，有些研究中使用词语"极化"来表示，偏振和极化表示同一个意思，都来自于英语单词"polarization"。

起偏器：金属线栅通常在太赫兹波段被用作偏振器。如图 3-35 所示，金属线栅利用半径很小（典型的 r 为 3～25μm）的金属丝形成，线间距为 g，称为栅常数。线栅对极化方向垂直于金属线、波长远大于栅常数和金属线直径的太赫兹波是透明的，电磁波越过大多数的线并穿过偏振器，这是因为垂直于线的方向上的运动都被截止了；极化方向平行于金属线，若其波长远大于金属线直径和栅常数，线中的电子能够沿着与入射场相应的线的方向自由移动，则会在栅面发生较强的反射。在 Mylar 或 PE 薄膜上沉积金属条纹也可以制备金属线栅，典型的薄膜厚度约为数微米。

极化转换器：波束的极化态变化可以通过在两个正交极化方向之间引入不同的相移来实现。极化态旋转可以通过在两个正交极化方向的波束间引入相移差 π（半波片）来实现；而 1/4 波片可以产生 π/2 相差，用其可将线性极化光变为圆偏振光。

实现波片的方法是使波束通过一块在两个正交极化方向上有不同折射率的双折射晶体，例如石英和蓝宝石，按垂直其光轴方向切割可以实现波片功能。

另外一种低损耗波片是由线间距 d 的线栅和反射镜组合而成的，如图 3-36 所示。此类器件吸收损耗较低，但两个极化分量之间会产生侧向偏移，会导致输出波束的不完全叠加。

随着超材料技术的发展（见后面章节），利用超材料结构可以实现不同极化态太赫兹波之间的相互转换，如图 3-37 所示。作者也曾就此方面的研究进行过综述[4]。但可惜的是，到目前为止，此类结构绝大多数都只是理论仿真研究，实现实际应用还有较长的路要走。

3.4 太赫兹波导

波导是用于将电磁波限制在传输轴附近，从一个地方传输到另一个地方不引起电磁场强烈损耗的器件。最常见的射频微波波导类型是空心金属管，电磁波通过波导传输，被限制在管的内部。如图 3-38 所示为常见的几种微波波导。光纤是一种在光波段具有代表性的波导。

目前，太赫兹介质波导的主要设计难点在于，材料的损耗严重制约波导传输效率。通过使用多孔介质光纤、亚波长光纤和空心光纤可以有效降低损耗的影响。另外一个涉及宽带太赫兹脉冲有效传输的重要问题是对较低波导色散的需求。通过使用多孔介质光纤和空心光纤就能够实现较大的有效带宽。这些光纤的模式传输主要发生在低损耗、低色散的空气纤芯内。

图 3-39 给出了几种常见的太赫兹空心光纤波导。

太赫兹波导的损耗大部分来自于其基底材料对太赫兹波的吸收，因此，选择合适的波导材料也成为研究过程中需要考虑的重要因素之一。根据波导材料的不同，将太赫兹波导主要分为太赫兹金属波导和太赫兹聚合物光纤。

题外知识：光纤波导的模式

光纤波导通常是圆柱形的。光纤可以将光波形态的电磁能量约束于波导表面内，并导引电磁能量沿光纤轴方向传播。光波导的传输特性取决于其结构特性，这些结构特性将决定光信号在光纤中传播时所受到的影响。光纤的结构基本确定了其信息承载容量以及影响光纤对周围环境微扰的承受能力。

沿波导传播的光可以用导引电磁波来描述，称为导波模。这种导波模就是所谓波导中的"有界"模式或"收集"模式。每一个传导模都有一个电场和磁场分布的场图，场的分布沿光纤长度方向周期性地重复（这就是所谓的模式）。更直白的描述：所谓模（或称为模式、波形）是指能够单独在波导中存在的电磁场结构。按其有无场的纵向分量 E_z 和 H_z，可以分为 3 类。

① $E_z=0$ 且 $H_z=0$ 的传输模称为横电磁模，也称为横电磁波，记作 TEM 波。这种模只能存在于双导体或多导体传输系统中，例如存在于平行双导线、同轴线和带状线中。

② $E_z=0$ 而 $H_z \neq 0$ 的传输模称为横电模或磁模，记为 TE 模或 H 模；$E_z \neq 0$ 而 $H_z=0$ 的传输模称为横磁模或电模，记为 TM 模或 E 模。空心金属管波导只能传输这类模。

③ $E_z \neq 0$ 且 $H_z \neq 0$ 的传输模称为混合模，分为 EH 模和 HE 模。这类模存在于开放式波导中，波在波导表面附近的空间传输，故又称为表面波。

阶跃折射率光纤剖面的 4 个最低阶模的横向电场分布如图 3-40 所示。

在弱导波近似下，$HE_{v+1, m}$ 模和 $EH_{v-1, m}$ 模式简并模（即如果 HE 模和 EH 模具有相同的径向阶数 m 时，以其相同的圆周方向阶数 v 形成简并模式对），于是由一个 $HE_{v+1, m}$ 模和一个 $EH_{v-1, m}$ 模构成的任意组合，同样构成光纤中的一个传导模。如图 3-41 和图 3-42 所示，这样

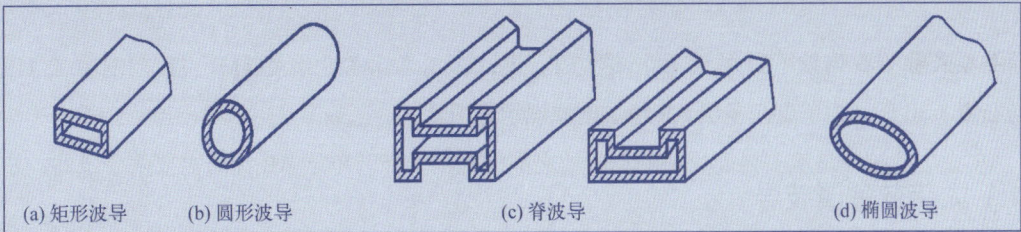

(a) 矩形波导　　(b) 圆形波导　　　　(c) 脊波导　　　　　(d) 椭圆波导

图 3-38　微波波导

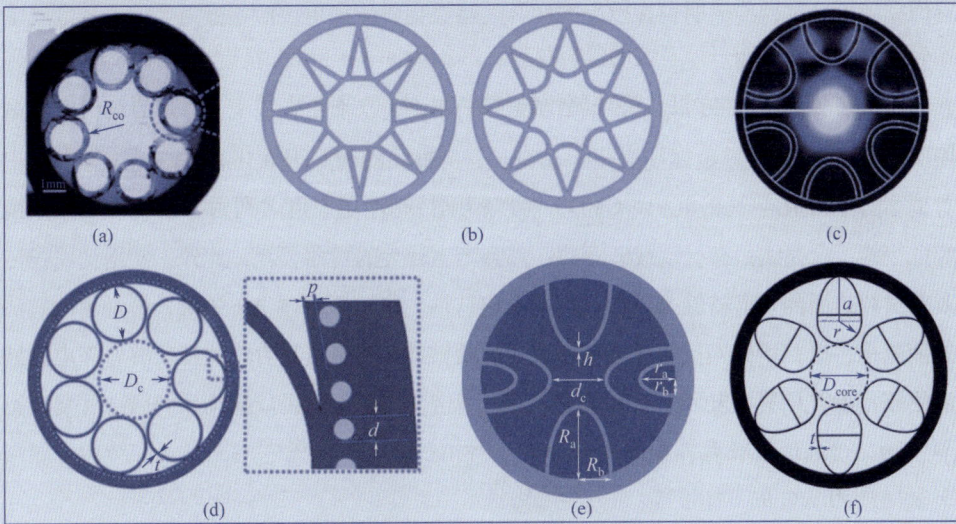

图 3-39　几种常见的太赫兹空心光纤波导

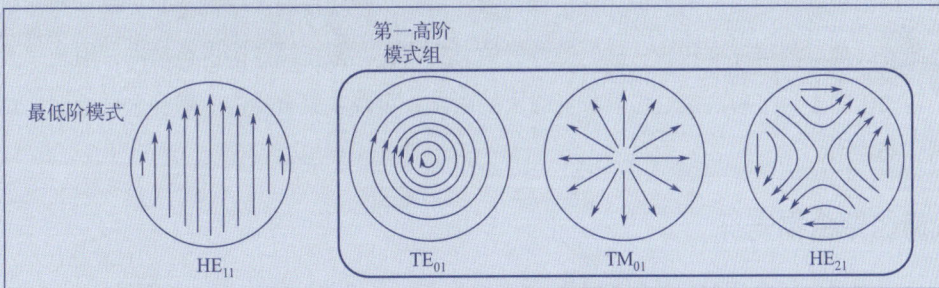

图 3-40　阶跃折射率光纤中 4 个最低阶模式的横向电场在横截面内的分布

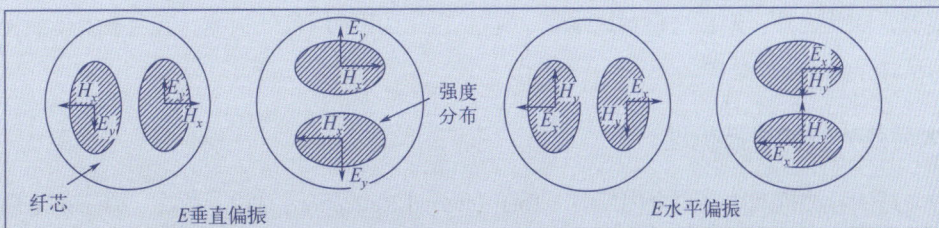

图 3-41　LP_{11} 模的 4 种可能横向电场和磁场的取向以及相应的强度分布

（LP 模式标记的一个最有用的特性是其直观性。在一个完整的模式系列中仅需要一个电场分量和一个磁场分量，电场矢量 **E** 可以取在一个坐标轴方向，而磁场矢量 **H** 垂直于电场矢量。另外，还有一套与这个模式场等价的、但场的极性相反的等价场解。这是因为这两个可能的偏振方向之一在水平方向既可按照 $\cos(j\varphi)$ 变化也可以按照 $\sin(j\varphi)$ 变化进行耦合，于是对一个单一的 LP_{jm} 模实际有 4 种不同的场形图）

69

的简并模式称为线偏振（LP）模，并记为 LP$_{jm}$ 模，而不再注意它们是 TM、TE、EH 还是 HE 模场分布。

3.4.1 太赫兹金属波导

金属波导是首个被提出用于太赫兹波传输的非平面波导，其特点为在太赫兹波段电导率有限，无法看作完美电导体，传输时存在欧姆损耗。太赫兹金属波导可按形状分为金属线、金属平行板以及金属圆形空心波导等。

太赫兹金属线：结构简单、容易制备。莱斯大学的研究人员提出利用金属线波导来传输太赫兹波，如图 3-43 所示，该裸露金属线直径为 0.9mm，两根线的间距为 0.5mm。该类波导表面积较小，具有更小的欧姆损耗。缺点：太赫兹波的模场大部分集中在周围空气中，使得金属线对模场的束缚能力较差，金属线稍有扰动或者弯曲，都会产生较大的弯曲损耗；此外，使用金属线传输线极化太赫兹波的耦合效率较低。

太赫兹金属平行板：研究人员用金属制备的平行板波导（PPWG）传输太赫兹波。该类波导没有群速度色散，传输几乎不失真，但由于其半封闭结构，传输能量仍能够从板间空隙泄漏，不利于长距离传输。可以通过在金属板间填充介质材料和在金属平行板内增加光子腔结构（如图 3-44 所示）来提升 PPWG 的工作性能。

太赫兹金属空心波导：可以使用金属空心波导管来实现太赫兹波的传输。金属较高的介电常数和反射率，使得太赫兹波以反射的形式在波导内进行传输，每次反射内壁都会对太赫兹波产生欧姆损耗。此外，波导的群速度较大，展宽脉冲，信号失真，在截止频率附近色散高，限制了太赫兹波的长距离传输。为了解决空心波导损耗较大的限制，可以在聚合物内壁添加金属涂层构建波导，如图 3-45 所示。

3.4.2 太赫兹聚合物光纤

相较于金属波导，以介质材料制作的太赫兹光纤具有制备简单、重量轻、长度长、可弯曲、结构多样、损耗及色散低等优点。在制备太赫兹光纤的介质材料中，聚合物材料的吸收损耗比其他材料均要低，除此之外，聚合物材料成本低、易加工，常用来制备低损耗、低色散太赫兹光纤。相关的材料介绍见前面章节。

3.4.2.1 太赫兹光纤的导波机理

太赫兹光纤的导波机理主要有全内反射（Total Internal Reflection，TIR）效应、修正的全内反射（Modified Total Internal Reflection，mTIR）效应、光子带隙（Photonic Bandgap，PBG）效应、Kagome 结构、反谐振（Anti-Resonance）效应和螺旋扭曲效应等，如图 3-46 所示，白色区域为空气。

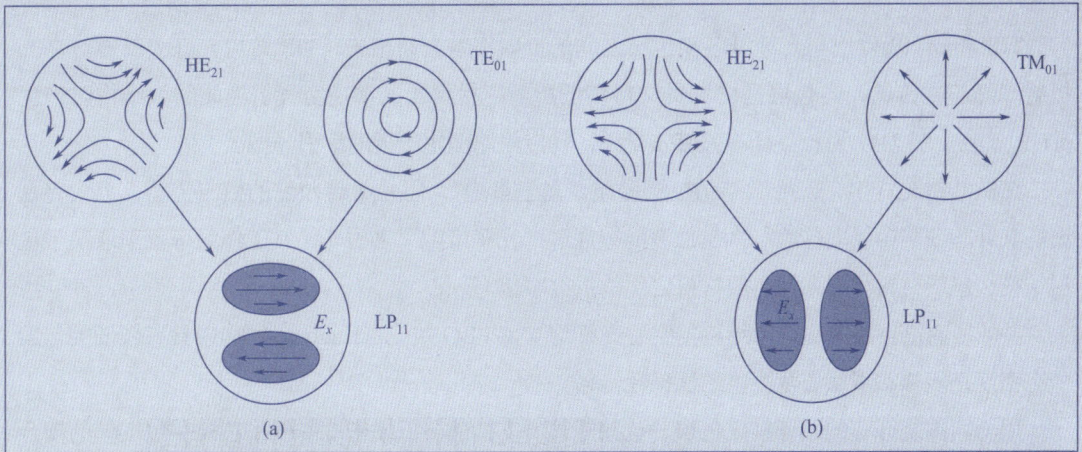

图 3-42 由严格的模式构成的两个 LP_{11} 模以及它们的横向电场和强度分布

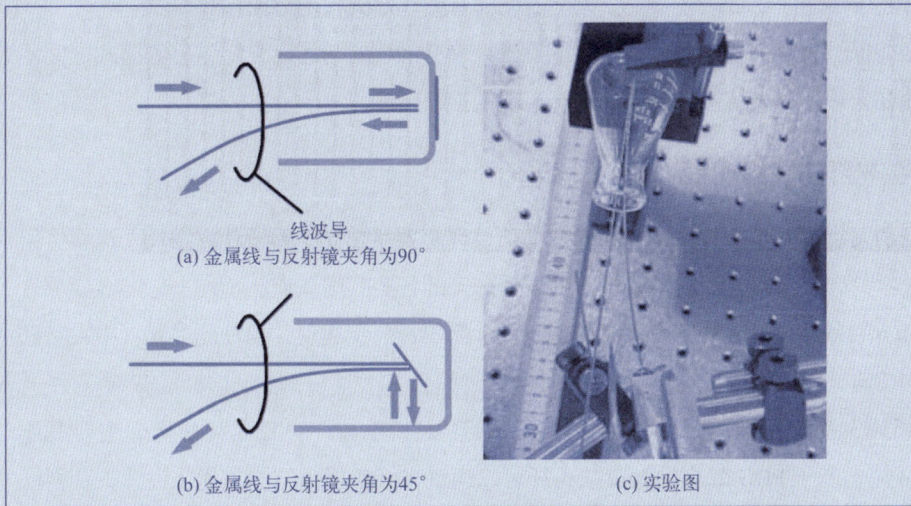

(a) 金属线与反射镜夹角为90°

(b) 金属线与反射镜夹角为45°

(c) 实验图

图 3-43 太赫兹波在金属线波导中的传输探测示意图[6]

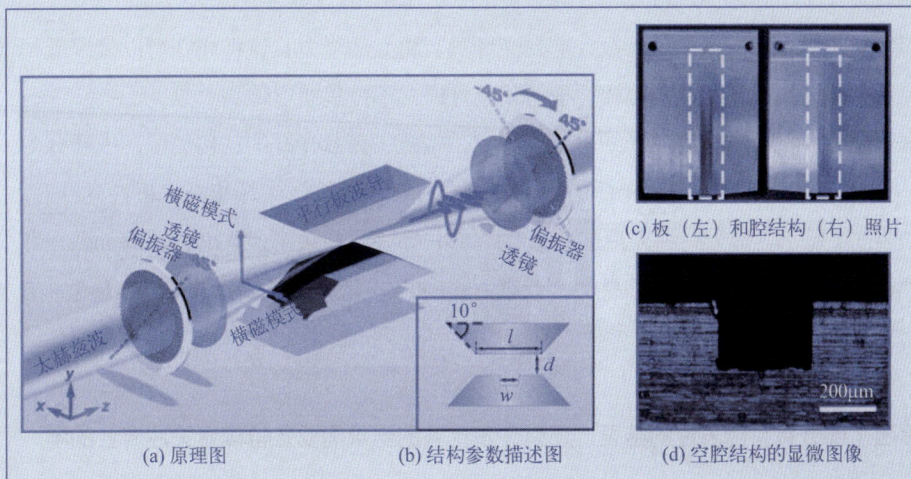

(a) 原理图

(b) 结构参数描述图

(c) 板（左）和腔结构（右）照片

(d) 空腔结构的显微图像

图 3-44 实验系统原理图[7]

TIR 和 mTIR 效应与光纤纤芯和包层之间的折射率差密切相关，TIR 效应允许太赫兹波在高折射率纤芯中传输，当包层是由背景材料和低折射率材料（通常是空气）构成的微结构时产生 mTIR 效应。图 3-47 为悬浮纤芯太赫兹光纤，其传输原理属于折射率引导型。

在微结构光纤中，二维微结构包层形成"光子带隙"，阻止太赫兹波的横向传输，但太赫兹波能在纤芯缺陷中纵向传输。太赫兹波能够通过"光子带隙"来引导，其工作频率范围取决于包层结构、包层材料和周期性包层材料之间的折射率差。

并非所有高占空比包层微结构的空心光纤均支持 PBG 效应。Kagome 结构中具有较低的包层模态密度，能够实现宽谱范围内的低损耗传输。

用一圈围绕纤芯的圆管构成包层，这些圆管所支持的极低模密度降低了芯模和包层模的耦合概率，形成反谐振效应。在反谐振波长处，相长干涉发生在支持太赫兹传输的纤芯内，将太赫兹波限制在空气纤芯中传输。在谐振波长处，太赫兹波耦合到环形圆管内形成耗散模。

螺旋扭转结构提供了一个拓扑通道，使得靠近光纤中心的模式与远离光纤中心的模式之间不发生耦合，即使在无纤芯的微结构光纤中，仍能实现低损耗传输。

3.4.2.2 太赫兹光纤的发展现状

太赫兹光纤的发展主要基于特种光纤的研究基础，现有太赫兹光纤的设计方案几乎探索了所有已经用于光子学的导波机理，不同导波机理的太赫兹光纤各有其优缺点。

基于 TIR 和 mTIR 导波机理的实心太赫兹光纤设计简单，易于实现，但在此类光纤中太赫兹波在实心纤芯中传输，材料吸收损耗影响较大，传输损耗高。

为实现低损耗太赫兹光纤，提出利用空心光纤传输太赫兹波。空心太赫兹光纤主要基于 PBG 和反谐振效应，基于 PBG 效应的太赫兹光纤可以通过光纤包层微结构的优化设计，获得低色散传输，但这类 PBG 太赫兹光纤结构较为复杂，通常光纤尺寸较大，对制作工艺要求高且传输带宽受限。

结构更为简单且传输带宽更宽的反谐振太赫兹光纤具有更大的潜力，这种光纤可以实现低损耗传输并易于制备，但这类光纤的结构鲁棒性相对较差且通常不是单模运转。

研究人员对不同导波机理的太赫兹光纤进行了研究，按照太赫兹光纤的结构类型，主要分为悬浮光纤、槽芯光纤、多孔光纤、空心光纤、反谐振空心光纤、布拉格光纤和螺旋扭转光纤等，相关研究结果如表 3-2 所示（部分材料对应的中文：COC—环烯烃共聚物；TOPAS，Zeonex—环烯烃聚合物；PMMA—聚甲基丙烯酸甲酯材料，亚克力；PTFE—聚四氟乙烯；Teflon—特氟龙）。

作者提醒

这里只给出了部分具有代表性的结果，还有许多优秀的结果需要各位读者关注专业的学术论文。

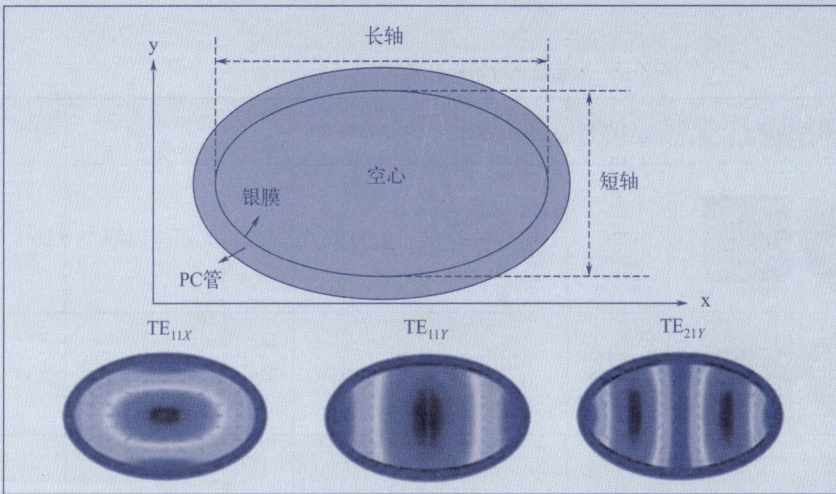

图 3-45 金属膜椭圆波导结构示意图[8]

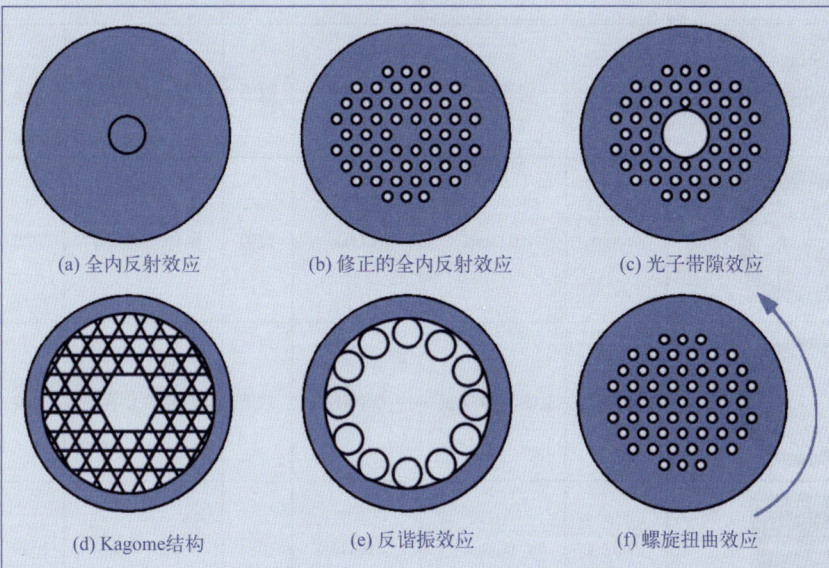

图 3-46 太赫兹光纤的导光机理

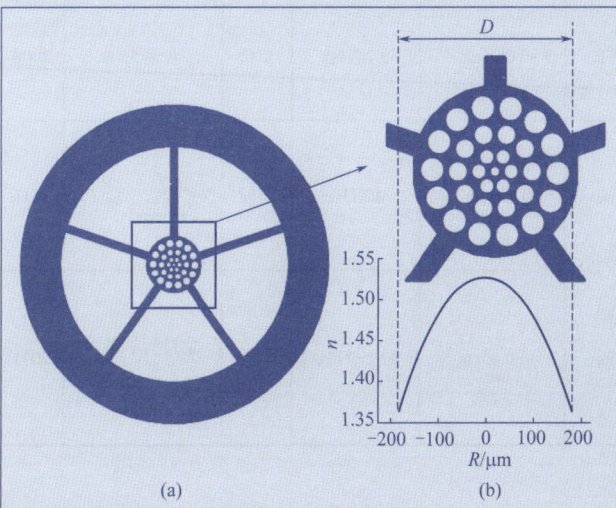

图 3-47 悬浮纤芯太赫兹光纤
（该光纤纤芯空气占空比小于包层，因而纤芯等效折射率高于包层，其传输原理属于折射率引导型。多孔悬浮纤芯光纤中模场主要集中在纤芯中的空气小孔中，可以有效降低材料损耗；在增加包层后，为保证模场能量主要集中在纤芯中，根据全内反射机制，必须满足纤芯等效折射率大于包层等效折射率，所以包层小孔占空比必须比纤芯高）

表3-2　太赫兹光纤研究进展[9]

太赫兹光纤	光纤结构图	光纤材料	吸收系数	工作频率	研究类型	机构	时间
悬芯光纤		COC	$0.0898cm^{-1}$	0.95THz	数值	哈尔滨工程大学	2018
槽芯光纤		TOPAS	$0.0103\sim$ $0.0145cm^{-1}$	$0.5\sim0.9THz$	数值	博伊西州立大学	2017
多孔光纤		TOPAS	$0.056cm^{-1}$	1THz	数值	拉杰沙希大学	2014
多孔光纤		TOPAS	$0.32cm^{-1}$	1THz	数值	大都会理工学院	2018
反谐振光纤		Zeonex	$0.023cm^{-1}$	1THz	数值	阿德莱德大学	2020
布拉格光纤		HDPE	$2.08\times10^{-6}cm^{-1}$	3.3THz	数值	燕山大学	2007
多孔光纤		PMMA	$<0.25cm^{-1}$	$<0.8THz$	实验	阿德莱德大学	2009
空心光纤		PTFE	$<0.01cm^{-1}$	0.76THz	实验	台湾大学	2008
悬芯光纤		Zeonex	$0.133cm^{-1}$	0.3THz	实验	奥克兰大学、悉尼大学	2011
布拉格光纤		Teflon	$<0.05cm^{-1}$	$0.5\sim2THz$	实验	蒙特利尔理工学院	2011

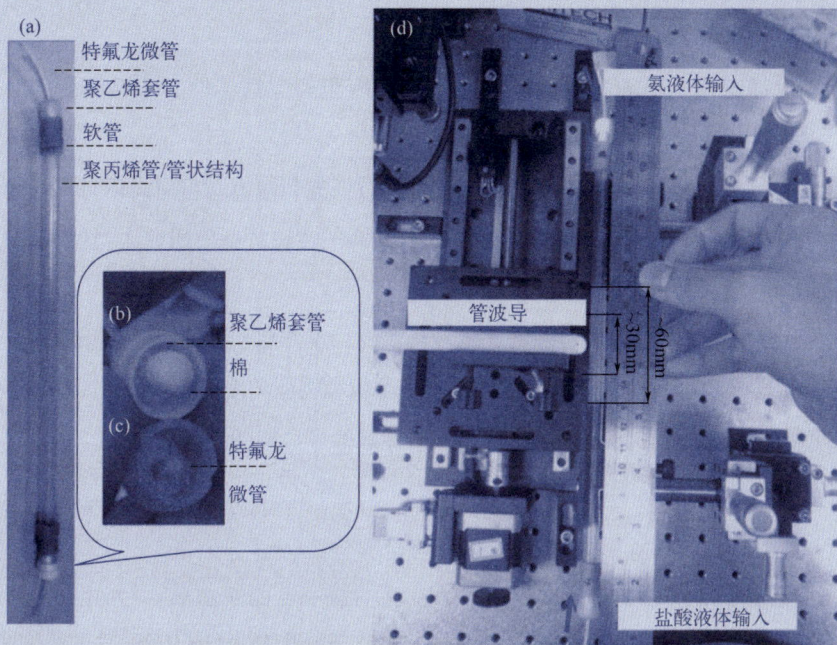

（a）
- 特氟龙微管
- 聚乙烯套管
- 软管
- 聚丙烯管/管状结构

（b）
- 聚乙烯套管
- 棉

（c）
- 特氟龙微管

（d）
- 氨液体输入
- 管波导
- 30mm
- ~60mm
- 盐酸液体输入

图 3-48 基于 Teflon 管的氯化铵（NH$_4$Cl）检测系统[12]

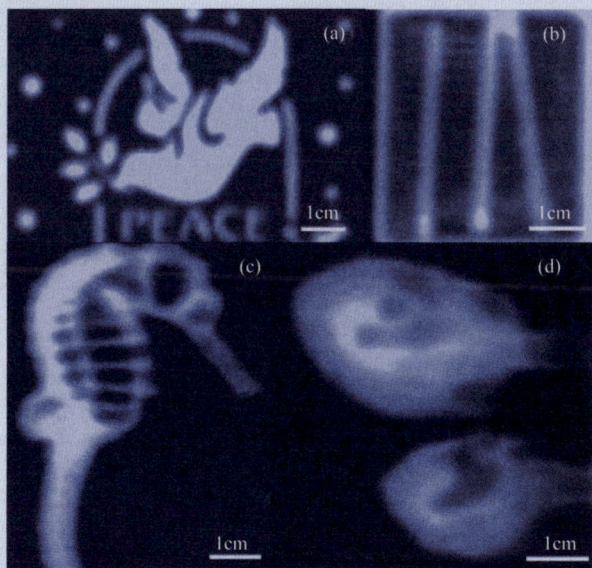

（a）1cm　（b）1cm　（c）1cm　（d）1cm

图 3-49 光纤扫描太赫兹图像显示[13]

[图（a）为一个金属图案，上面写着"和平"和一只鸽子；图（b）为一个纸制火柴盒内含有三根火柴；图（c）为一只干海马；图（d）为两条干鱼。在图（a）中，黄色区域表示太赫兹透射率高，而暗区表示太赫兹透射率低。在图（b）～（d）中，黄色区域表示太赫兹透射率低，而暗区表示太赫兹透射率高]

75

3.4.2.3 太赫兹光纤的应用前景

太赫兹光纤仍处于发展阶段，目前主要的应用领域包括短距离数据传输、传感和成像等领域。

对于传输和通信应用来说，太赫兹光纤需要较低的损耗和较低的色散等。目前尚没有损耗可忽略的光纤材料，但通过优化光纤结构设计能够进一步降低光纤的传输损耗。研究人员使用 3D 打印的微结构光纤作为太赫兹通信的链路[10, 11]。

在传感应用中，太赫兹光纤可以增加太赫兹波与被分析物的相互作用，从而提高传感器的灵敏度，如图 3-48 所示。目前，空心太赫兹光纤已用于折射率分析和物质浓度传感中。

成像系统中可以使用太赫兹光纤作为探针来传送和收集传感信号，如图 3-49 所示。

参考文献

[1] Lee Y S. Principles of terahertz science and technology[M].Boston: Springer Science & Business Media, 2009.

[2] Brückner C, Käsebier T, Pradarutti B, et al. Broadband antireflective structures applied to high resistive float zone silicon in the THz spectral range[J]. Optics Express, 2009, 17(5): 3063-3077.

[3] Porterfield D W, Hesler J L, Densing R, et al. Resonant metal-mesh bandpass filters for the far infrared[J]. Applied Optics, 1994, 33(25): 6046-6052.

[4] Yan D, Wang Y, Qiu Y, et al. A review: the functional materials-assisted terahertz metamaterial absorbers and polarization converters[J]. Photonics, 2022, 9(5): 335.

[5] Yue Z, Li J, Li J, et al. All-dielectric terahertz metasurfaces with dual-functional polarization manipulation for orthogonal polarization states[J]. Nanoscale, 2023, 15(6): 2739-2746.

[6] Wang K, Mittleman D M. Metal wires for terahertz wave guiding[J]. Nature, 2004, 432(7015): 376-379.

[7] Ma L, Mao Q, Fan F, et al. Polarization control of terahertz waves based on metallic parallel-plate waveguides[J]. Journal of Lightwave Technology, 2024, 42(1):251-257.

[8] 赵本磊, 裴鑫, 蒋佳辰, 等. 柔性介质金属膜太赫兹波导的传输特性与应用[J]. 激光与光电子学进展, 2023, 60(18): 1811008.

[9] 蔡伟, 郝文慧, 王舰洋, 等. 太赫兹光纤研究进展[J]. 真空电子技术, 2021, 3: 1-8.

[10] Xu G, Nallappan K, Cao Y, et al. Infinity additive manufacturing of continuous microstructured fiber links for THz communications[J]. Scientific Reports, 2022, 12(1): 4551.

[11] Xu G, Nallappan K, Cao Y, et al. Infinity additive manufacturing of polarization maintaining fibers for THz communications[C]//2023 IEEE Radio and Wireless Symposium (RWS). IEEE, 2023: 24-26.

[12] You B, Lu J Y. Remote and in situ sensing products in chemical reaction using a flexible terahertz pipe waveguide[J]. Optics Express, 2016, 24(16): 18013-18023.

[13] Lu J Y, Chiu C M, Kuo C C, et al. Terahertz scanning imaging with a subwavelength plastic fiber[J]. Applied Physics Letters, 2008, 92(8): 084102.

第4章
太赫兹光谱与成像技术

4.1 太赫兹时域光谱技术

太赫兹时域光谱技术是一种新兴的相干探测技术，也是太赫兹技术研究最为基础和广泛应用的领域，已经成为研究太赫兹波段的物质特性的重要工具。太赫兹时域光谱技术是通过测量空载背景和样品的太赫兹时域脉冲信号，同时获得太赫兹脉冲信号的振幅和相位，对太赫兹时域波形进行快速傅里叶变换并进行相关计算，可得到样品的透过率、反射率、相位、功率、吸收系数、折射率等光谱参数，如图 4-1 所示。太赫兹时域光谱技术在研究太赫兹波段的物质的光谱特性、研究组成分子的振动和转动特性、分析物质的组成结构、测量物质厚度等方面显示出了巨大的发展潜力。太赫兹时域光谱技术将成为揭示和分析物理学、化学和生物学等基础科学中的超快现象的有力工具。基于太赫兹时域光谱技术的光谱成像技术也将拥有广阔的应用领域以及巨大的发展潜力，在晶体光学、食品农产品、生物医学（如图 4-2 所示）、无损检测（如图 4-3 所示）和文物保护等方面具有重要的应用。

从分子学的角度来说，红外光谱主要对应分子内的相互作用，而太赫兹光谱对应的是分子之间的相互作用。波长越长的电磁波穿透性越好，太赫兹波与红外线相比，可以穿透非极性的样品，通俗地说就是不导电的样品，比如能穿透公交卡、茶包包装、陶瓷茶壶，能看到报纸里隐藏的刀具等。

4.1.1 太赫兹时域光谱系统的构成与原理

太赫兹时域光谱系统是基于太赫兹时域光谱技术，对物质在太赫兹波段的光谱进行测量和分析的系统。如图 4-4 所示，完整的太赫兹时域光谱系统主要由太赫兹源、太赫兹波探测装置、时间延迟控制系统三部分组成。

在太赫兹时域光谱系统中主要采用基于光子学原理的光电导天线和光整流方法的太赫兹源，探测方法通常采用的是光电导天线和电光采样方法。在此所述的各类太赫兹产生和探测方法在前面章节已经讲述，这里不再赘述。

为了满足对不同类型样品和测试条件的需求，太赫兹时域光谱系统按照测量模式主要分为透射模式、反射模式、衰减全反射（Attenuated Total Reflection，ATR）模式。其中透射模式是使用最为广泛的测量模式，测量对象包括固态非极性样品、液体薄层、气体腔等。反射模式主要针对不能穿透的样品，比如很厚的样品或者金属样品。衰减全反射模式使用倏逝波对样品和硅棱镜界面进行测量，需要贴合紧密，一般用于液体和粉末样品的测量。

太赫兹时域光谱系统中，由飞秒激光激发的太赫兹波信号是重频与泵浦飞秒激光一致的脉冲信号，对于这种信号，通常有两种采样方法：实时采样和等效时间采样。两种采样的原理如图

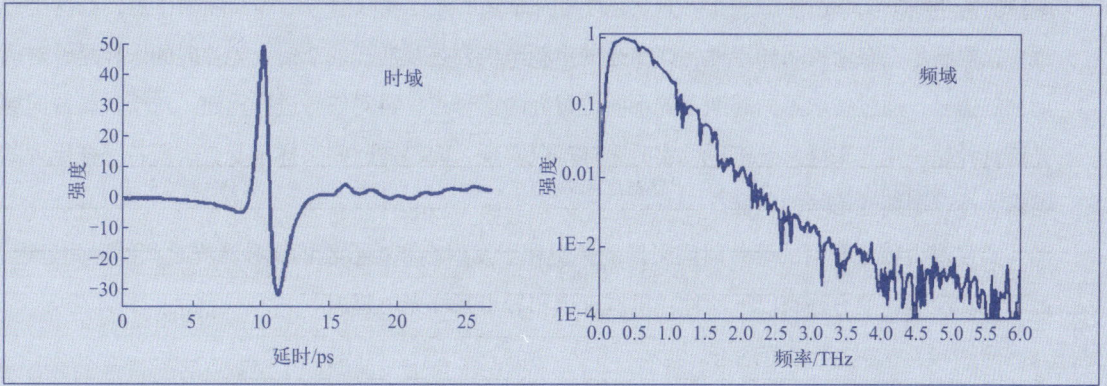

图4-1 太赫兹时域光谱信号和频域光谱信号

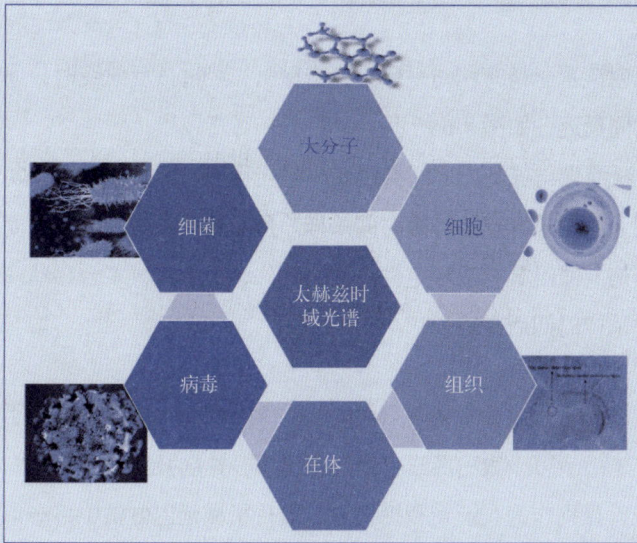

图4-2 太赫兹生物医学研究对象（包括大分子、细胞、细菌、组织、病毒等）

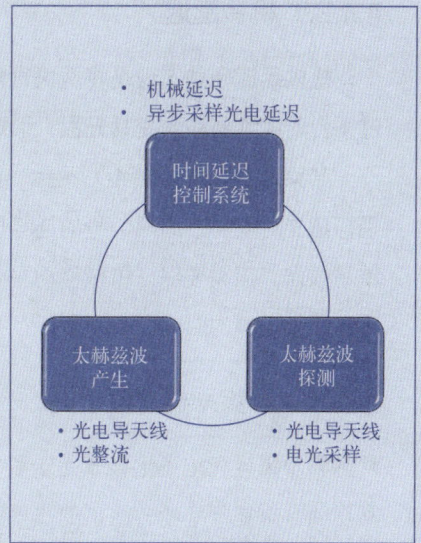

图4-4 太赫兹时域光谱系统的构成

图4-3 太赫兹时域光谱无损检测应用行业

4-5 所示。实时采样是指采样信号在一定时间内抽取足够复现原信号的等间隔采样点，在这个过程中，要满足奈奎斯特采样定理，探测光的重频至少要是泵浦光的 2 倍。等效时间采样是针对周期性的信号，通过抽取不同周期上的不同位置处的信号点，再对信号进行重建。对于太赫兹时域光谱这种超快电光采样系统来说，实时采样难以实现，而等效时间采样不受奈奎斯特采样定理的约束，适合周期性信号的采样。

实现对太赫兹辐射的等效时间采样的关键在于发射端和接收端的飞秒激光之间的时间延迟，而目前实现延迟的方法有以下两种：机械延迟和异步采样光电延迟。

4.1.2 延迟系统

4.1.2.1 机械延迟

机械延迟硬件实现是将两块直角反射镜置于精密移动平台上，当探测光经过该反射镜时，通过平台的连续移动改变其光程，形成时间延迟，如图 4-6 所示。

其原理示意图如图 4-7 所示。通过泵浦光与探测光之间持续变化的光程差，即时间延迟，实现探测光对太赫兹周期信号的连续周期上不同采样点的等效时间采样。虽然这种机械延迟方法简单易操作，但需要保证机械移动平台严格共线且具有高稳定性。除此之外，由于机械平台移动速度有限，系统的时间分辨率较低，并且采样时间通常较长。

4.1.2.2 异步采样光电延迟

异步采样光电延迟技术是一种不依赖任何机械移动装置实现等效时间采样的延迟控制方法。利用两台重复频率稍有区别的飞秒激光，分别作为泵浦光和探测光，取代机械延迟方法中将一束光分为两束光的过程。假设泵浦光激发的太赫兹脉冲在某个周期与探测光脉冲重合，但由于二者重复频率不同，每经过一个脉冲都增加一个时间延迟，直至某个周期，两个脉冲再度重合，完成对一个太赫兹脉冲信号的完整取样，如图 4-8 所示。

通常基于异步采样光电延迟的太赫兹时域光谱系统采集一个完整的太赫兹信号，一次所需的时间仅在毫秒量级，而机械延迟则需要数十秒。因此，基于异步采样光电延迟技术的太赫兹时域光谱系统在探测时间和时间分辨率上具有更显著的优势。

4.1.3 透射式太赫兹时域光谱系统

20 世纪 80 年代，THz-TDS 技术最早由国际商业机器公司的 Watson 研究中心和美国的贝尔实验室提出。利用飞秒激光技术产生宽频段的太赫兹脉冲，通过相干探测技术可直接测得太赫兹脉冲随时间变化的振幅和相位信息[1]。

待采样信号 复现信号 (a) 实时采样

待采样信号 复现信号 (b) 等效时间采样

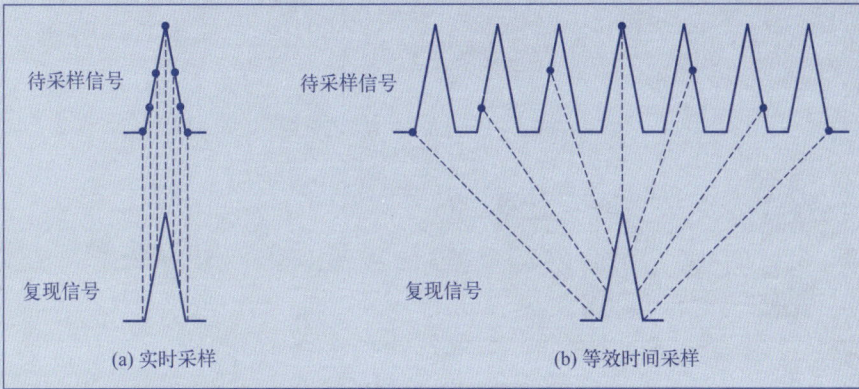

图 4-5 实时采样和等效时间采样原理示意图

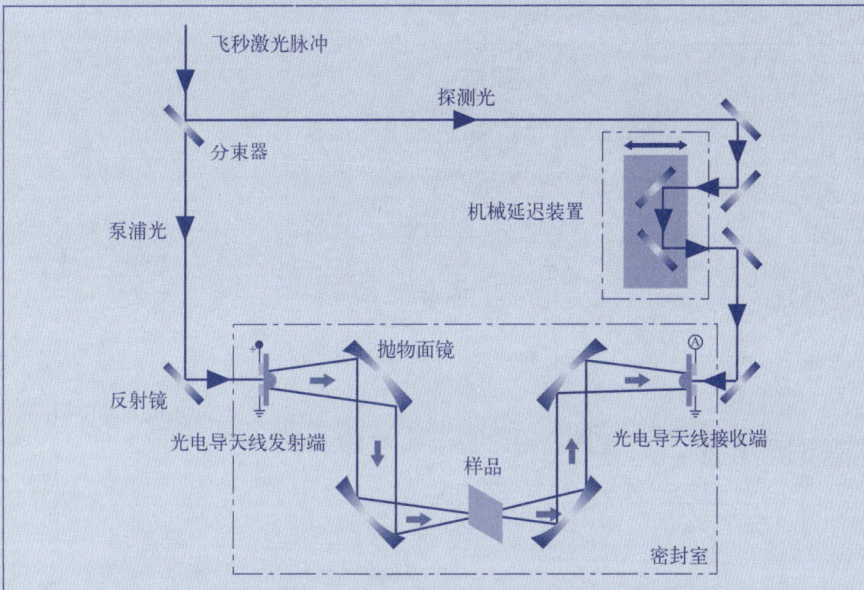

飞秒激光脉冲
探测光
分束器
机械延迟装置
泵浦光
抛物面镜
反射镜
光电导天线发射端
样品
光电导天线接收端
密封室

图 4-6 机械延迟太赫兹时域光谱系统的光路示意图

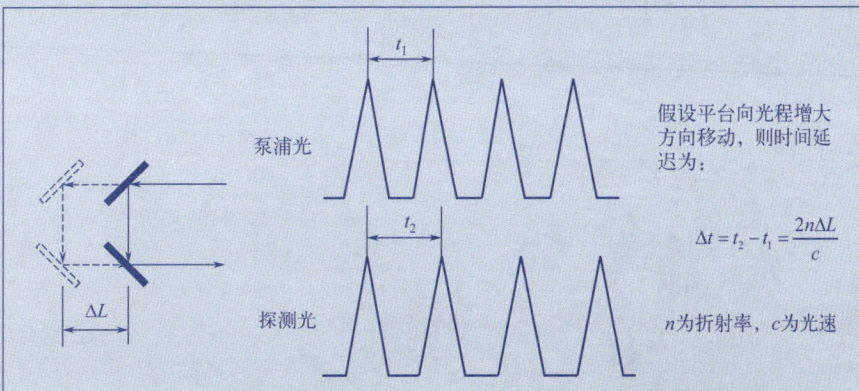

t_1
泵浦光
t_2
探测光
ΔL

假设平台向光程增大方向移动，则时间延迟为：

$$\Delta t = t_2 - t_1 = \frac{2n\Delta L}{c}$$

n为折射率，c为光速

图 4-7 机械延迟原理及延迟时间示意图

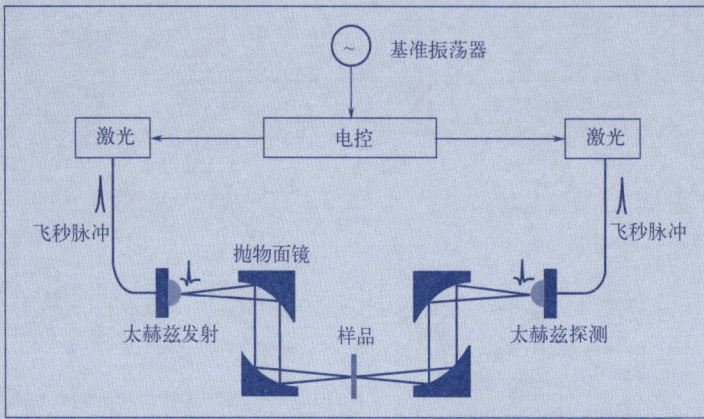

图 4-8 异步采样光电延迟原理示意图

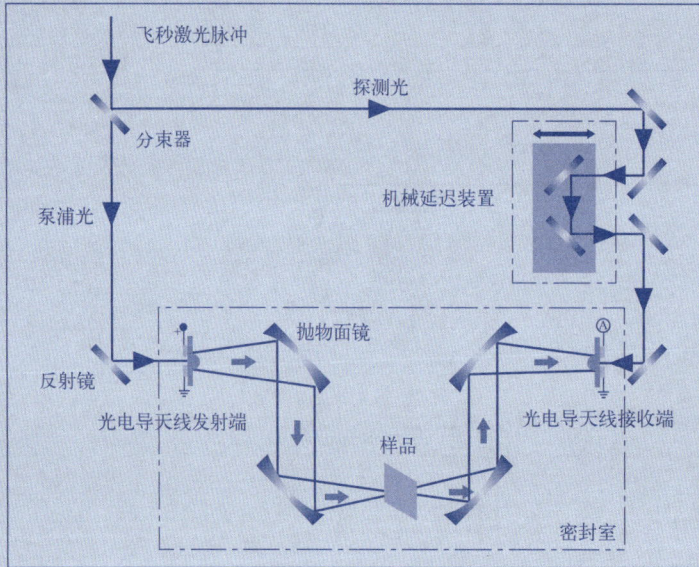

图 4-9 透射式太赫兹时域光谱系统

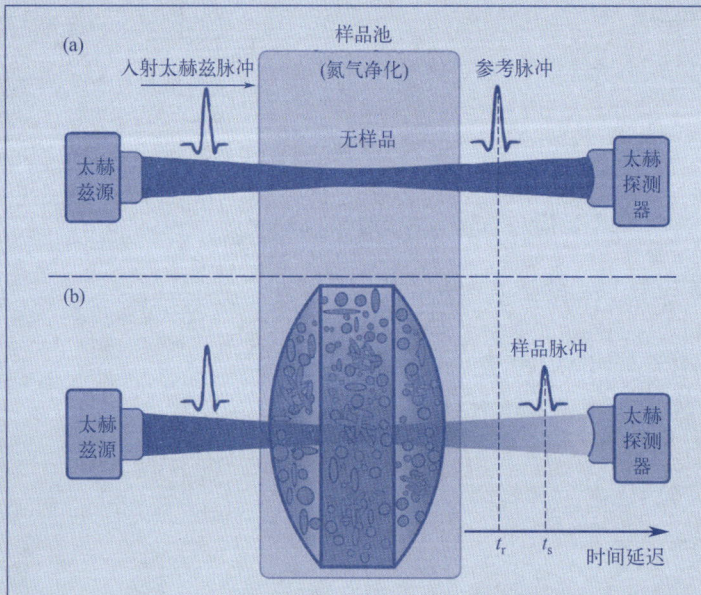

图 4-10 参考（a）和样品（b）
透射测量过程的示意图

（t_r 和 t_s 分别代表参考测量和样本测量的太赫兹脉冲飞行时间）

82

典型的太赫兹脉冲时域光谱系统一般由飞秒激光器、太赫兹光导天线发射极、太赫兹光导天线接收极、时间延迟线以及太赫兹波传输线系统等组成，如图4-9所示。飞秒激光器发出的飞秒激光通过分束器后分为两束。透射光入射至太赫兹发射晶体上产生太赫兹时域脉冲，经过聚焦后投射至太赫兹光电导天线的探测晶体上；而另外反射的飞秒激光同时作为探测光束，它经过系统内部的传输线以及时间延迟线后投射至太赫兹光电导天线探测晶体上，使探测激光与太赫兹时域脉冲共线通过光导天线。太赫兹时域脉冲可以使通过电光（EO）探测晶体的脉冲偏振态发生改变，因此可以间接探测出太赫兹时域脉冲信号的幅值大小及其变化情况。延迟线的主要作用是可以改变太赫兹时域脉冲和飞秒激光探测脉冲两者间的相对延迟时间，通过采样得到太赫兹时域波形。

透射式太赫兹检测系统一般用来测量较薄的检测样品，如图4-10所示，太赫兹光谱直接透过样品，使得透过样品的太赫兹波包含了样品的丰富信息，利用该信息对样品中的成分种类以及含量进行定性和定量分析。透射式太赫兹检测系统光路调节方便，而且具有更高的信噪比。

4.1.4 反射式太赫兹时域光谱系统

反射式太赫兹时域光谱系统的检测原理与透射式相同，但该系统是从样本表面反射太赫兹波的。反射式系统增加了两面金属反射镜在放置样品的前后位置，使得探测器可以接收样品表面反射的太赫兹脉冲，如图4-11所示。反射式太赫兹时域光谱系统对实验的操作技能更加严格和复杂，一个微小的光路调整都可能会导致样品的折射率发生极大的改变。尽管如此，当需要检测的样品较厚，使得太赫兹波无法完全穿透样品，或是样品对太赫兹波有较强的吸收的时候，此时可以采取反射模式对样品进行检测。

还有一种双反射光路太赫兹时域光谱系统，也称为自参考结构，需要在样品的表面加工一层高阻硅透射窗结构。测量时，探测器所接收到的信号包含了太赫兹波在窗口材料与空气交界面的第一次反射信号，以及太赫兹波在窗口材料与样品材料交界面上的第二次反射信号，如图4-12所示。探测到的这两个反射信号分别作为参考信号和样品信号用来计算样品参数。

4.1.5 衰减全反射太赫兹时域光谱系统

将传统太赫兹反射光谱与衰减全反射（ATR）光谱的优势相结合，就得到了一种全新的检测方法——太赫兹衰减全反射光谱系统（THz-ATR）。该系统是在太赫兹时域光谱系统上加入相应的透镜组及ATR棱镜模块搭建而成的。其目前被广泛运用于检测液体、粉末及薄膜样品，有效地解决了极性液体（如水）在太赫兹波段由于自身的强吸收性质而不利于太赫兹波直接检测的弊端[2]。

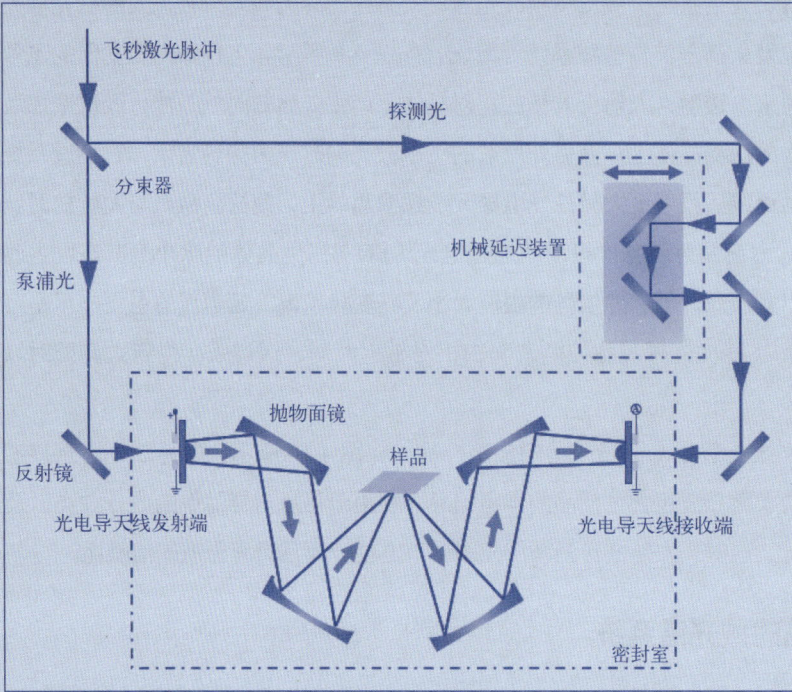

图 4-11　反射式太赫兹时域光谱系统

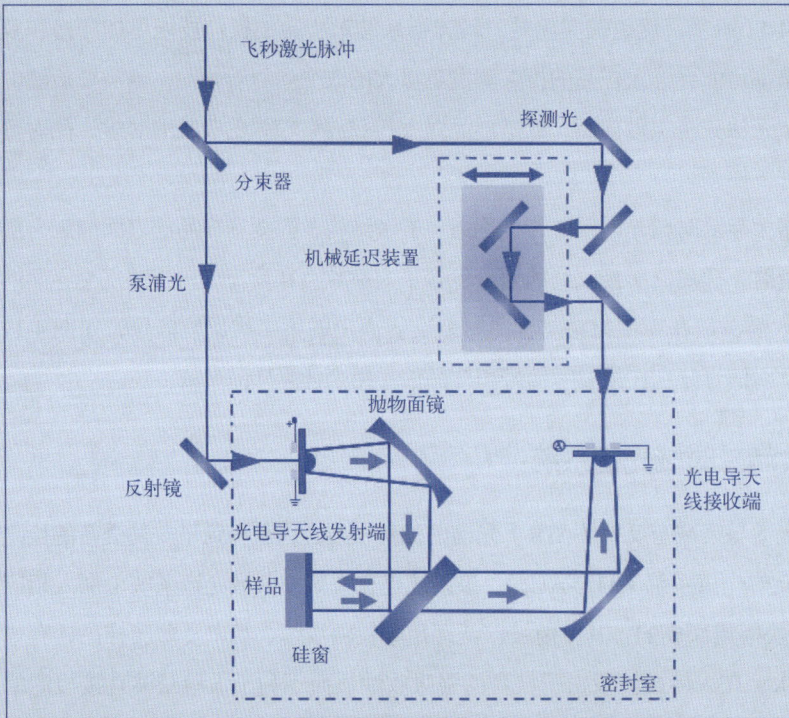

图 4-12　双反射光路太赫兹时域光谱系统

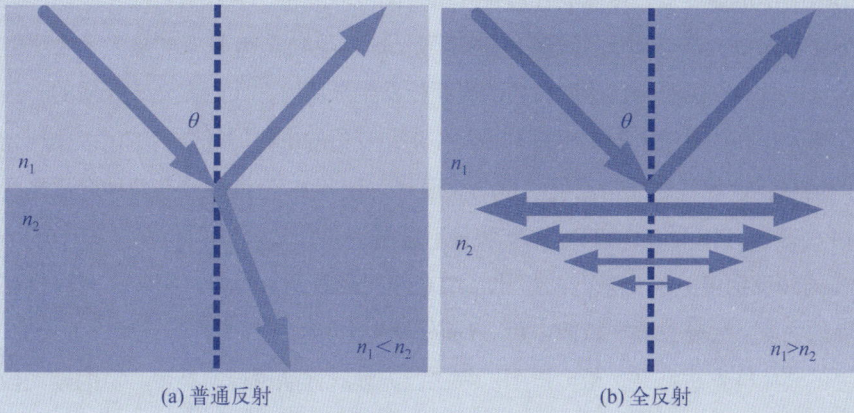

(a) 普通反射   (b) 全反射

图 4-13 电磁波在两种介质之间的传播路径

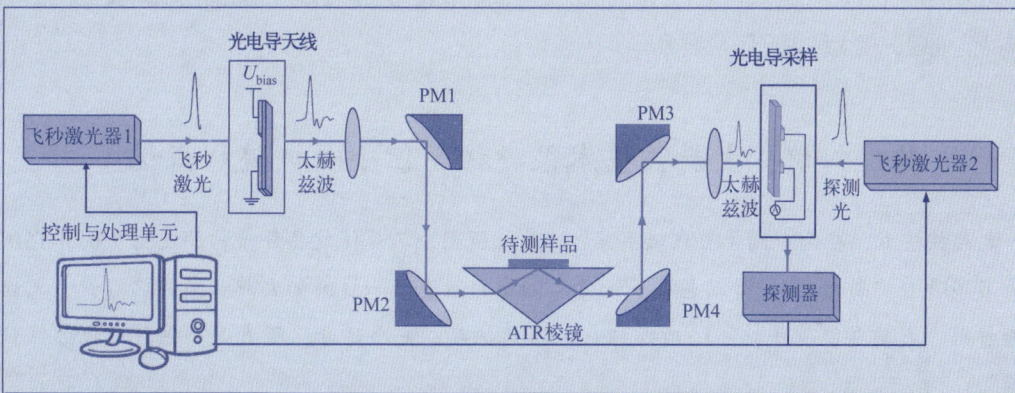

图 4-14 ATR THz-TDS 系统装置示意图

[全反射棱镜是 THz-ATR 光谱系统的核心器件，太赫兹波在样品中的穿透深度与全反射棱镜的角度和折射率有关，因此选择合适的形状和材质可以提高光谱系统的测量灵敏度。在 THz-TDS 系统中全反射棱镜通常选用高阻值硅（其电阻率＞ $10k\Omega \cdot cm$）制成，这种材料在太赫兹波段的折射率较高（n=3.42），吸收和色散较小，并且耐化学腐蚀和物理磨损，因此是理想的全反射棱镜材料。考虑到减小太赫兹波入射角可以增大穿透深度，而一味地减小入射角会接近全反射临界角，影响探测精度。综合考虑以上因素，通常采用一个截面为三角形的道威棱镜作为全反射棱镜，太赫兹波在棱镜的上表面发生衰减全发射]

图 4-15 太赫兹技术的流行圈子

85

由几何光学中的斯涅尔定律可知，电磁波在两种介质之间传播的路径与入射角度和介质的折射率有关。当从折射率较高的光密介质 n_1 传输到折射率较低的光疏介质 n_2 且入射角大于全反射临界角 $\theta_c=\arcsin(n_2/n_1)$ 时，电磁波会在两种介质的界面处发生全反射，此时在光疏介质的一侧激发倏逝波电场。如果光疏介质对于入射电磁波有吸收作用，反射的电磁波就会携带可以体现光疏介质的物理性质的信息，这就是衰减全反射测量的原理[3]。图 4-13 为电磁波在两种介质之间的传播路径，图 4-14 为基于 ATR 的 THz-TDS 系统装置示意图。

与传统的透射模式和反射模式的测量方法相比，ATR 模式具有两点优势：第一，可以检测对太赫兹波吸收较强的物质。太赫兹波在棱镜-样本界面处发生全反射，极大地降低了光强损失，因此可以对高吸收性的液体样本进行高灵敏度检测。第二，无须对样品进行前处理。透射模式检测需要严格控制样品的厚度，样品制备过程较为复杂，不利于快速测量；而反射模式无法检测表面不均匀的样品。ATR 模式只需将样品与全反射棱镜表面贴合即可进行测量，不需要任何标记和样品前处理，极大地提升了检测效率。

题外知识：太赫兹技术很硬核，但小心被骗智商税 ﹚﹚﹚

太赫兹技术，在两个圈子里比较有名：一是科研圈，二是保健品贩子的朋友圈（图 4-15）。因为名字听着"高大上"，所以也成了保健品骗局的新宠之一。例如太赫兹细胞热疗仪、太赫兹能量鞋、太赫兹能量手排……功效神奇，治病抗癌，美白延寿，简直是一件件"极品修仙神器"。

太赫兹波除了这些优异特性之外，在生物医学领域，也有团队研究强太赫兹辐射源产生的生物效应，当太赫兹波辐照剂量足够大时将导致生物组织升温、急性炎症反应或肿瘤消融，也就是说强太赫兹波在未来或能用以治疗疾病，但同时也能导致细胞损伤，其安全防范标准还有待研究。不过不用担心，强太赫兹辐射源还处于实验室研究阶段，能接触到的人体安检仪都是低辐照强度、人畜无害；而且一款成熟的医疗产品至少要经过设计开发、注册检测、临床试验、注册申报、生产许可申请等漫长的零收益过程，即使有太赫兹医疗产品，其高昂的研发成本根本不允许价格亲民，因此目前在普通消费渠道或平台能买到的太赫兹保健品基本上是不良商贩为牟利而设的骗局。

4.2 太赫兹频域光谱技术

4.2.1 太赫兹频域光谱仪

与 THz-TDS 不同，太赫兹频域光谱仪（THz-FDS）是利用频率可调谐的窄带相干太赫兹辐射源实现频谱扫描的系统。它可以检测不同频率点处太赫兹波的能量或者功率，从而能够在频域范围内获得被测样本的光学信息，最后通过相关的计算得到被测样品的吸光度、透过率等光学参数。

如图 4-16 所示，THz-FDS 包括来自两个分布式反馈（DFB）半导体激光器、太赫兹发射器、太赫兹接收器、混频器、反射镜以及信号处理系统等。半导体激光器发射的激光光束先汇合再分束，其中一束光束入射到加有偏置电压装置的混频器上产生太赫兹波，太赫兹波经过样品之后到达作为探测器的混频器上与分束的另一束激光汇合，两者混频之后能够产生探测的电流幅值信号，直接获得样品在频域上的信息，如图 4-17 所示，进而计算获得相关的光学参数。

频域光谱仪中所使用的太赫兹辐射源为窄带连续波辐射。产生窄带连续波最常用的两种方法是非线性光学混频技术和自由电子激光技术。

测量频域光谱仪中的太赫兹连续波，既可以使用非相干探测技术，又可以使用相干探测技术。目前最常用的相干探测技术为混频器差频检测，最常用的非相干探测技术为热释电探测。如图 4-18 所示是差频检测示意图。

上述的相关太赫兹波产生和探测的技术详见本书第 2 章内容。

4.2.2 太赫兹时域光谱与频域光谱的对比

4.2.2.1 产生原理对比

太赫兹时域光谱仪相比于频域光谱仪出现得更早，普及度更高。但是由于结构原理的限制其在使用上依然有很多不足：

① 仪器的稳定性由于系统中延迟线的存在而降低；

② 作为泵浦源的飞秒激光器体积过于庞大笨重，而体积轻便的光纤飞秒激光器价格又极为昂贵，这在一定程度限制了时域光谱仪在实际生产中的应用；

③ 根据仪器的工作原理，系统的分辨率与所得时域信号的长度成反比，而时域信号的长度又与延迟线的可调节长度有关。系统中的延迟线可调节长度较短，从结构原理上决定了太赫兹时域光谱仪的分辨率较低。

较之于太赫兹时域光谱仪，频域光谱仪在结构上轻便很多，所使用的器件更为廉价，对实验环境的要求也更为宽松，这就使太赫兹频域光谱仪更容易在生产应用中进行普及与推广。同时，频域光谱仪在使用中所产生的太赫兹辐射为连续波，这区别于时域光谱仪中所产生的太赫兹脉冲波，能够得到更为全面的样品辐射信息。而独特的结构原理也在根本上决定了频域光谱仪拥有较高的频谱分辨率，这是时域光谱仪所无法达到的。

4.2.2.2 性能特点对比

表 4-1 给出了二者在性能特点上的相关参数对比。

表 4-1　太赫兹频域光谱与时域光谱性能对比

相关性能	太赫兹频域光谱	太赫兹时域光谱
带宽	0.05～2.7THz 受激光器限制	0.1～5THz
峰值信噪比	＞100dB	＞100dB
频率分辨率	10MHz	10GHz
扫描时间（完成一个周期）	数分钟到数小时不等，取决于分辨率与锁定时间	数秒到 1 分钟不等，取决于延迟线和分辨率
光谱可选择性	可选	不可选
所获样品信息	频域信息	时域信息，需进行数据处理

4.2.2.3 应用领域对比

时域光谱适用于对传统的固体、液体样品进行光谱测量分析，获得其折射率、吸收率、反射率和介电常数等光学参数。并且由于时域光谱在使用时产生的太赫兹波为脉冲波，更侧重应用于物质在太赫兹波段的特征光谱以及基于特征光谱的物质识别及定量化研究中。

而频域光谱则因为拥有较高的光谱分辨率，在检测气体样品时有着显著的应用优势。同时，频域光谱在使用中产生的太赫兹波为连续波，更适合应用于物质的太赫兹波成像技术研究中。如果能将二者紧密联系，充分发挥各自的性能优势势必会使太赫兹技术在更多领域得到更好的应用与发展[2]。

4.2.3　光抽运 - 太赫兹探测技术

光抽运 - 太赫兹探测技术是一种非接触、高灵敏的超快载流子动力学光谱技术。该光谱技术可以直接观测到样品信号由于光致变化而反映出的信息。太赫兹辐射对半导体表面的自由载流子分布和变化非常敏感，适合于探测光激发载流子的弛豫过程。

如图 4-19 所示，实验光源来自钛宝石激光器，激光脉冲宽度约为 120fs，中心波长为 800nm，脉冲的重复频率是 1kHz。时间分辨的太赫兹光谱系统是利用同步产生的红外抽运脉冲和太赫兹探测脉冲实现测量的。入射超快激光脉冲分成三束：产生光（产生太赫兹辐射）、抽运光和探测光。产生光脉冲作用于 ZnTe 晶体而产生太赫兹辐射，产生的太赫兹脉冲经由 4 个离轴抛物面镜进行准直和聚焦，并聚焦到另一块 ZnTe 表面进行电光取样。抽运光用于激发样品，使其产生光生载流子。探测光与太赫兹波共线地入射到 ZnTe 表面，经过 ZnTe 单晶后，在探测光路上依次放置准直透镜、λ/4 波片、Wollaston 棱镜（WP）和平衡光电探测器。由平衡光电探测

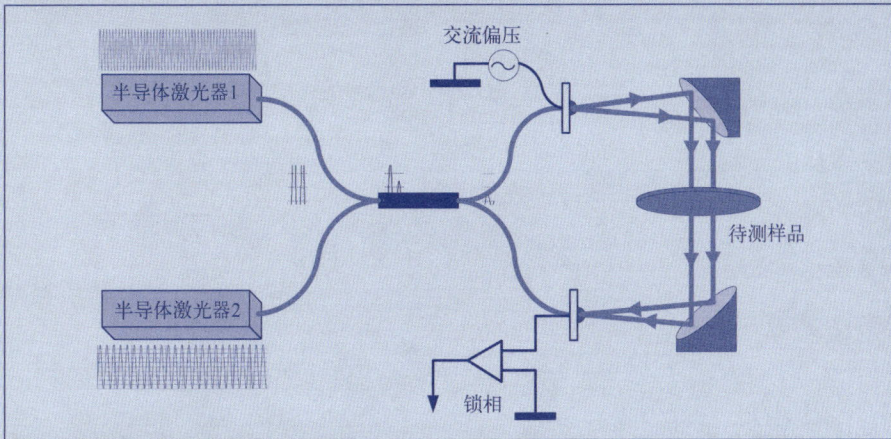

图 4-16 太赫兹频域光谱系统

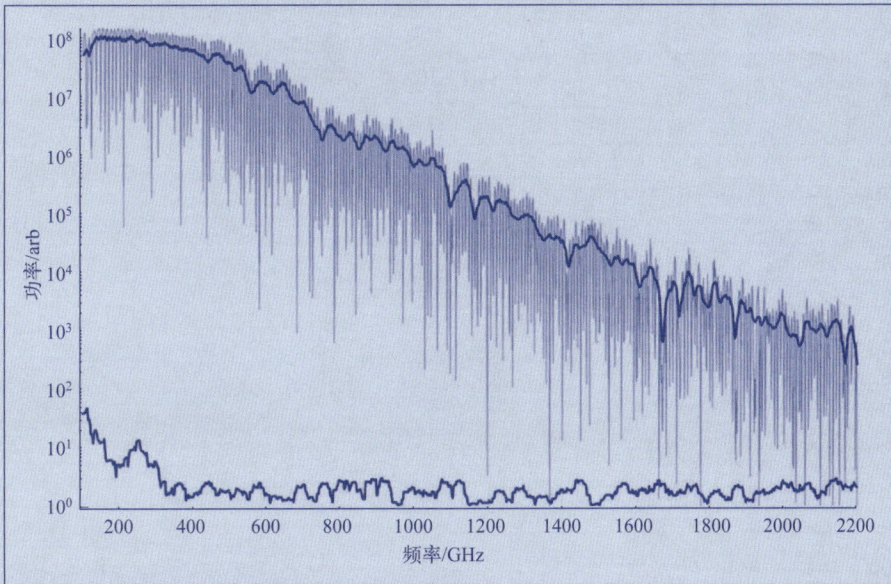

图 4-17 实验室获得的典型图谱

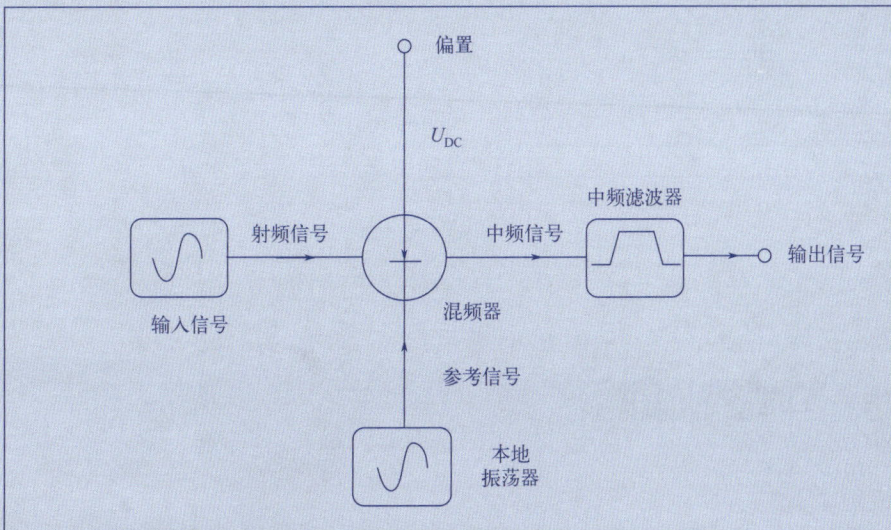

图 4-18 差频检测示意图

激光

延迟线2

延迟线1

分束器1

斩波器1

反射镜4

分束器2

斩波器2

反射镜1

抛物面镜3

抛物面镜4

延迟驱动

透镜

样品

ZnTe

λ/4

ZnTe

WP

抛物面镜2

抛物面镜1

锁相放大器

反射镜2

反射镜3

平衡光电探测器

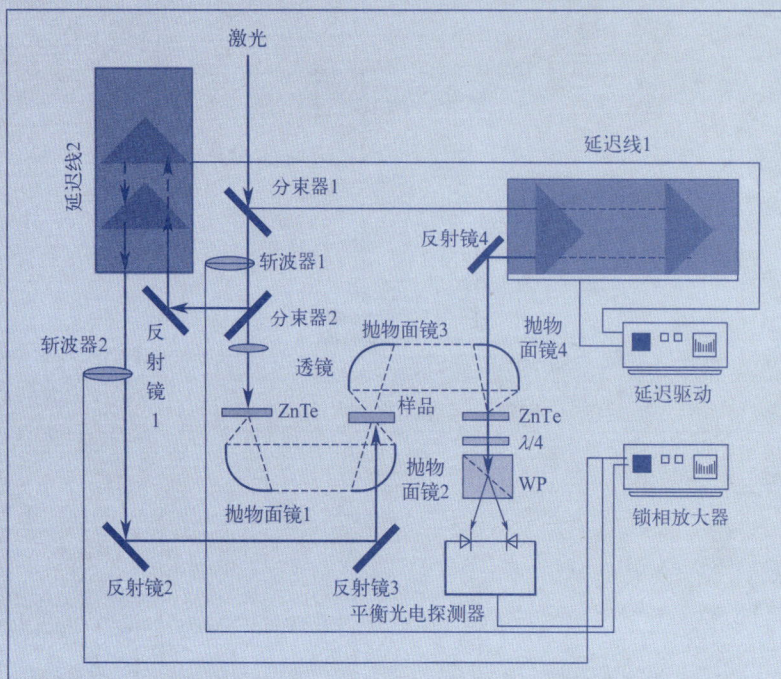

图 4-19　光抽运 - 太赫兹探测光路[4]

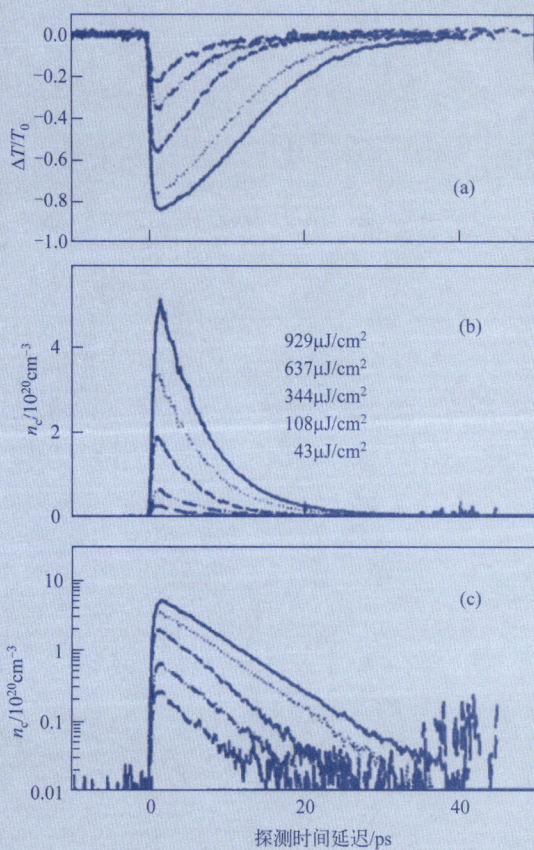

$\Delta T/T_0$

(a)

$n_e/10^{20}\text{cm}^{-3}$

(b)

$929\mu\text{J/cm}^2$
$637\mu\text{J/cm}^2$
$344\mu\text{J/cm}^2$
$108\mu\text{J/cm}^2$
$43\mu\text{J/cm}^2$

$n_e/10^{20}\text{cm}^{-3}$

(c)

探测时间延迟/ps

图 4-20　典型的时间分辨谱

器输出的信号经锁相放大器放大后由计算机读取存储。

太赫兹波的产生和探测由两片（110）取向的 ZnTe 晶体完成。OPTP 系统有两个延迟线（延迟线 1 和延迟线 2），首先扫描延迟线 1 获得太赫兹时间分辨光谱，为了研究某一延迟时间下的激发态载流子的色散关系，我们将延迟线 1 固定在特定的延迟时间（如 1ps 和 5ps），然后扫描延迟线 2，可以得到该延迟时间下的太赫兹时域光谱。通过数据处理，可以得到光激发载流子电导率的实部和虚部。图 4-20 给出了典型的时间分辨谱。

4.3 太赫兹成像技术

太赫兹成像的基本原理是让太赫兹波辐照待测样品，通过分析待测样品的透射信号或反射信号中携带的信息（振幅、相位等），从而获得样品的太赫兹图像。常见的太赫兹成像技术主要包括脉冲太赫兹成像技术、连续太赫兹成像技术、太赫兹近场成像技术、太赫兹实时成像技术。

4.3.1 脉冲太赫兹成像技术

脉冲太赫兹成像技术的基本原理是：太赫兹脉冲经过检测目标后，探测脉冲的时域光谱并进行傅里叶变换，从而获取检测目标的频域光谱信息，进一步可以分析太赫兹波与检测目标作用后的强度和相位信息。

4.3.1.1 太赫兹脉冲扫描成像

太赫兹脉冲扫描成像利用太赫兹脉冲信号对放在二维扫描平移台上的目标物进行逐点扫描。如图 4-21 所示，目标物在垂直于太赫兹波传输方向的 *x-y* 平面上移动，脉冲信号通过目标物的不同位置，记录不同位置的透射信息或反射信息，获取每个像素点的时域波形，通过傅里叶变换技术提取频谱中包含的相位和振幅等信息，经频谱分析构建目标物的图像。太赫兹脉冲成像具有信噪比较高的优点，其分辨率可以达到亚毫米级。

为了进一步提高成像系统的信噪比，使用反射式脉冲太赫兹成像系统，通过引入位相转换技术，大大提升了信噪比和深度分辨率，极大地改善了成像效果。

由于太赫兹脉冲成像存在一定的耗时问题，时间过长对成像质量会产生较大影响。日本大阪大学 Yasui 等人对太赫兹成像系统进行了改进，研发了脉冲焦线成像系统。其光路原理图见图 4-22。

为了进一步拓展脉冲太赫兹成像技术的应用领域，Wojdyla 等人基于高阻硅棱镜搭建了点扫描脉冲太赫兹衰减全反射（THz-ATR）成像系统。

4.3.1.2 太赫兹差分成像和偏振成像

在 THz-TDS 技术中，利用差分探测技术可以进一步提高太赫兹脉冲的稳定性、准确性以及信噪比。差分探测技术由于没有使用正交偏振片，利用动态相减技术有效抑制了噪声信号，提升了探测信号的强度。

如图 4-23 所示，Wiegand 等人分别将太赫兹波与探测波进行线聚焦，利用两个线阵 CMOS 摄像头并结合差分探测技术，实现了太赫兹差分成像。该系统采用带有振荡器的激光光源，使太赫兹实时成像系统的可集成性能得到提高。

为了进一步获取样品内部的细节信息，偏振成像作为一种新型成像技术在近几年得到了迅速发展，其不仅可以像强度成像一样对样品进行强度信息的表征识别，同时还可以获取被测样品的偏振信息，并在原有图像基础上进行数字图像处理、增强和融合，最终得到可视化的偏振图像，根据偏振图像对目标特征进行提取。这种成像方法能够有效消除背景噪声，提高图像对比度，提升成像系统对待测样品的检测识别能力。

如图 4-24 所示，首都师范大学的张亮亮等人将石英晶体作为偏振敏感器件，利用其对两个太赫兹偏振分量的时间延迟不同这一特性，对绝缘泡沫塑料的偏振信息进行测量。为了在获取偏振信息的同时提高成像分辨率，上海理工大学的庄松林院士团队基于超表面波前调控原理，设计了手性依赖的超表面结构并结合相干效应将聚焦的等离子体激元发射至自由空间，形成了单频点偏振可控且突破衍射极限的太赫兹超聚焦光斑［半峰全宽（FWHM）约为 0.38λ］。该透镜有望实现太赫兹超分辨成像。在此基础上，该团队设计了偏振可控的太赫兹超构表面透镜，同时拥有聚焦和偏振调控功能，能够将沿 x 轴偏振方向入射的太赫兹波聚焦成沿 y 轴偏振方向的光斑，并实现了偏振可控的高分辨太赫兹成像检测功能。

4.3.1.3 太赫兹三维成像

由于太赫兹三维成像技术可以更好地获取样品内部的信息，目前逐渐成为研究热点。太赫兹三维成像技术主要有太赫兹计算机层析成像（Computed Tomography，CT）、太赫兹衍射层析成像、太赫兹断层成像和太赫兹数字全息成像等。目前太赫兹三维成像技术使用较为成熟的是太赫兹 CT 成像。

日本的 E. Kato 等人通过超短脉冲光纤激光器激发光电导开关，产生 3THz 的脉冲信号，实现光谱三维层析分析。该系统的特点在于使用光纤激光器和光电导开关产生太赫兹波，可以探测到整个频带内的振幅和相位投影信息，图 4-25 为三维光谱层析实验装置原理图。

4.3.2 连续太赫兹成像技术

连续太赫兹成像技术的基本成像原理是：在对检测目标进行太赫兹成像时，检测目标内部的

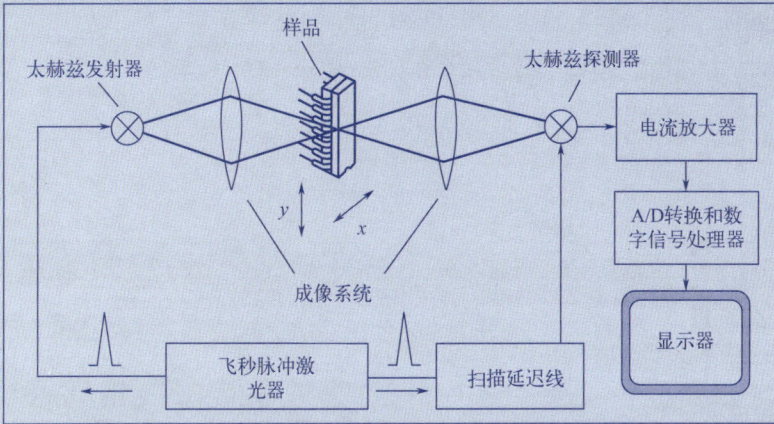

图 4-21 太赫兹成像系统示意图[5]
（目标用一个两轴电动平台进行光栅扫描）

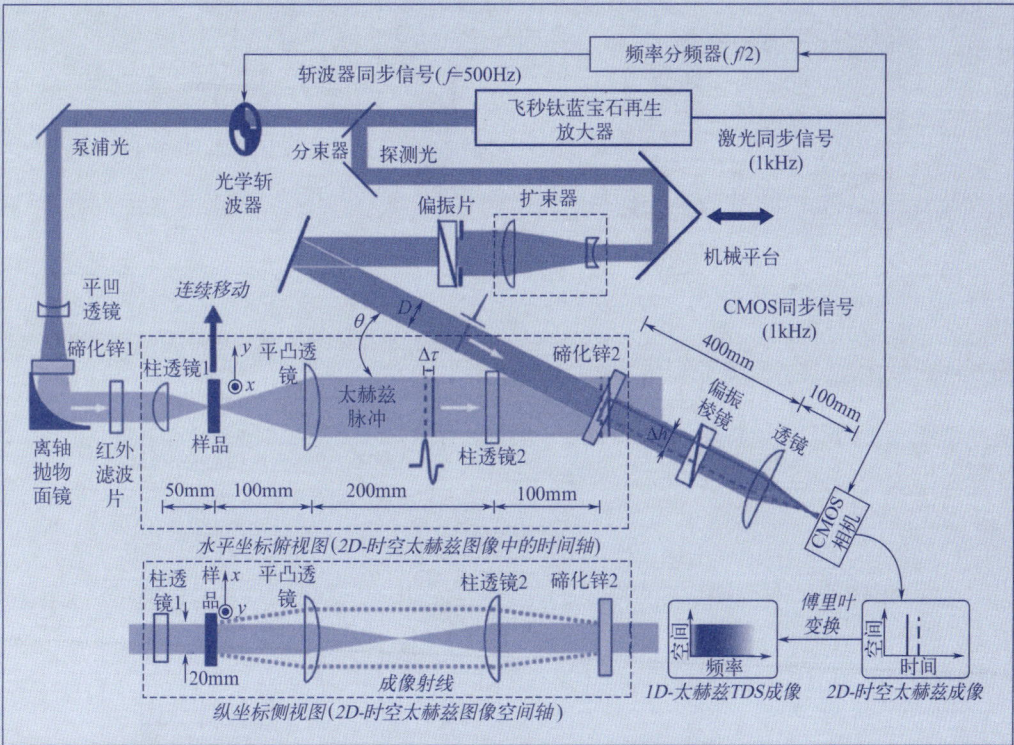

图 4-22 太赫兹脉冲焦线成像系统[6]
（太赫兹波通过柱透镜汇聚成一条焦线，其通过样品后经过一个平凸透镜和另一个柱透镜准直为平行光。在探测光路中，扩束后的探测光始终与探测晶体保持相对垂直，并与太赫兹波非共线重合，不同重合区域对应不同的时间延迟。探测晶体对太赫兹信号进行光电采样，并由 CMOS 相机获取太赫兹图像，这大大缩短了成像时间）

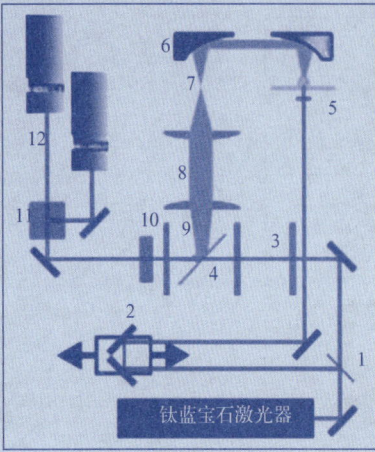

图 4-23　太赫兹差分成像系统装置示意图[7]

1—分束器；2—机械延迟平台；3—圆柱透镜系统；4—氧化铟锡波片；5—发射器：蝶形天线；6—抛物面镜；7—太赫兹线聚焦；8—太赫兹光学器件；9—碲化锌晶体；10—四分之一波片；11—偏振光分束器棱镜；12—CCD 线扫描相机

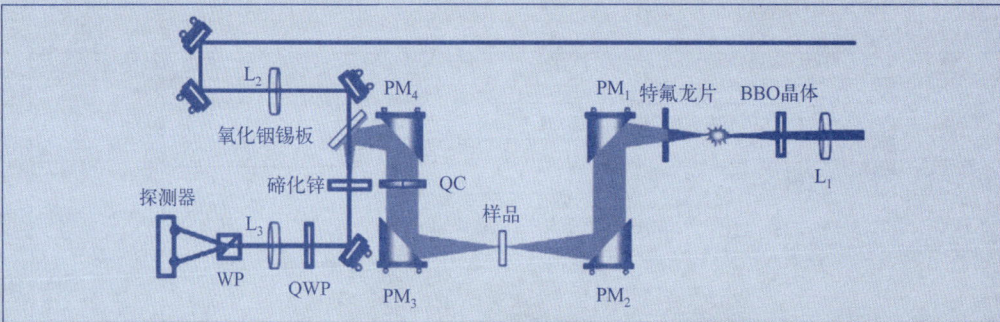

图 4-24　实验装置的示意图[8]

[采用了一块 4mm 厚的石英晶体（QC）。其介质双折射性较高，吸收损耗相对较小，确保了对两个轴线引起的不同吸收和反射损耗的衰减可以忽略不计。该石英晶体的光轴固定在水平方向成 45°，并放置在样品后的太赫兹波束路径中]

L₁～L₃—透镜；PM₁～PM₄—抛物面反射镜；QWP—四分之一波片；WP—偏光分束器（沃拉斯顿棱镜）

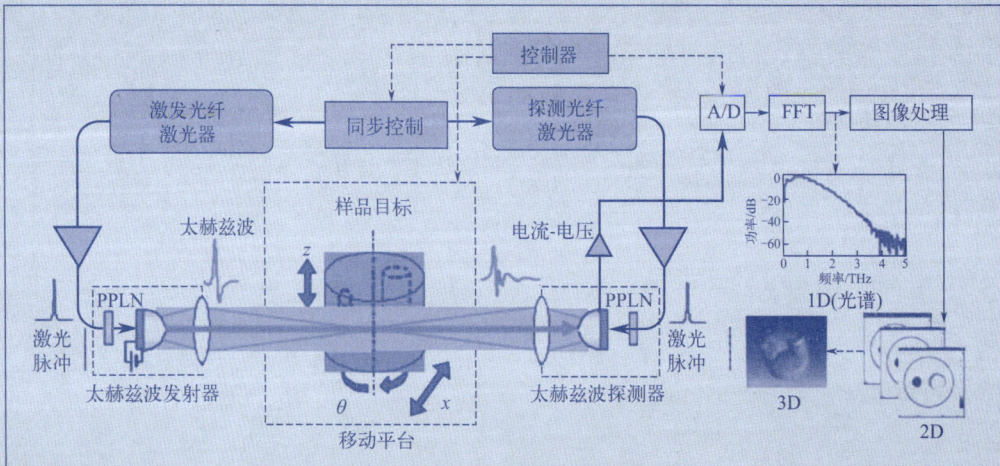

图 4-25　三维光谱 CT 成像系统的示意图[9]

A/D—模数转换器；FFT—快速傅里叶变换；PPLN—周期极化铌酸锂晶体

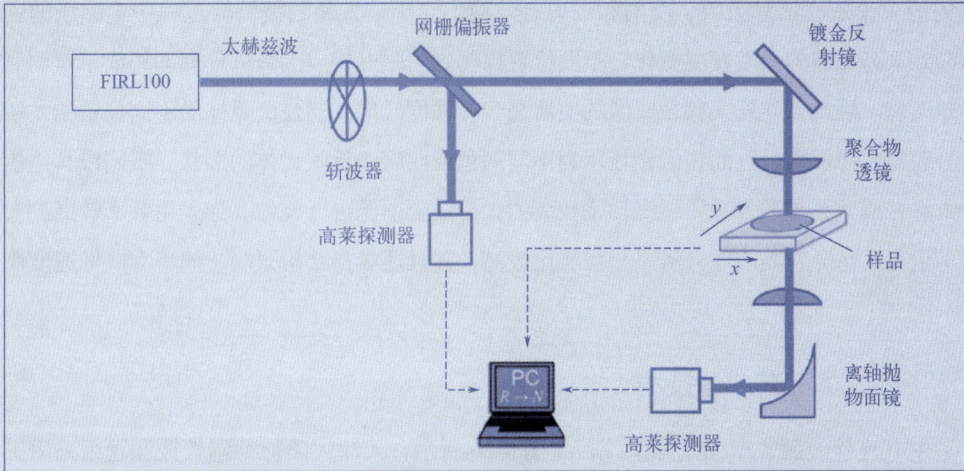

图 4-26 透射式连续太赫兹扫描成像系统示意图[10]

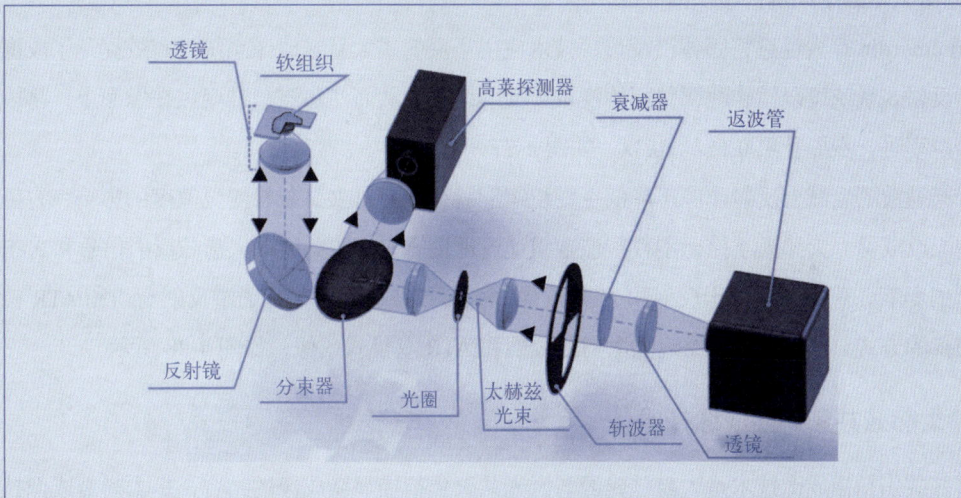

图 4-27 连续波反射成像系统[11]

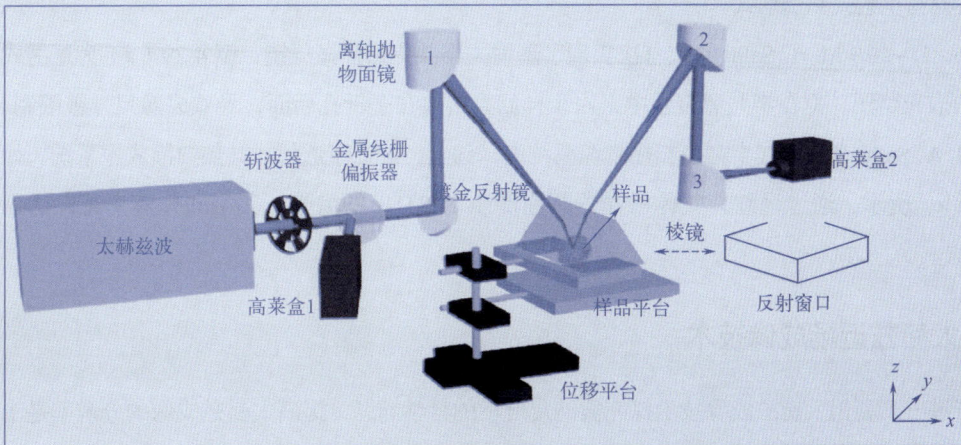

图 4-28 共光路连续太赫兹反射和 ATR 成像系统示意图[12]

结构对入射的太赫兹波具有吸收、反射和散射等效应，会影响太赫兹波传输过程中电磁场的强度，从而导致太赫兹波的强度发生变化，不同位置探测到的强度构成的数据阵列即构成了检测目标的太赫兹图像。因此，连续太赫兹成像的实质是一种强度成像。通过测量样品不同位置的太赫兹强度信号获得成像像素，进而将像素显示为不同颜色或明暗来反映物体的形状、缺陷或其他信息。连续太赫兹成像系统通常采用输出功率较高的太赫兹辐射源进行成像。当采用频率较高的太赫兹辐射源进行成像时，其成像分辨率和信噪比较高，并且还具备结构紧凑、简单、成像速度快等优点。

4.3.2.1 常规连续太赫兹成像技术

对于透射式连续太赫兹扫描成像系统，如图 4-26 所示，天津大学徐德刚教授课题组采用工作频率为 2.52THz 的连续太赫兹气体激光器搭建了透射式连续太赫兹扫描成像系统，并对厚度为 40μm 的新鲜大鼠脑组织进行了扫描成像。

Chernomyrdin 等人通过将固体浸没透镜技术应用于反射式太赫兹成像系统，有效提升了成像分辨率。反射式系统可以精确地调整固体浸没透镜的位置，从而使焦点精准聚焦在像面上，将成像系统分辨率进一步提升至 $0.15\lambda \sim 0.3\lambda$，如图 4-27 所示。

基于倏逝波的衰减全反射成像可降低生物组织形貌和体液对太赫兹检测灵敏度的影响，有望实现术中原位成像。天津大学徐德刚教授课题组通过理论研究成像角度对太赫兹反射信号和 ATR 穿透深度的影响，获得了适用于反射和 ATR 成像的太赫兹波成像角度，通过反射窗口和 ATR 棱镜快速切换的方式，实现了共光路连续太赫兹反射和 ATR 双模式成像，如图 4-28 所示。

4.3.2.2 太赫兹共焦扫描成像技术

太赫兹共焦扫描成像技术是太赫兹成像与激光共聚焦扫描显微成像的结合，是太赫兹成像技术体制的一种新尝试，太赫兹共焦扫描成像具有太赫兹成像和激光共聚焦扫描成像的优点，按照成像方式分为反射式和透射式。

2006 年，德国 M. A. Salhi 等人首次实现了透射式半共焦扫描显微镜，图 4-29（a）为透射式半共焦扫描光路图。但在半共焦装置中，由于样品直接放在了针孔后面，导致成像尺寸被限制。之后，M. A. Salhi 在透射式半共焦扫描成像系统的基础上，设计了透射式共焦扫描成像系统，如图 4-29（b）所示，通过远红外气体激光器泵浦产生 2.52THz 的激光，其空间分辨率可以达到 0.26mm。

4.3.3 太赫兹近场成像技术

为了进一步利用太赫兹成像技术探究微纳尺度下的科学问题，提高太赫兹成像的分辨率是十

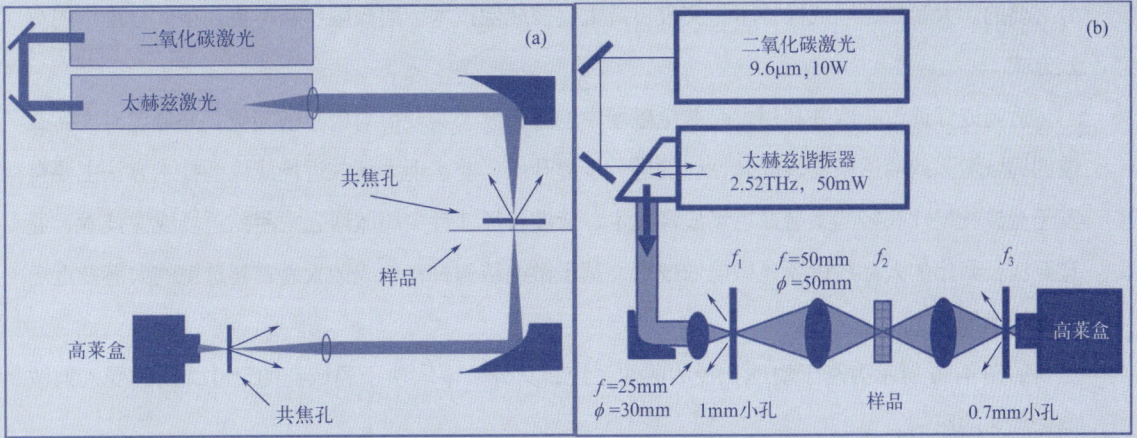

图4-29 透射式半共焦扫描成像系统（a）[13] 和透射式共焦扫描成像系统（b）[14]

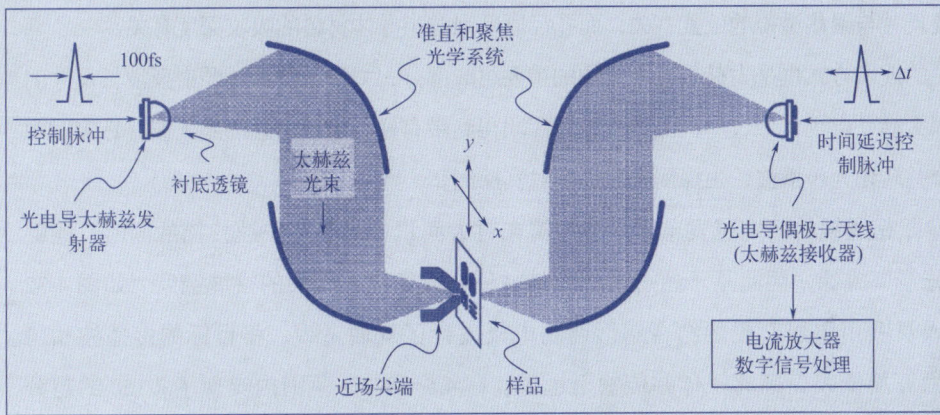

图4-30 物理孔径型太赫兹近场成像[15]

（将太赫兹波通过锥形尖端通光孔径局域后近场照明高阻硅基底上的金线结构，首次实现了太赫兹波段的近场成像，利用波长为220μm的太赫兹波得到了50μm的图像分辨率）

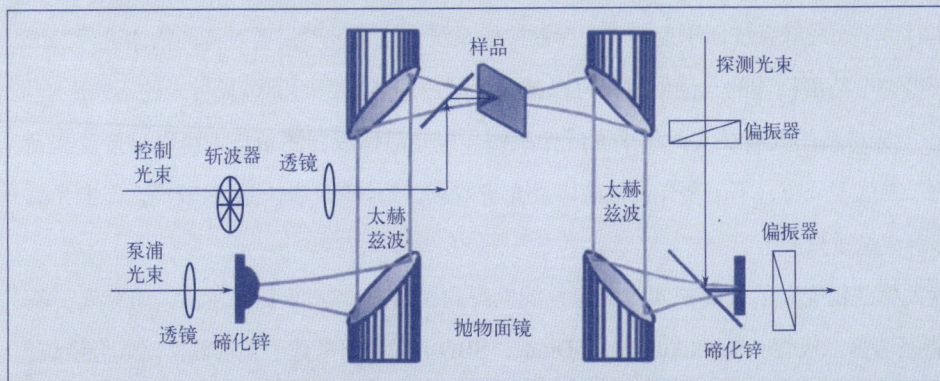

图4-31 动态孔径型太赫兹近场成像[16]

分必要的。太赫兹近场成像技术是突破传统太赫兹成像技术衍射极限、获得更高空间分辨率的有效方式。

近场成像通过获取并利用太赫兹电磁场中的隐矢波来实现衍射极限的突破，并通过对太赫兹波的局域增强或增透来实现成像性能的进一步提升。目前实现太赫兹近场成像的技术方法主要有基于亚波长尺寸孔径的太赫兹近场成像技术、亚波长尺寸针尖局域增强太赫兹近场成像技术、通过亚波长聚焦的太赫兹近场显微成像技术、基于微纳结构材料制成的太赫兹超透镜的太赫兹近场成像技术等。

如图 4-30 所示为基于物理孔径的成像系统，其分辨率取决于局域孔的尺寸，同时受入射波偏振状态的影响。

如图 4-31 所示，通过飞秒激光在半导体材料上激发光生载流子形成动态孔径，其中，动态孔径的产生及尺寸与聚焦透镜的位置有关，而孔径厚度则与半导体材料的吸收深度有关。

基于针尖的成像方式也是太赫兹近场成像的重要组成部分，太赫兹波通过照射亚波长尺寸的针尖形成局部太赫兹电场，通过对样品进行近场照明得到带有样品细节信息的隐矢波，针尖对隐矢波进行耦合并转化为传播波，由探测器在远场对其探测。

有关太赫兹超透镜的研究越发丰富，超透镜在对大面积样品进行快速扫描的同时，能够同时实现高分辨率成像，因此基于超透镜的太赫兹近场成像存在较大的发展空间。如图 4-32 所示，研究人员利用单层石墨烯结合扇形调制电极设计了双曲透镜，将目标的传播波和隐矢波均转化为石墨烯表面等离子体并传输至远场，在 4.5～9THz 范围内实现了 $\lambda/150$ 的超分辨率。

4.3.4 太赫兹实时成像技术

太赫兹实时焦平面成像系统属于反射式太赫兹成像系统，该系统不需要对待测物体进行二维扫描就可以获得整个待测物体的光谱信息，可以减少太赫兹逐点成像时间过长带来的不利影响。图 4-33 为基于电光材料的太赫兹实时焦平面成像系统。电光晶体取样测量技术可以直接观测到太赫兹电场的二维强度分布，不需要光热效应以及光子效应，系统响应时间虽然较短，但电光晶体的缺陷会影响成像质量。

基于连续太赫兹辐射源的太赫兹实时成像系统也得到了发展。如图 4-34 所示，研究人员基于 InGaAs 肖特基势垒二极管（Schottky Barrier Diode，SBD）探测器搭建了太赫兹实时成像系统，其平均响应率可达 98.5V/W，NEP 约为 10^{-10}W/Hz$^{1/2}$。

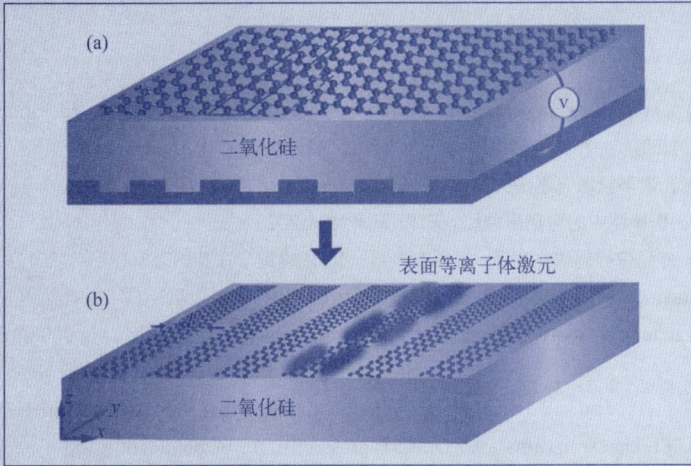

图4-32 近场超透镜的示意图[17]

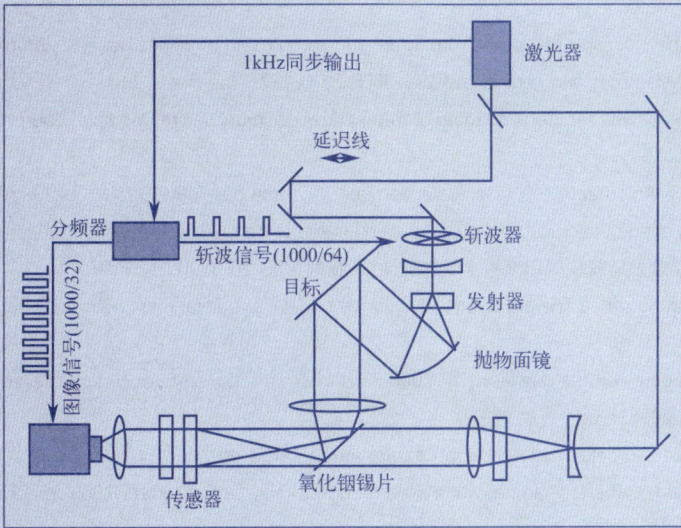

图4-33 太赫兹实时焦平面成像
系统[18]

（美国贝尔实验室的 Hu 和 Nuss 搭建了第一套基于 THz-TDS 系统的二维透射式太赫兹光谱成像系统，通过算法提取了样品的相位和振幅信息，实现了对树叶和芯片的逐点扫描成像）

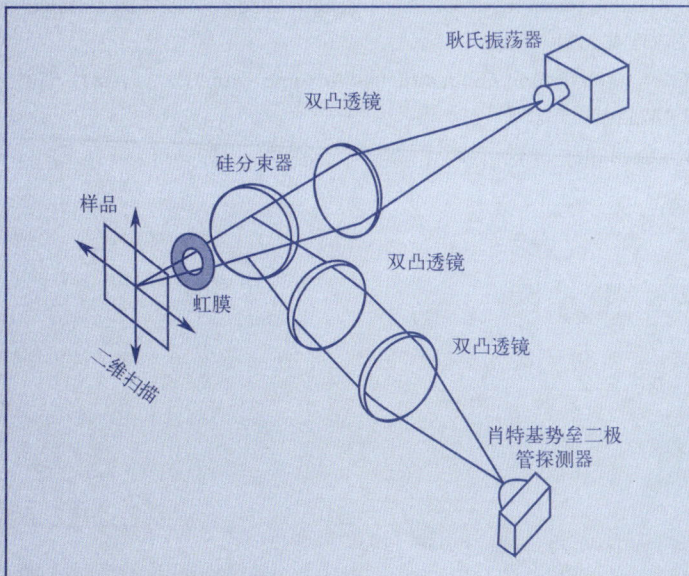

图4-34 使用单通道 SBD 探测器搭建的太赫兹反射成像装置的示意图

参考文献

[1]   Auston D H, Cheung K P, Valdmanis J A, et al. Cherenkov radiation from femtosecond optical pulses in electro-optic media[J]. Physical Review Letters, 1984, 53(16): 1555-1558.

[2]   曹灿, 张朝晖, 赵小燕, 等. 太赫兹时域光谱与频域光谱研究综述[J]. 光谱学与光谱分析, 2018, 38(09): 2688-2699.

[3]   王国强. 太赫兹衰减全反射技术在脑创伤检测中的应用研究[D]. 天津: 天津大学, 2023.

[4]   樊正富, 谭智勇, 万文坚, 等. 低温生长砷化镓的超快光抽运-太赫兹探测光谱[J]. 物理学报, 2017, 66(8): 087801.

[5]   Hu B B, Nuss M C. Imaging with terahertz waves[J]. Optics Letters, 1995, 20(16): 1716-1718.

[6]   Yasui T, Sawanaka K, Ihara A, et al. Real-time terahertz color scanner for moving objects[J]. Optics Express, 2008, 16(2): 1208-1221.

[7]   Wiegand C, Herrmann M, Bachtler S, et al. A pulsed THz imaging system with a line focus and a balanced 1-D detection scheme with two industrial CCD line-scan cameras[J]. Optics Express, 2010, 18(6): 5595-5601.

[8]   Zhang L L, Zhong H, Deng C, et al. Terahertz polarization imaging with birefringent materials[J]. Optics Communications, 2010, 283(24): 4993-4995.

[9]   Kato E, Nishina S, Irisawa A, et al. 3D spectroscopic computed tomography imaging using terahertz waves[C]//35th International Conference on Infrared, Millimeter, and Terahertz Waves. IEEE, 2010: 1-2.

[10]   Zhao H, Wang Y, Chen L, et al. High-sensitivity terahertz imaging of traumatic brain injury in a rat model[J]. Journal of Biomedical Optics, 2018, 23(3): 036015.

[11]   Chernomyrdin N V, Kucheryavenko A S, Kolontaeva G S, et al. Reflection-mode continuous-wave 0.15 λ-resolution terahertz solid immersion microscopy of soft biological tissues[J]. Applied Physics Letters, 2018, 113(11): 111102.

[12]   武丽敏, 徐德刚, 王与烨, 等. 共光路连续太赫兹反射和衰减全反射成像[J]. 物理学报, 2021, 70(11): 118701.

[13]   Salhi M A, Koch M. Semi-confocal imaging with a THz gas laser[C]// Millimeter-Wave and Terahertz Photonics. SPIE, 2006, 6194: 71-78.

[14]   Salhi M A, Koch M. Confocal THz imaging using a gas laser[C]//2008 33rd International Conference on Infrared, Millimeter and Terahertz Waves. IEEE, 2008: 1-2.

[15]   Hunsche S, Koch M, Brener I, et al. THz near-field imaging[J]. Optics communications, 1998, 150(1-6): 22-26.

[16]   Chen Q, Jiang Z, Xu G X, et al. Near-field terahertz imaging with a dynamic aperture[J]. Optics Letters, 2000, 25(15): 1122-1124.

[17]   Tang H H, Huang T J, Liu J Y, et al. Tunable terahertz deep subwavelength imaging based on a graphene monolayer[J]. Scientific Reports, 2017, 7(1): 46283.

[18]   Zhang L L, Karpowicz N, Zhang C, et al. Real-time nondestructive imaging with THz waves[J]. Optics Communications, 2008, 281(6): 1473-1475.

第5章
太赫兹超材料

5.1 什么是超材料?

5.1.1 基本概念

超材料（Metamaterial）是指那些具有自然材料所不具备的超常物理性质的人工复合材料或者复合结构。前缀"meta"是一个希腊介词，意思是"超越"。超材料通常是通过在整个空间区域内排列一组规则的小散射体来实现，从而可以获得一些理想的特性。

举个形象的例子，如图 5-1 所示，我们常见的自然界物质的性质主要是由构成该物质的原子或者分子所决定的；而在亚波长单元结构组成的超材料设计中，其表现出来的物质特性可以通过它们的几何形状进行调控，如图 5-2 所示。

通常，各向同性材料可以通过其有效的介电性（介电常数 ε）和磁导性（磁导率 μ）特性来表征。自由空间或者空气具有介电常数 ε_0 和磁导率 μ_0。不同材料的相对介电常数和相对磁导率可以表示为 $\varepsilon_r = \varepsilon/\varepsilon_0$ 和 $\mu_r = \mu/\mu_0$，该材料的折射率为 $n = \sqrt{\varepsilon_r \mu_r}$。图 5-3 给出了在 ε-μ 空间中对各向同性材料的分类。第一象限代表右手材料（RHM），它支持大多数介质或者光学材料中的右手（正向）传播电磁波。第二象限代表了电子等离子体区域，其中入射电磁波逐渐衰减并支持倏逝波。许多金属在紫外和可见频率范围内位于这个象限。第三象限代表了左手材料（LHM），它支持许多异乎寻常的电磁特性。目前没有已知的自然材料表现出这个象限的特性。第四象限代表了磁等离子体，它支持倏逝波，而在亚千兆赫频率范围内很少有自然铁磁材料属于这个类别。

在超材料发展过程中，超材料、左手材料、负折射率材料（NIM）、双负材料（DNG）和返波材料可以看作是相同的指代。但今天，超材料这个术语的范围比 LHM 等要广泛得多。

5.1.2 超材料和周期性复合材料：长度尺度效应

下面我们讨论周期性复合材料的整体行为。根据复合材料的具体构成和结构，它可能表现出有效介质的特性，也可能不表现出有效介质的特性。这取决于复合材料的波长和周期性与所考虑的电磁波的特性之间的关系。超材料通常是通过设计具有特定形状的散射体/包含体或其他物体，并将它们放置在整个体积中以实现所需的材料特性。这类设计的材料中，散射体的尺寸可以在不同的长度尺度上变化，从相对较大到纳米甚至更小，这取决于所研究的频率。在某些情况下，散射体和它们之间的间距可能与电磁波的波长相当，特别是与嵌入这些包含体（散射体）的"宿主"介质中的波长或包含体本身的波长相比。电磁场与这些设计材料的相互作用可以分为三个不同的特性区域，每个区域都具有独特的行为特性（参见图 5-4）。

有效介质：经典混合理论。此区域意味着低频率，也就是工作波长远大于结构的晶格常数。在这个频率范围内，与构成复合介质的散射体的周期和内含物的大小相比，这些散射体与诱导或

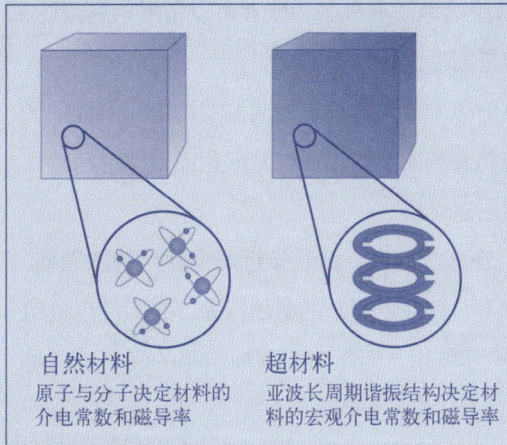

图 5-1　自然材料与超材料的结构示意图

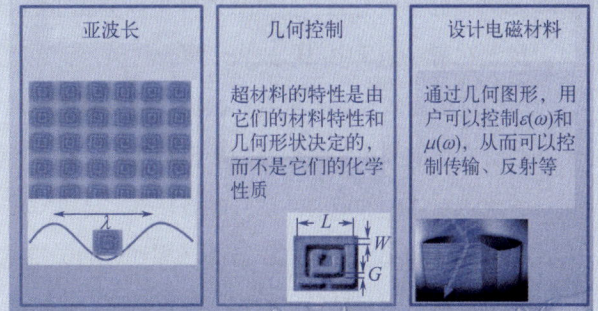

自然材料
原子与分子决定材料的
介电常数和磁导率

超材料
亚波长周期谐振结构决定材
料的宏观介电常数和磁导率

亚波长

几何控制

超材料的特性是由
它们的材料特性和
几何形状决定的，
而不是它们的化学
性质

设计电磁材料

通过几何图形，用
户可以控制$\varepsilon(\omega)$和
$\mu(\omega)$，从而可以控
制传输、反射等

图 5-2　超材料的特点

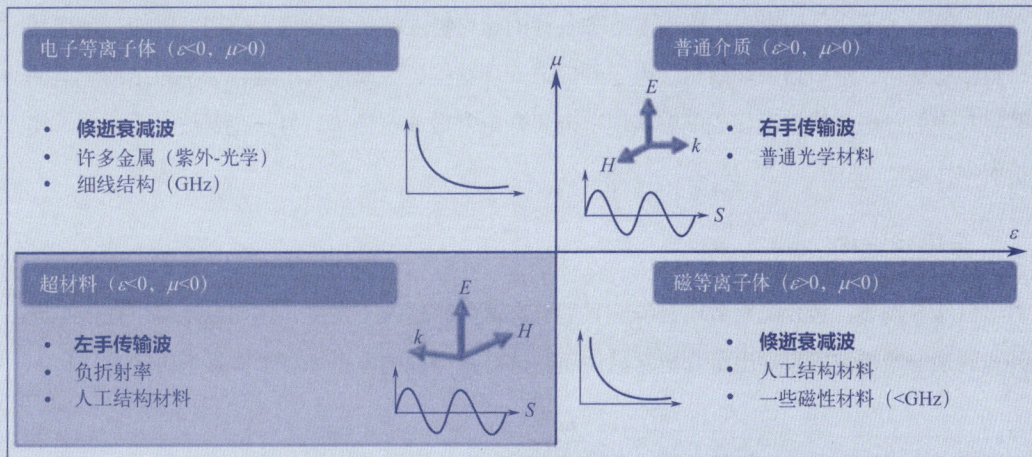

电子等离子体（$\varepsilon<0$，$\mu>0$）

- **倏逝衰减波**
- 许多金属（紫外-光学）
- 细线结构（GHz）

普通介质（$\varepsilon>0$，$\mu>0$）

- **右手传输波**
- 普通光学材料

超材料（$\varepsilon<0$，$\mu<0$）

- **左手传输波**
- 负折射率
- 人工结构材料

磁等离子体（$\varepsilon>0$，$\mu<0$）

- **倏逝衰减波**
- 人工结构材料
- 一些磁性材料（<GHz）

图 5-3　材料的介电常数和磁导率象限图

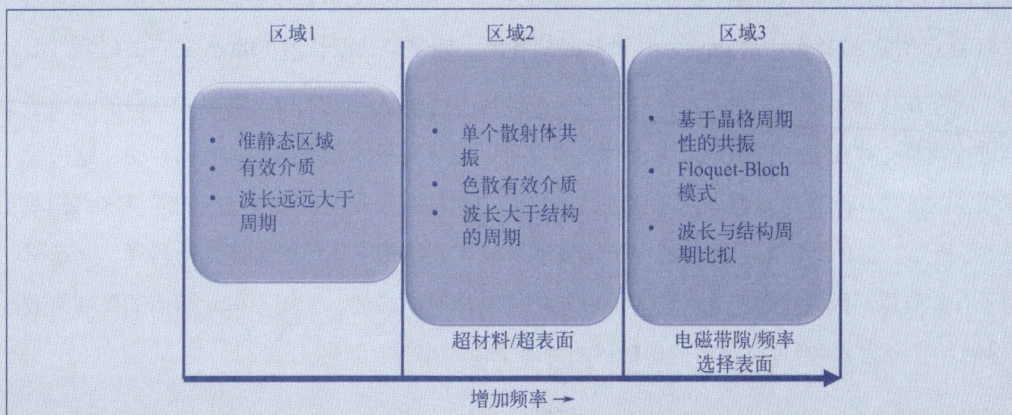

区域1

- 准静态区域
- 有效介质
- 波长远远大于
  周期

区域2

- 单个散射体共
  振
- 色散有效介质
- 波长大于结构
  的周期

超材料/超表面

区域3

- 基于晶格周期
  性的共振
- Floquet-Bloch
  模式
- 波长与结构周
  期比拟

电磁带隙/频率
选择表面

增加频率 →

图 5-4　超材料的三个特征区域

103

永久偶极矩相对应。这些散射体可以类比于经典材料中的原子或分子，或者可以是形状通用的，放置在宿主基质中以形成人工复合材料，旨在具有特定的理想特性。

色散有效介质：散射体共振。构成有效介质的散射体（或内含物）的共振特性为我们提供了设计介质的介电常数以及磁导率的能力，以获得独特和有趣的特性。通过其形状或整体材料特性设计散射体，使散射体本身能够共振。这也就是所谓的超材料。

Floquet-Bloch 模式：与晶格周期性有关的共振。在这个区域，波长接近周期性结构的周期，电场不再将复合材料"看作"有效介质。在这些频率下，存在更复杂的电场行为，必须使用更精密的全波建模技术来分析电磁场与复合周期结构的相互作用。用于分析周期结构的经典方法是Floquet-Bloch 模式方法。

5.1.3 几种典型的超材料结构

在过去的十多年中，研究人员提出了各种各样的超材料亚波长谐振单元结构，例如：金属丝结构、蛋糕卷结构、开口谐振环结构、电子开口谐振环结构、金属棒对结构、十字对结构、渔网结构等。其中的一些结构被设计成能够实现单一负介电常数或磁导率，另一些则被设计成能够实现负折射率性质。

5.1.3.1 金属丝结构

对于自然界物质，负介电常数电磁响应只能够在高频率情况下发生，例如金属可以在可见光或紫外光的某一窄带波段表现出负介电常数性质。这是由金属的电子等离子体频率决定的：

$$\omega_{ep}^2 = \frac{ne^2}{\varepsilon_0 m_{eff}} \tag{5-1}$$

式中，n 为电子密度；e 为电子电荷；ε_0 为真空中的介电常数；m_{eff} 为电子有效质量。以金为例，金的电子密度约为 5.9×10^{22} cm^{-3}，其所对应的等离子体频率是波长为 138nm 左右的远紫外波段。为了能够在较低频率（比如微波波段和太赫兹波段）实现负介电常数，需要对材料的等离子体频率进行调整。改变电子密度以及电子有效质量可以使等离子体频率向低频方向移动。这种等离子体频率的低频化改变可以通过由金属丝结构构成的超材料来实现，金属丝结构的基本结构单元如图 5-5 所示。这种结构的超材料的电子密度能够被单元结构中稀疏的金属丝所稀释，而超材料的电子有效质量却因为金属丝之间的表面互感的影响而有所增加。若周期单元结构的周期常数为 a，金属丝半径为 r，则金属丝结构超材料的等离子体频率为：

$$\omega_{ep}^2 = \frac{2\pi c_0^2}{a^2 \ln(a/r)} \tag{5-2}$$

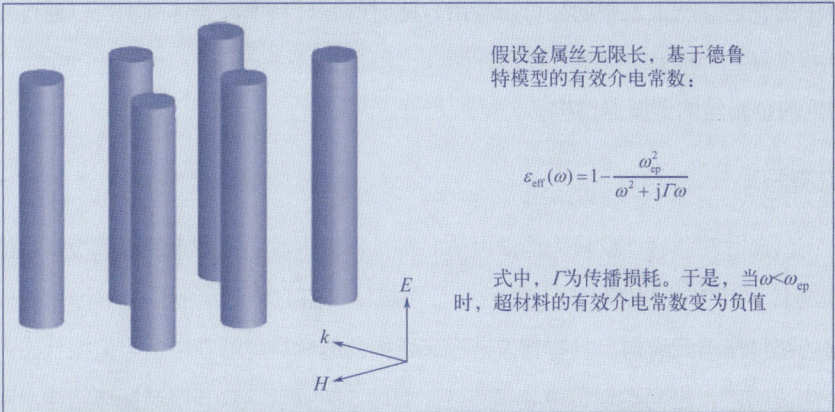

假设金属丝无限长，基于德鲁特模型的有效介电常数：

$$\varepsilon_{\text{eff}}(\omega) = 1 - \frac{\omega_{\text{ep}}^2}{\omega^2 + j\Gamma\omega}$$

式中，Γ 为传播损耗。于是，当 $\omega < \omega_{\text{ep}}$ 时，超材料的有效介电常数变为负值

图 5-5 金属丝结构示意图

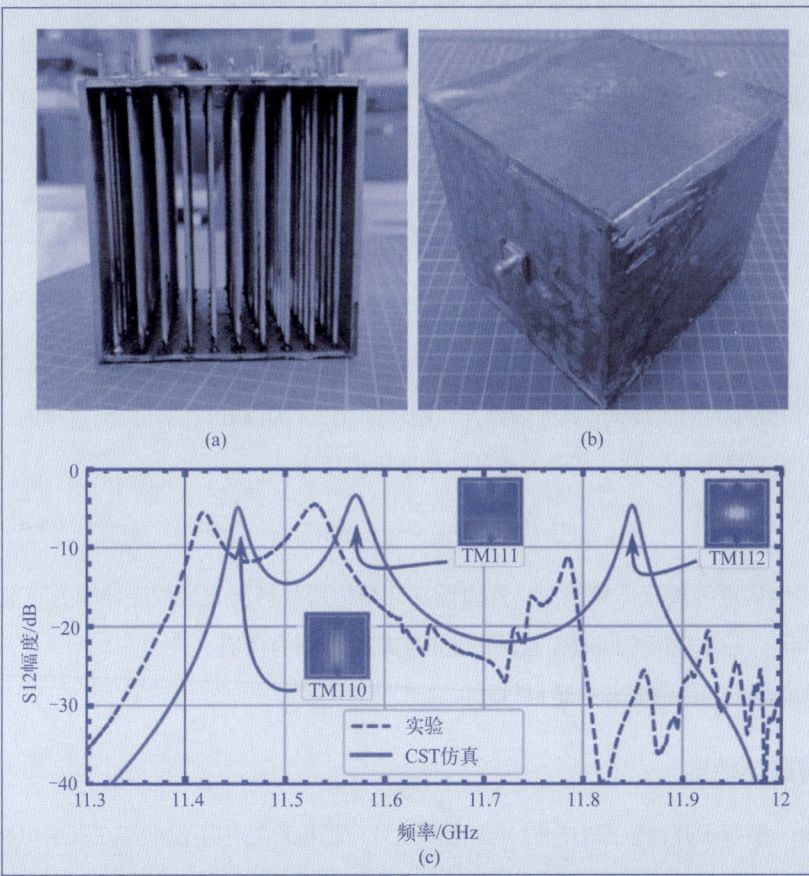

(a)

(b)

(c)

图 5-6 一种基于金属丝的谐振器（用于寻找暗物质时称为等离子体晕镜）[1]

[图 5-6（a）、（b）由一个金属盒构成，盒子里填充有密集的平行黄铜线，电连接顶部和底部的壁面，Q 因子可以达到数千量级。图 5-6（c）为对器件的测量结果与仿真结果对比]

式中，c_0 为真空中的光速。从上式中明显可以看出，此时的超材料等离子体频率可以通过对单元结构周期常数 a 和金属丝半径 r 的调整来控制。

图 5-6 为一种常见的金属丝的谐振器结构。

5.1.3.2 开口谐振环结构

在自然环境下，可以通过在非磁性材料中构造电流回路，利用电流回路产生的磁偶极矩来使部分非磁性物质获得磁性。开口谐振环结构（SRRs）是在超材料研究中常用的，能够提供磁偶极振荡所需电流回路的超材料单元结构。具有开口谐振环结构的超材料能够在以适当偏振状态入射的电磁波激发下产生磁响应，进而实现负磁导率特性。如图 5-7 所示，双开口谐振环结构由两个同心金属圆环组成，在内外圆环上的方向相反的位置上各存在一个开口狭缝。当入射电磁波以如图方向入射时，双开口谐振环在入射电磁波振荡磁场的影响下产生磁耦合，圆环内产生感生电流，并形成与电磁波磁场平行或反向平行的磁偶极子。圆环电流回路提供电感，开口狭缝提供电容，所以双开口谐振环能够近似等效成一个 LC 振荡回路，可以形成强烈磁谐振。两同心开口圆环中的内侧开口圆环为整个双环结构提供了一个附加电容，使这种结构能够在较低的频率上谐振。

超材料的磁谐振频率由开口谐振环结构几何尺寸决定：

$$\omega_{m0}{}^2 = \frac{\dfrac{3}{c_0^2}}{\pi \ln \dfrac{2c}{d} r^3} \tag{5-3}$$

式中，c 为内外开口圆环的金属线宽；d 为内外开口圆环间距；r 为内开口圆环内侧边缘的半径。当超材料结构的有效磁导率为零时，其磁等离子体频率可表示为：

$$\omega_{mp}^2 = \omega_{m0}^2 / (1-F) \tag{5-4}$$

所以，当频率低于结构磁等离子体频率时，开口谐振环结构超材料所表现的磁导率为正值；当频率位于谐振频率和等离子体频率之间时，超材料能够实现磁导率为负值。

图 5-8 为一种典型的基于开口谐振环的超材料器件。

5.1.3.3 电子开口谐振环结构

当入射电磁波的电场平行于开口狭缝方向时，上面所述开口谐振环结构不仅能够在入射电磁波磁场影响下产生磁谐振，同时也会受到入射电场的影响，在与磁响应 LC 振荡相同的频率上形成电响应 LC 振荡。但是，由于电响应 LC 振荡模式也会在轴向引起磁偶极子振荡，所以这种结构具有双相各向异性性质。若仅需要电响应时，需要抑制同时产生的磁响应。基于这种情况，在开口谐振环结构基础上引入了对称结构设计，从而能够抑制单元结构的磁响应。这样的对称结构

106

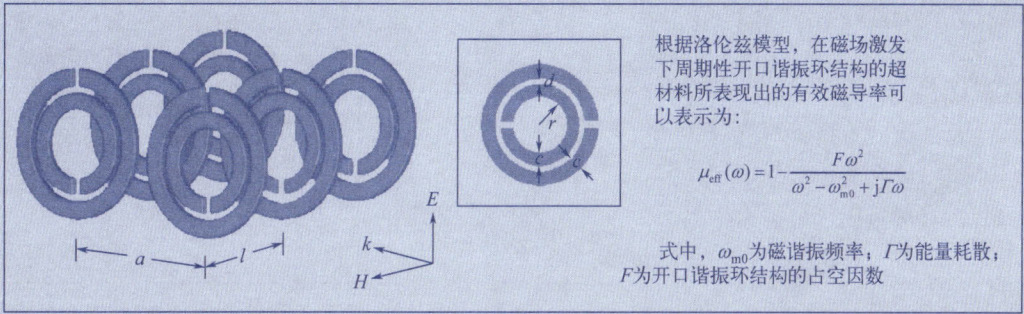

根据洛伦兹模型，在磁场激发下周期性开口谐振环结构的超材料所表现出的有效磁导率可以表示为：

$$\mu_{\text{eff}}(\omega) = 1 - \frac{F\omega^2}{\omega^2 - \omega_{m0}^2 + j\Gamma\omega}$$

式中，ω_{m0}为磁谐振频率，Γ为能量耗散；F为开口谐振环结构的占空因数

图 5-7 开口谐振环结构示意图

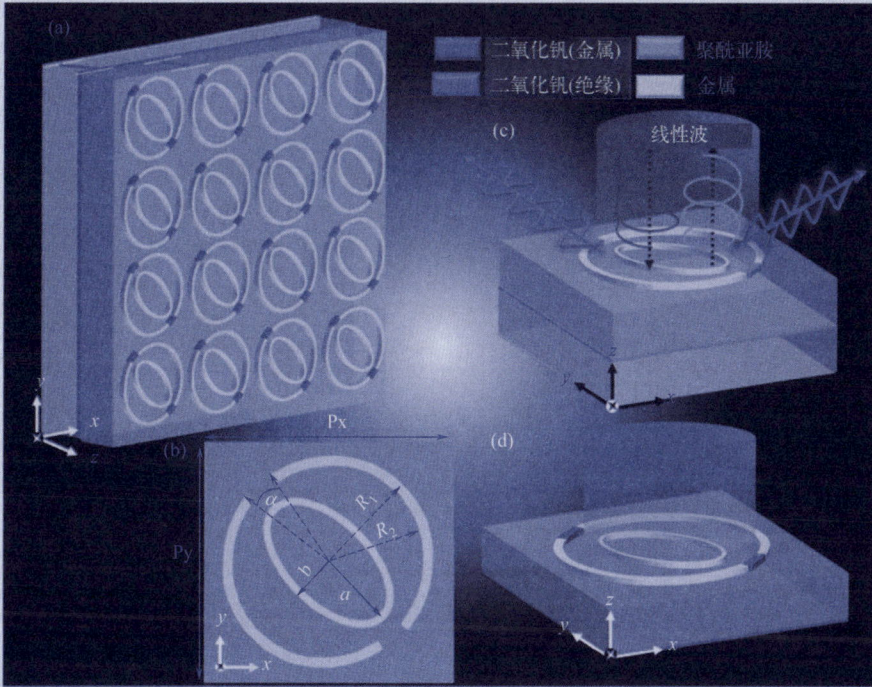

图 5-8 结合开口谐振环结构和二氧化钒（VO$_2$）相变材料实现的多功能太赫兹超材料结构[2]

（顶层的金属微结构由金属谐振环和圆形环构成，在金属谐振环的缺口处填充有 VO$_2$ 材料。当 VO$_2$ 处于金属态时，该器件可作为吸收器；当 VO$_2$ 处于绝缘态时，该结构可作为偏振转换器）

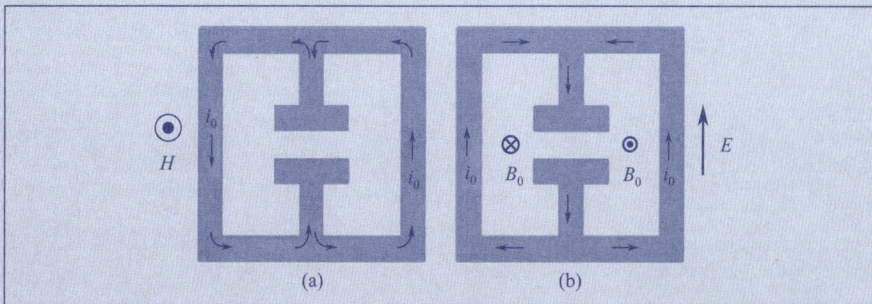

图 5-9 电子开口谐振环结构及电磁振荡模式示意图

107

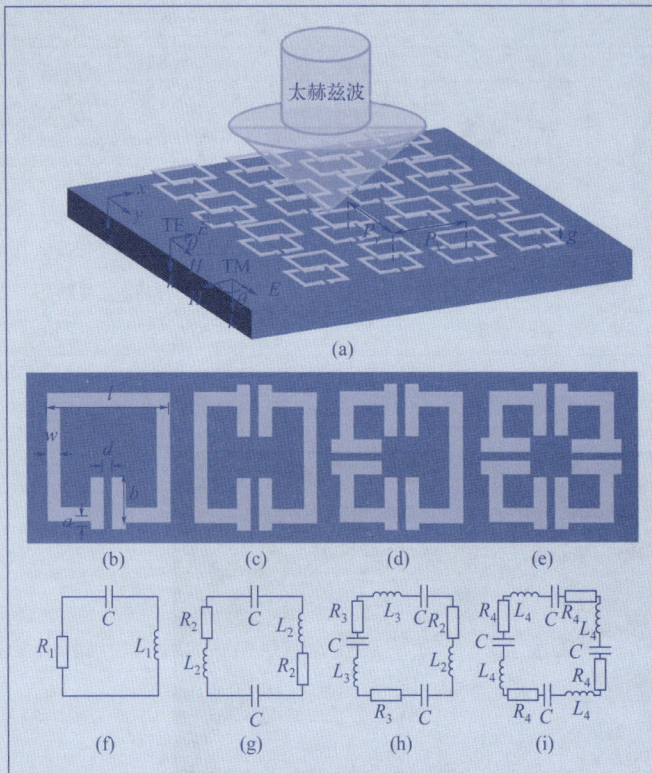

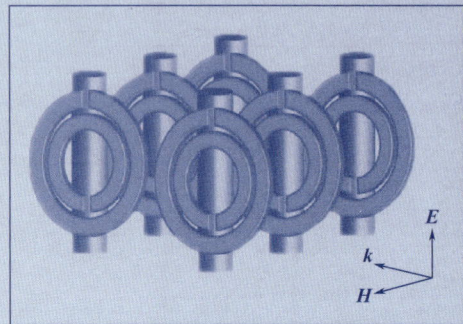

图 5-11 负折射率超材料结构示意图

图 5-10 四种类型的 eSRR 设计,具有单、双、三和四分裂的微结构 [3]

根据 eSRR 的设计模式,通过 eSRR 的对称或非对称配置,可以分别进行偏振依赖、谐振频移、谐振强度调制和谐振开关特性

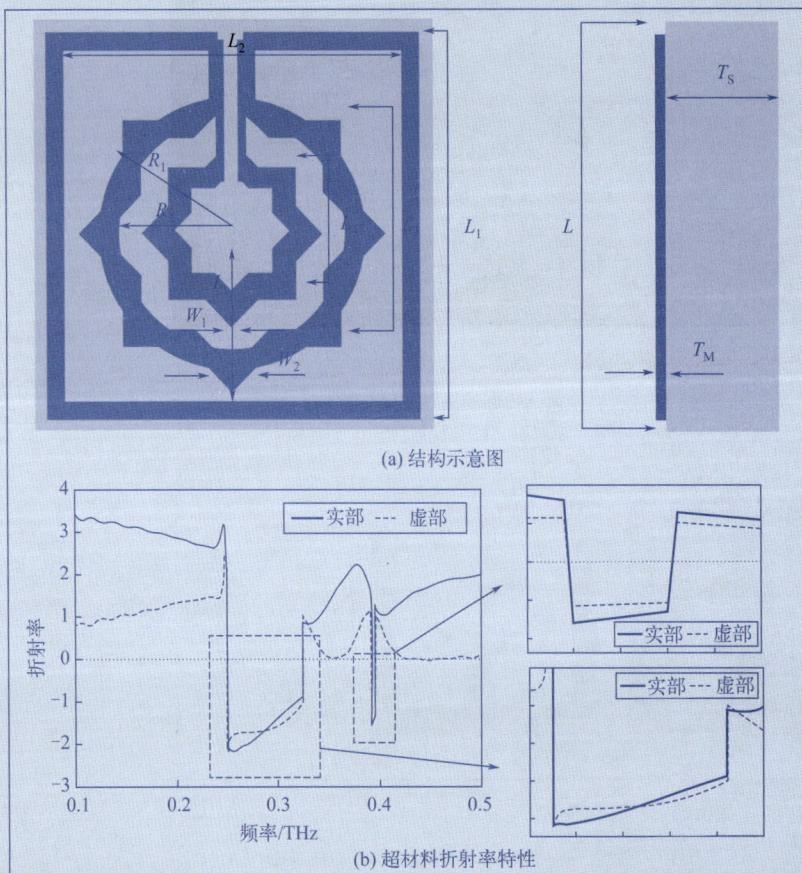

(a) 结构示意图

(b) 超材料折射率特性

图 5-12 双负折射率超材料器件 [4]

被称为电子开口谐振环结构（eSRR），或电子 LC 振荡结构（ELC）。电子开口谐振环结构的示意图及某时刻电磁振荡模式下的电磁场和表面电流分布如图 5-9 所示。在入射电磁波振荡磁场的激发下，单元结构左右两个对称的环形电路中形成大小相等的表面电流，电流回路所形成的感应磁场与外加磁场相互抵消，不形成磁耦合。在入射电磁波振荡电场的激发下，单元结构左右两个对称的环形电路中形成电流大小相等方向相反的表面电流，而在整个谐振单元内不形成磁响应，只有单一的电响应振荡发生。这样就抑制了单元结构的磁谐振，而仅能够发生电谐振。

图 5-10 给出了四种典型的电子开口谐振环结构。

5.1.3.4 金属丝与开口谐振环结合结构

从麦克斯韦方程组和介质方程出发，当介电常数和磁导率同时都大于零时（一般自然物质），在介质中传播的电磁波的波矢 k、电矢量 E 和磁矢量 H 构成右手关系。当介电常数和磁导率同时都小于零时，在介质中传播的电磁波的波矢 k、电矢量 E 和磁矢量 H 则构成左手关系。由斯涅尔定律可得，当电磁波通过普通材料和负折射率材料交界面时，折射光线与入射光线将位于法线同侧，相当于折射角为负值，也就是负折射率。因此，同时具有负介电常数和负磁导率的材料也常被称为负折射率材料，或左手材料。负折射率超材料中的波矢 k 与坡印亭矢量 S 方向相反，即相速度和群速度方向相反，电磁波在介质中后向传播。除了负折射率效应外，双负性质还带来了反常多普勒效应、反常切伦科夫辐射现象等。在提出负折射率材料的理论假想的三十多年以后，第一个负折射率材料由 D. Smith 等人在 2000 年实际加工出来。其设计的负折射率超材料的谐振单元结构如图 5-11 所示，它结合了金属丝结构和开口谐振环结构来构成超材料的亚波长谐振单元。实验测量结果表明，这种结构在微波波段 5GHz 左右的带宽内实现了负介电常数和负磁导率。

如图 5-12 所示为在太赫兹波段的双负折射率超材料结构及折射率特性。

5.2 超材料：一种适用于太赫兹器件的技术

5.2.1 太赫兹超材料简介

自从首个超材料问世以来，对超材料的研究大多集中于可见光波段，其谐振单元大小一般在纳米尺度。虽然通过改变谐振结构在理论上可以使超材料在任意的电磁波频段产生谐振，但是由于加工工艺的原因，现今所能够实际加工出的超材料单元结构尺寸和复杂程度大大限制了超材料在可见光波段，甚至更高频率波段的研究。另外，在更高频率时，构造超材料单元结构的金属将不再近似于理想导体。例如，材料能量耗散等的增大将会大大影响超材料的谐振强度。所以，在对可见光波段超材料研究的同时，对工作于更低频率的太赫兹超材料的研究也越来越被研究者所重视，如图 5-13 所示。

利用铁磁材料实现负磁导率响应的频率一般都在吉赫兹以下，而由于金属的光子模式振荡一般在中红外波段甚至更高频率上，所以利用金属只能在高频率上实现负介电常数。在最常用于太赫兹研究的 1～5THz 的频率范围内，不存在对电磁波产生强烈电磁振荡响应的自然材料，可以说在太赫兹波段，超材料是制备太赫兹波调制功能器件的重要技术手段之一。另外，太赫兹时域光谱技术也为超材料与电磁波的相互作用的研究提供了良好的测量手段。由于太赫兹波的波长一般为 3mm～30μm，太赫兹超材料的亚波长谐振单元结构尺寸一般在几十个微米左右，成熟的现代集成电路制造加工技术和光刻技术能够很好地满足太赫兹超材料的加工精度要求。由于太赫兹波也具有类光行为的性质，所以太赫兹超材料的研究，也对光学波段超材料的研究具有指导意义。

图 5-14 给出了超材料在太赫兹吸收器领域的研究现状。

5.2.2 太赫兹超材料的加工

虽然在理论上超材料谐振单元的结构设计直接决定了超材料的电磁响应，但是在实际加工中，还有很多因素可以影响超材料样品的性质。超材料的组成材料一般为金属和介质，虽然它们不直接决定超材料电磁响应，但是却是影响材料能量耗散的重要因素。在超材料的谐振频率上，金属和电介质应当具有良好的导电性和绝缘性，这样才可以保证超材料电磁响应的强度。所以，对于工作于不同频率的超材料，采取适当的加工手段以保证样品的加工精度是必要的，如图 5-15 所示。

现代集成电路加工技术和光刻技术为加工制造平面太赫兹超材料提供了可靠的加工手段，可以很容易地实现在单层绝缘基底材料上沉积金属结构以及加工微米量级的金属单元结构。随着加工技术的进步，不仅可以在常见的绝缘基底材料上（例如高阻硅）加工亚波长谐振单元结构，还可以在弹性透明的超薄树脂膜基底材料上加工形成谐振单元结构。一些半绝缘材料也可以被掺杂在基底的某一区域，通过改变基底材料的性质，从而改变超材料性质。在玻璃平板或 SU-8 抗燃材料上加工金属丝 / 开口谐振环结构的平面超材料已有报道，实验验证了这样的结构同样可以实现负折射率电磁响应。另外，苯并环丁烯（BCB）薄膜也被用来作为基底材料制作太赫兹超材料样品。

虽然现代集成电路加工技术和光刻技术可以满足平面太赫兹超材料的加工需要，但是许多诸如超透镜、隐身斗篷等应用又对三维结构的太赫兹超材料样品的加工提出了新的要求。作为新兴的微加工技术，三维打印（3D Printing）技术可以用来加工柱状结构的负介电常数超材料。同时，斜入射 X 射线光刻技术也被尝试用来加工非平面开口谐振环结构的超材料样品。

图 5-16 给出了典型的柔性超宽带太赫兹波吸收器结构及制造工艺。

110

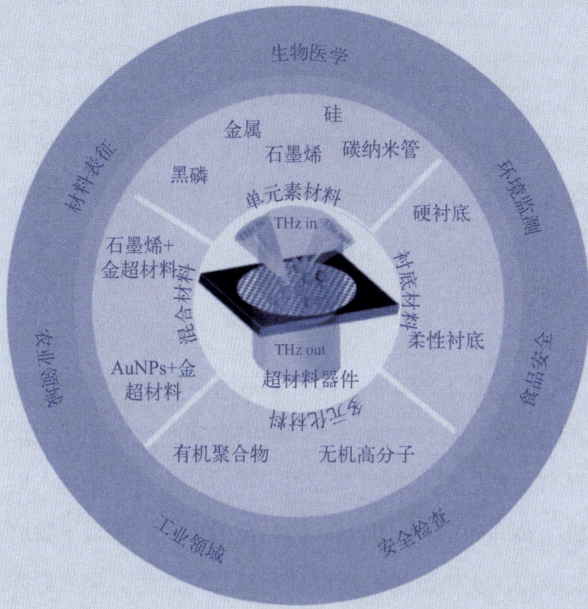

图 5-13 超材料应用

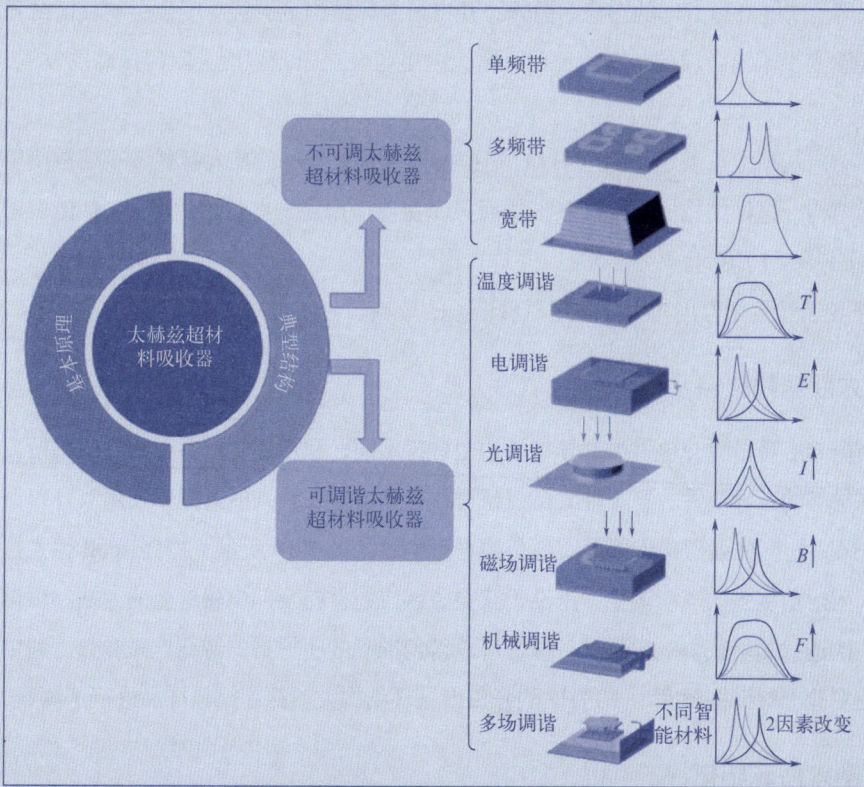

图 5-14 超材料在太赫兹吸收器领域的研究现状

111

5.2.3 被动型太赫兹超材料

太赫兹超材料可以分为被动型和主动型超材料，这取决于电磁特性的可控性，如共振频率、传输或反射中的振幅/相位、吸收或者折射率等。在被动型超材料的情况下，一旦该超材料被制备出来，其电磁特性就不能被外部的刺激所改变。相反，对于主动型超材料，其中通常嵌入各种活性介质，其特性可以通过外部刺激来调整，如光、电磁、热或者机械方法。

5.2.3.1 电响应太赫兹超材料

超材料在太赫兹波段的电响应通常是利用平面开口谐振环及其衍生结构实现的，如图 5-17 所示。对于如图 5-17（a）所示的双开口谐振环结构，其在太赫兹波段的电磁响应与谐振单元形状、尺寸、入射太赫兹波偏振方向以及所用基底材料有关。当太赫兹波偏振方向平行于狭缝入射时，谐振单元中的 LC 振荡和整个单元的偶极振荡同时存在；而当太赫兹波偏振方向垂直于狭缝入射时，LC 振荡消失，而仅剩偶极振荡模式存在。实验证明，谐振单元尺寸的改变会强烈影响超材料的偶极振荡频率，而对于 LC 振荡频率的影响则相对较弱；当使用具有更高的介电常数的基底材料时，则会同时导致 LC 振荡和偶极振荡频率的红移。对于如图 5-17（b）所示的单开口谐振环，其偶极振荡受狭缝开口方向的影响。另外，开口谐振环结构金属层厚度会影响其谐振强度。当金属结构层厚度小于该金属的趋肤深度时，增大的电阻会在一定程度上阻碍振荡的发生，使振荡强度减弱。

在开口谐振环结构基础上发展起来的电子 LC 谐振结构也是另外一种在太赫兹波段经常使用的超材料谐振单元结构，这种结构能够抑制磁谐振而只保留电谐振。一些常用的电子 LC 谐振单元结构如图 5-17（c）～（f）所示。

图 5-18 给出了金属结构层厚度对太赫兹超材料谐振的影响。

5.2.3.2 磁响应太赫兹超材料

与利用电子谐振响应获得负介电常数奇异特性的超材料不同，利用超材料单元结构的磁谐振响应能够实现负磁导率的奇异特性。第一种太赫兹超材料样品就是在斜入射条件下利用双开口谐振环在 1THz 左右频率处产生强烈磁谐振而实现负磁导率的，如图 5-19 所示。T. Driscoll 等人提出了一种利用不同入射角度多次透射测量，来准确获得磁感应超材料全部电磁参数的方法。根据菲涅耳模型，对多次透射测量获得的数据进行拟合可以得到准确的超材料的特征电磁参数。利用这种方法，他们在实验上对谐振频率为 1.1THz 的开口谐振环结构太赫兹超材料样品进行了测量。

5.2.3.3 负折射率太赫兹超材料

将电响应和磁响应太赫兹超材料结构相结合，就可以获得负折射率性质的太赫兹超材料。除

112

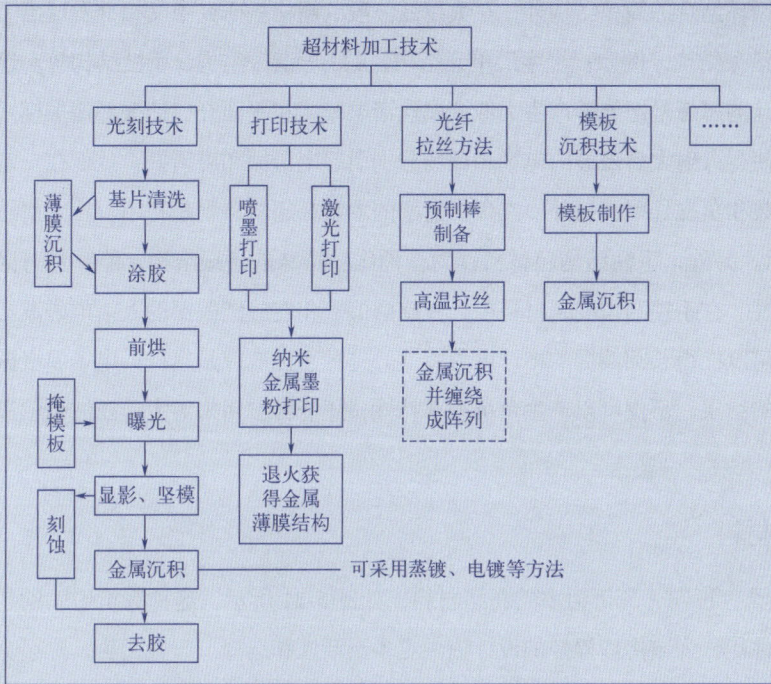

图 5-15 太赫兹波段超材料的加工技术

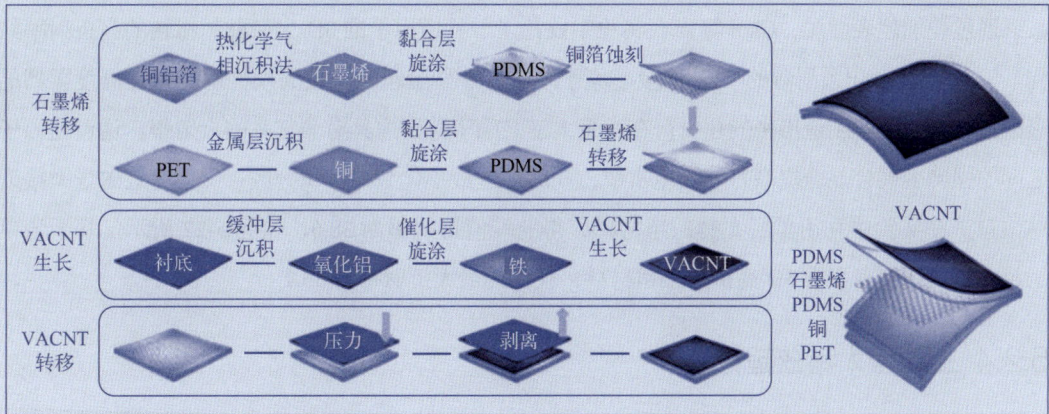

图 5-16 柔性超宽带太赫兹波吸收器结构及制造工艺

VACNT—垂直定向排列碳纳米管阵列；PDMS—聚二甲基硅氧烷；PET—聚对苯二甲酸乙二酯

了最初设计的金属丝与谐振环结合的简单结构外，在太赫兹波段的超材料研究中又相继发展出了一系列可实现负折射率的谐振结构，例如：十字形单元结构、S线形谐振结构、手性结构等。这些超材料谐振单元结构设计的思想是把能够产生类似金属丝谐振模式和平面开口谐振环谐振模式的谐振单元融合为一体，使得入射太赫兹波的电场和磁场分别引起电谐振和磁谐振，从而在一定频率范围内实现负介电常数和负磁导率。另外一类负折射率的太赫兹超材料则是利用多层金属结构实现的，如图5-20所示。另外，手性结构超材料作为一种比较特殊的谐振结构，能够具有区别于其他超材料结构的特性。在手性结构的超材料中，左旋圆偏振和右旋圆偏振的入射电磁波会产生不同的相速度，甚至可以使得某圆偏振的相速度为负值。这种手性效应是超材料电子偶极振荡和磁偶极振荡相互作用的结果，不仅可以产生负折射率特性，还能够被用来对太赫兹波相位进行调制。

5.2.3.4 超高折射率超材料

研究方向致力于开发具有正向、高折射率的新型材料，如图5-21所示。这种高折射率的超材料具有更好的光线折射性能，为波传播操控的设计提供更多灵活性和选择。一般而言，除了少数半导体和绝缘体之外，自然存在的介电材料的正折射率相对较小。这一研究方向旨在拓展超材料领域，为光学设计和波动控制领域带来新的可能性。

通过叠加超表面层，Choi等人在实验中设计了一种适用于准3D太赫兹超材料的高折射率结构[5]。每一层由一系列薄的"I"形金超原子组成，这些金超原子被周期性地排列在高度柔韧的聚酰亚胺基底上。制造出来的超材料在宽带太赫兹频率范围内具有非常高的折射率。通过超原子之间的强电容耦合显著提高有效介电常数，同时通过最小化金属体积分数，保持有效磁导率接近单位量。在实验中利用单层太赫兹超材料获得的峰值折射率为38.6，如图5-22所示。基于该单层超材料，还制备了准3D高折射率超材料，获得的最大折射率为33.2。

5.2.4 主动型太赫兹超材料

对电磁波的主动控制是现代电子学和光子学的核心。在过去的几年中，主动型太赫兹超材料对太赫兹波的操纵得到了深入的研究。尽管大多数的天然材料对太赫兹波的响应非常弱，但通过设计的超材料与主动活性天然材料相结合，由于其强烈的电磁共振，能够有效地控制太赫兹波。主动型太赫兹超材料的重要性在太赫兹科学和技术领域得到了广泛研究，可利用主动型太赫兹超材料设计高效的太赫兹元件，包括开关、滤波和调制器等。

根据用于调节电磁特性的方法，主动超材料可以分为以下几类：机械可重构超材料、基于电光媒质的混合结构可调超材料、相变超材料、非线性及超快全光可调超材料、光机械超材料及二维材料可调超材料。

114

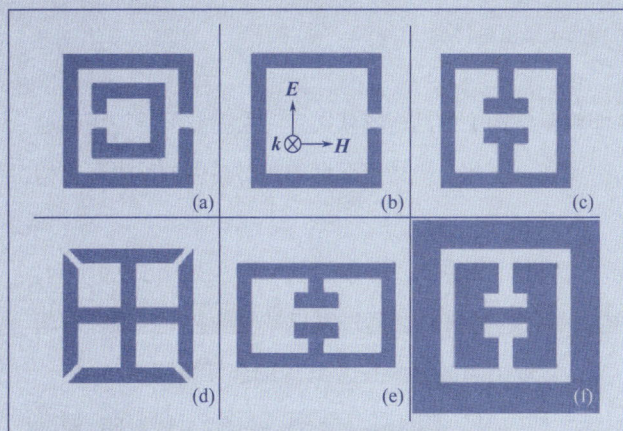

图 5-17　典型开口谐振环结构及其衍生结构

[图（d）中的四开口电子 LC 谐振结构可以实现超材料的电谐振不受入射太赫兹波偏振方向的影响。实验表明，结构中心狭缝电容结构的数量、宽度，以及结构的金属线宽都对 LC 振荡有强烈的影响；而改变结构外框形状，如图（e）所示，则只会强烈影响超材料的偶极振荡频率。而对如图（f）所示的电子 LC 振荡结构的互补结构进行的测量发现，其透射谱与相同尺寸的电子 LC 振荡结构也存在互补关系，即互补结构的透射峰值正好与原始结构的透射谱最小值对应]

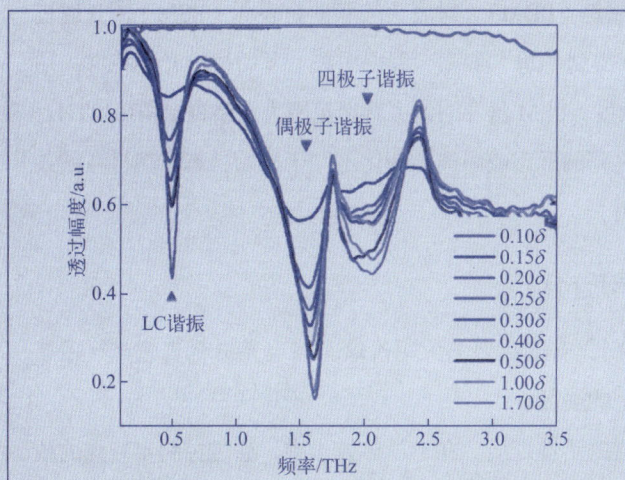

图 5-18　金属结构层厚度对太赫兹超材料谐振的影响

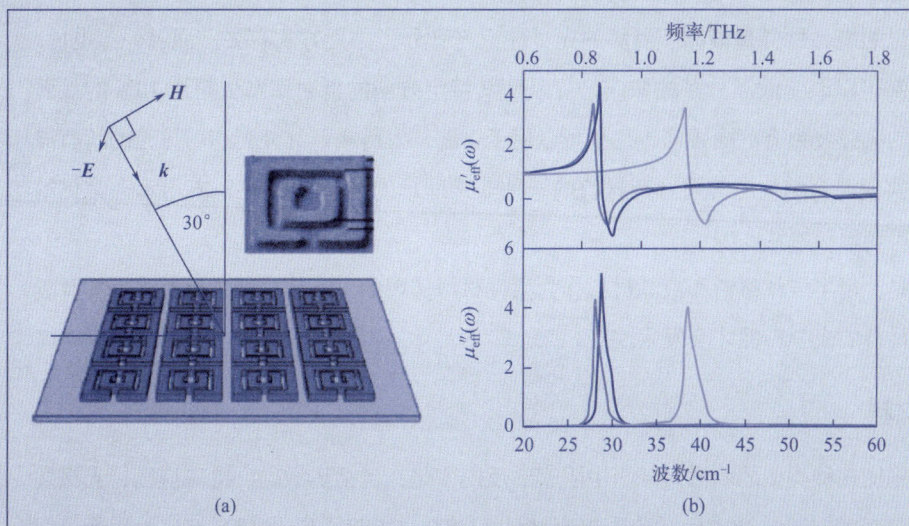

图 5-19　磁响应双开口谐振环结构示意图及其复磁导率随波长的变化曲线

（对于磁响应太赫兹超材料而言，要想获得材料的介电常数、磁导率的实部和虚部，就需要同时进行透射和反射测量，这对于只能进行透射或反射测量的单一模式的太赫兹时域光谱系统来说是比较困难的）

115

5.2.4.1 机械可重构超材料

超材料的电磁响应主要由基本构建块（即单元结构）的结构形状决定。太赫兹波调控可以通过直接调整结构形状或者通过排列单元结构来实现。因此，机械可调谐的超材料也被称为可重构超材料。

微机电系统（MEMS）技术为机械可重构超材料提供了一个理想的平台。如图 5-23 所示，研究人员制作出了基于 MEMS 工艺的可重构太赫兹超材料[6]。通过微机械驱动装置连续控制超材料结构单元中两个非对称开裂环之间的距离，实现了共振频率高达 31% 的连续调制。

基于可伸展柔性基底的可重构超材料也是一种简单有效的调控手段。如图 5-24 所示，研究人员设计了一种可制备在柔性聚二甲基硅氧烷（PDMS）衬底上的双曲超表面（PSM）[7]。通过沿不同方向拉伸基于 PDMS 的 PSM 器件，得到了超窄带宽、偏振相关、可切换的光学特性。通过在 TE 和 TM 模式下拉伸 PSM 的宽度和长度，PSM 器件的谐振调谐范围为 0.55THz 和 0.32THz。柔性和可拉伸基底的伸展使得相邻超原子之间的形态或距离的变化不同于初始状态，超材料的共振发生了位移，可用于遥感应变传感的应用。

5.2.4.2 基于电光媒质的混合结构可调超材料

利用电信号实现对太赫兹波的动态调制具有很重要的应用价值。将电光材料与超材料相结合，为电可调超材料的实现提供了一个很好的途径。

半导体材料是最早用于实现可调超材料的活性媒质。在半导体技术中，通过控制半导体的载流子浓度，可以控制半导体的电子学性能。同样的方式也可以用来改变其电磁波和光学特性。如图 5-25 所示为常见的几种基于半导体的可调超材料[6]。

另外一种常见的电光材料是液晶。液晶的光学性质与其分子排列方式有关。通过外部电压、磁场或者温度控制可以改变液晶分子的取向，可以使其特定方向的折射率发生超过 10% 的显著变化。液晶适应的电磁波频谱范围极广，几乎可以用于微波、太赫兹、红外光和可见光的所有波段，因此液晶是实现混合结构电光可调超材料的一种非常理想的材料。如图 5-26 所示为常见的几种基于液晶的可调超材料[6]。

需要注意的是，用半导体材料和液晶材料作为活性材料实现的可调超材料，只有当外加调制信号存在时，超材料的光学特性才会发生改变。

5.2.4.3 相变材料

相变材料在施加几种类型的刺激时经历电阻率的反向变化，包括热激励、电磁激励、光激发以及机械应变等。相变材料，通常包括硫系相变材料（GST、GSST）以及 VO_2 被广泛用于可调超材料中。由于它们在非晶态和晶体态之间的显著折射率对比，这些材料为构建外部激励可调谐

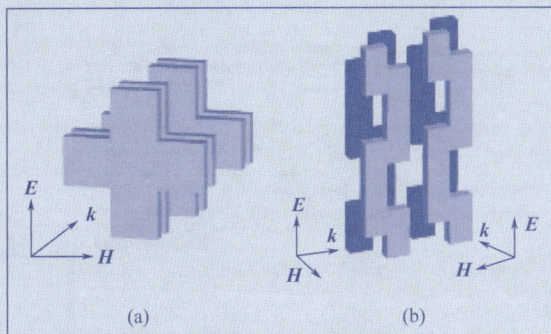

图 5-20　双金属层太赫兹负折射率超材料结构
　　　　示意图

[每一个单独金属十字结构能够提供实现负介电常数所需的电子偶极振荡，同时上下两层金属十字对一起代替一个开口谐振环结构提供实现负磁导率所需的磁偶极振荡。图（b）中，S形的谐振单元能够在如图所示的两种入射太赫兹波偏振方向下提供反相平行的感应电流或磁感应谐振]

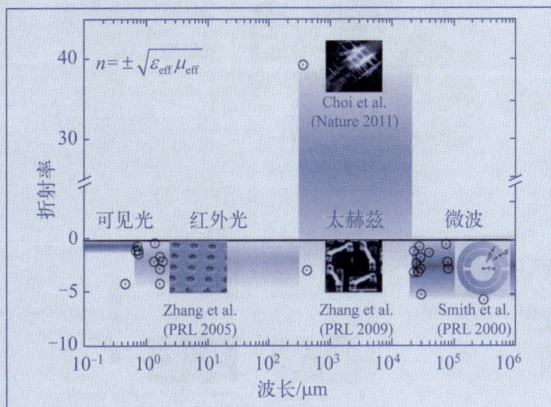

图 5-21　超材料在不同频率下的折射率

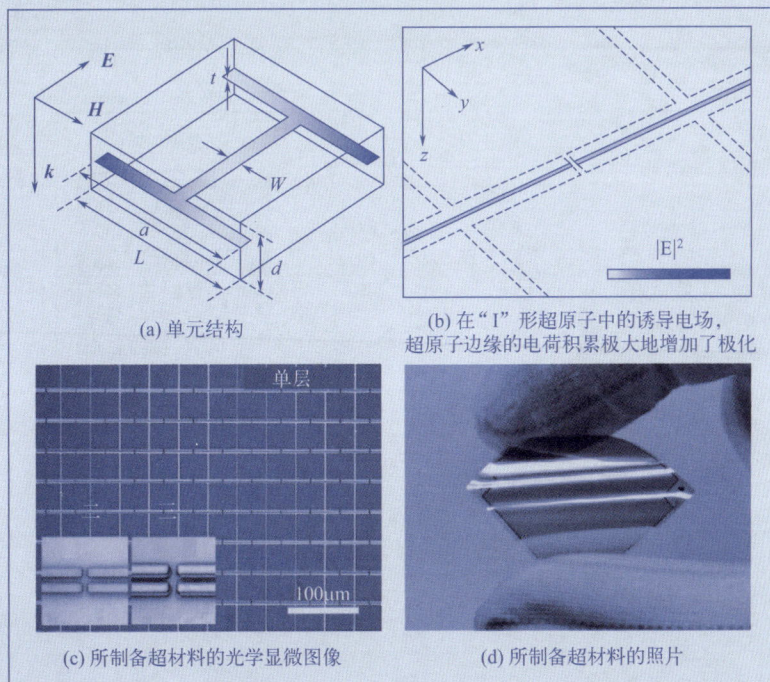

(a) 单元结构　　　　　　(b) 在"I"形超原子中的诱导电场，
　　　　　　　　　　　　　超原子边缘的电荷积累极大地增加了极化

(c) 所制备超材料的光学显微图像　　(d) 所制备超材料的照片

图 5-22　高折射率太赫兹超材料

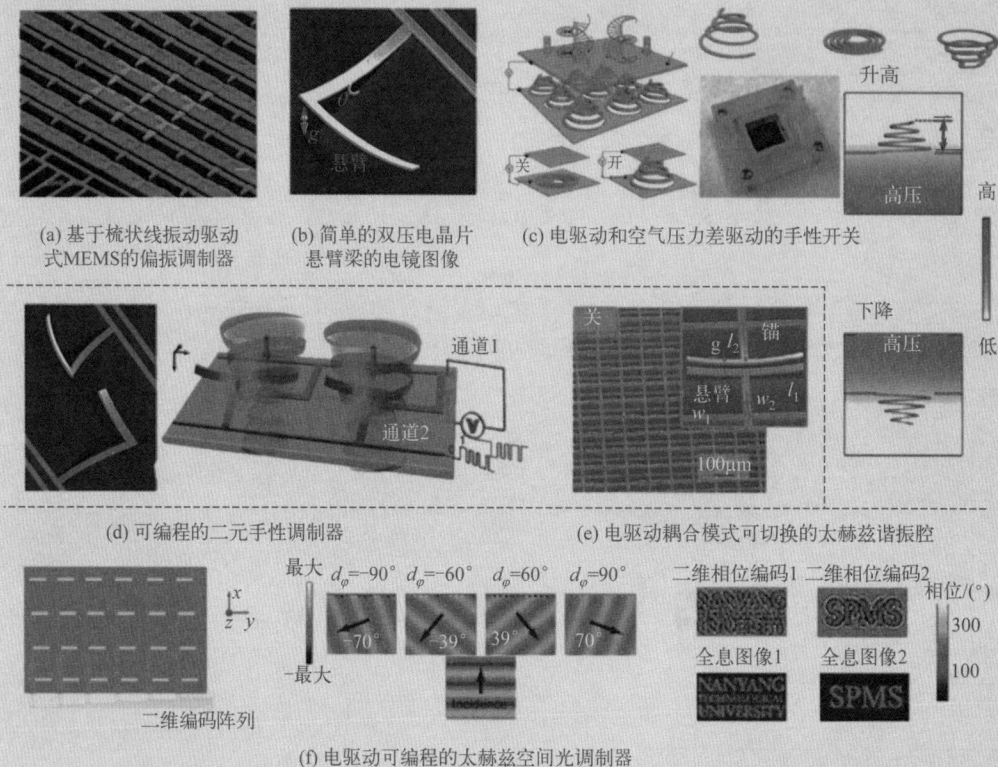

(a) 基于梳状线振动驱动式MEMS的偏振调制器

(b) 简单的双压电晶片悬臂梁的电镜图像

(c) 电驱动和空气压力差驱动的手性开关

(d) 可编程的二元手性调制器

(e) 电驱动耦合模式可切换的太赫兹谐振腔

(f) 电驱动可编程的太赫兹空间光调制器

图 5-23　基于 MEMS 的可重构太赫兹超材料

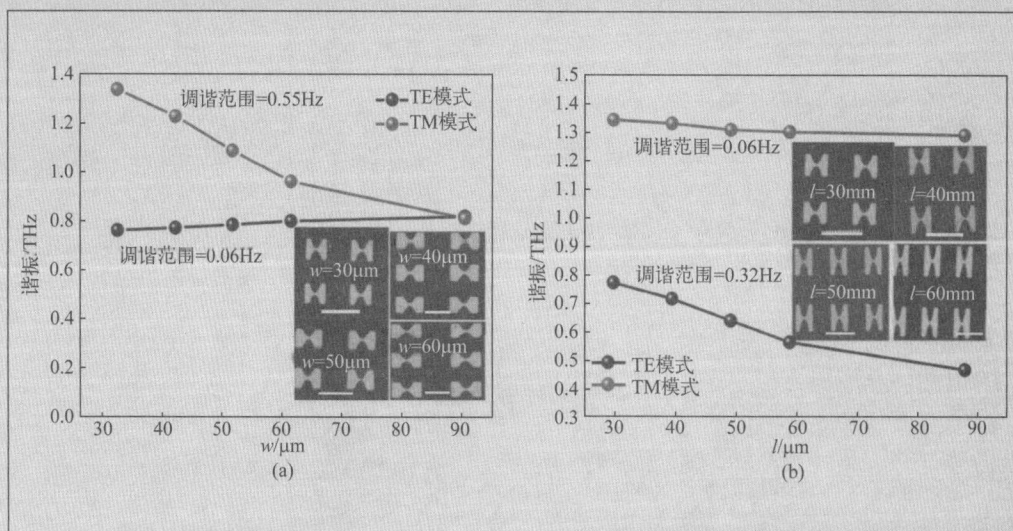

图 5-24　基于 PDMS 材料的可伸展超材料实验结果图

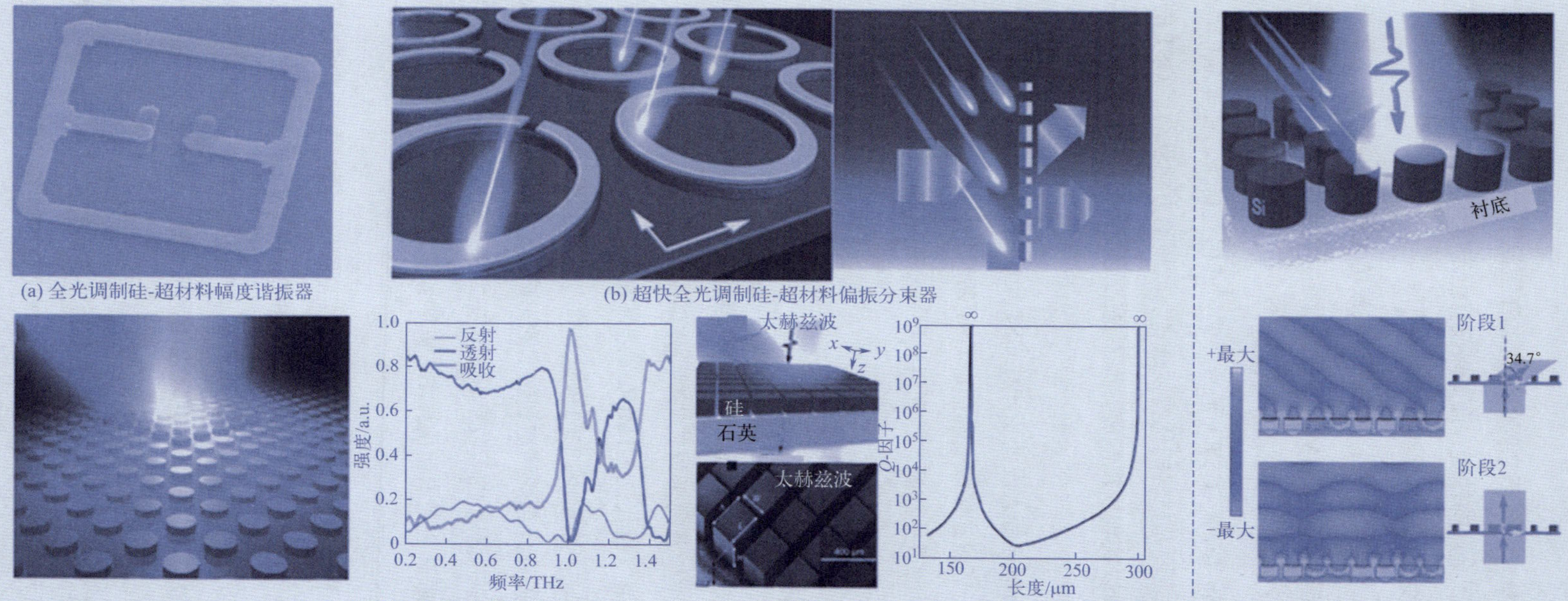

(a) 全光调制硅-超材料幅度谐振器

(b) 超快全光调制硅-超材料偏振分束器

(c) 介质超材料吸收体的全光调制

(d) 采用介质超材料激发高品质因数的连续态内的束缚态模式并实现全光调控

(e) 惠更斯介质超材料全光动态角度切换

图 5-25　基于半导体的可调超材料

的超材料提供了重要平台。

VO$_2$加热时可以产生绝缘 - 金属态之间的相变，在室温下具有类似半导体的性能，在大于68℃的温度下经历了绝缘体到金属的转变，而如果没有恒定的热源，其晶体状态无法保持。VO$_2$的低转变温度和挥发性特性使其在电调节相态中成为可能。

如图 5-27 所示，研究人员通过在由非对称法诺共振单元组成的超表面上沉积高质量的 VO$_2$薄膜来构建 VO$_2$- 金属混合超表面，基于 VO$_2$ 薄膜绝缘态 - 金属过渡过程中的介电常数和电导率变化，实现对传输太赫兹波的灵活的频率和幅度调制[8]。

硫系化合物（比如 Ge-Sb-Te，即 GST）是一种典型的相变材料，在非晶和晶体相中具有显著不同的光学特性，是实现可调超材料的优秀候选者。成核动力学驱动了 GST 的相变，通过连续调制 GST 的结晶部分，可以实现模拟响应，而不是二元转变相。这种模拟状态是不容易改变的，可以在室温下保持。

南洋理工大学的 P. Pitchappa 等人设计了一种 GST 集成的共振超材料设备用于太赫兹波的多维控制[9]。如图 5-28 所示，通过连续改变非晶态 GST 薄膜的晶体比例来控制太赫兹电导率，从而实现多能级态。基于 GST 薄膜的结晶态，利用光激励实现了 Fano 谐振非挥发态的超快易失性转换。

5.2.4.4 二维材料可调超材料

二维材料因其非常规特性而成为实现太赫兹调制器的一种有趣的功能材料，例如带隙的层数依赖性、化学掺杂、大迁移率以及易于与其他半导体集成，例如 Si 或 Ge。

MoS$_2$ 或 WS$_2$ 等过渡金属二卤代物（TMDC）通常在可见光 / 紫外范围内具有带隙，而单层石墨烯是无带隙的，在可见光范围内的带间吸收率约为 2.3%，在近红外到中红外频率范围内，石墨烯中的电子在能带之间的跃迁会受到泡利阻塞的影响。泡利阻塞是一种量子效应，限制了电子跃迁的可能性，因此在这些频率下的吸收率较低。在太赫兹频段，石墨烯中的自由载流子（即自由运动的电子和空穴）能够在能带内自由移动，并吸收更多的能量。因此，太赫兹波段下石墨烯的吸收率会增加。

带间和带内跃迁使得石墨烯在中红外和太赫兹工作范围内，通过电场调控在不同费米能级下具有可调的光学电导率。除了高载流子迁移率［200 000cm^2/（V·s）］，即使在电刺激下，石墨烯也可被视为超快超表面的活性材料。如图 5-29 所示是一种石墨烯超表面器件和测量结果[10]。

二维 TMDC 中的屏蔽效应降低，从而在室温下形成激子。这种激子共振导致原子薄层的 TMDC 表现出强烈的吸收（> 10%），并且可以通过电场进行调控。在这种机制下，超薄的 WS$_2$ 区域平板透镜可以实现超过 30% 的调制深度。这个新兴的研究领域显示出将二维材料整合到超表面中以提高调谐性能的潜力。溶液处理的金属卤化物化合物和拓扑绝缘体具有超快载流子动力

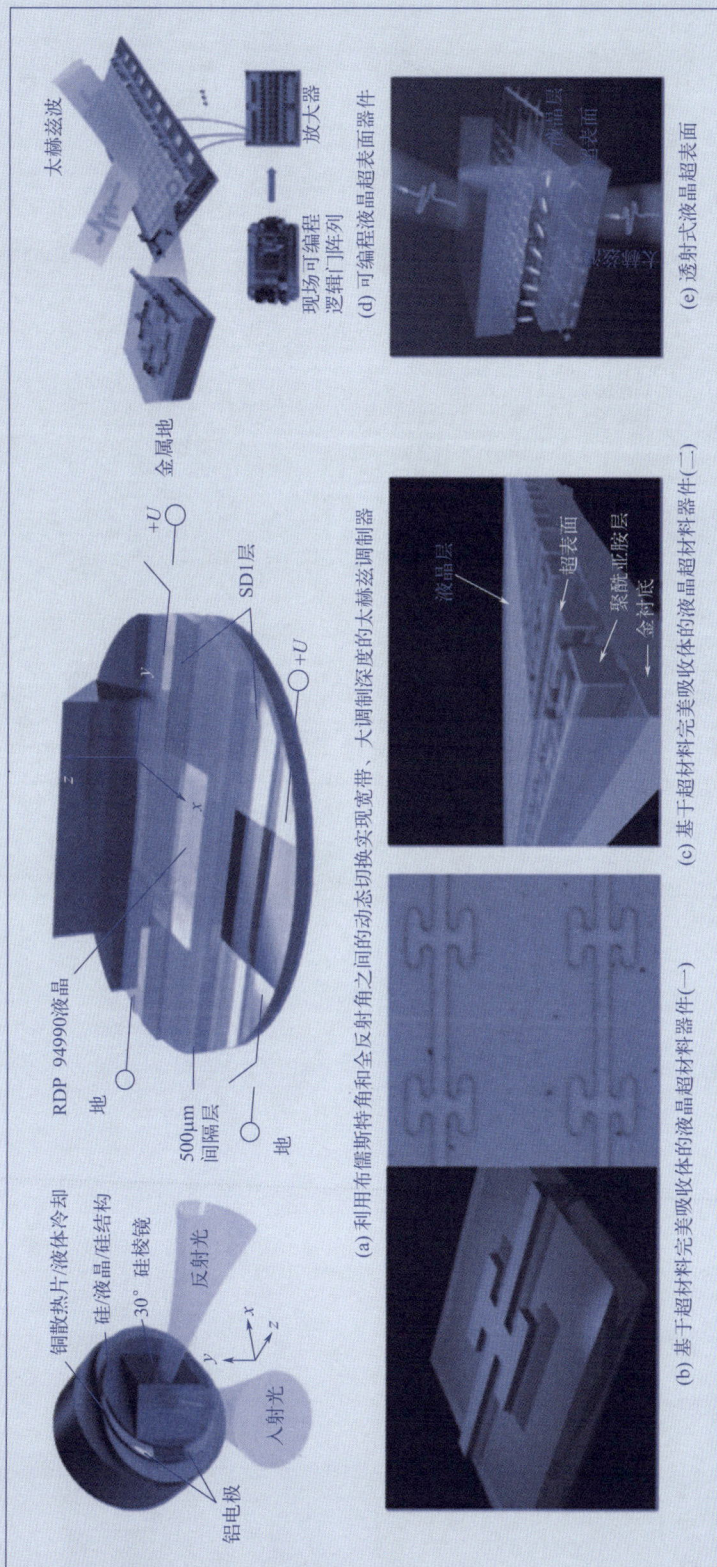

（a）利用布儒斯特角和全反射角之间的动态切换实现宽带、大调制深度的太赫兹调制器

（b）基于超材料完美吸收体的液晶超材料器件（一）

（c）基于超材料完美吸收体的液晶超材料器件（二）

（d）可编程液晶超表面器件

（e）透射式液晶超表面

图5-26　基于液晶的可调超材料

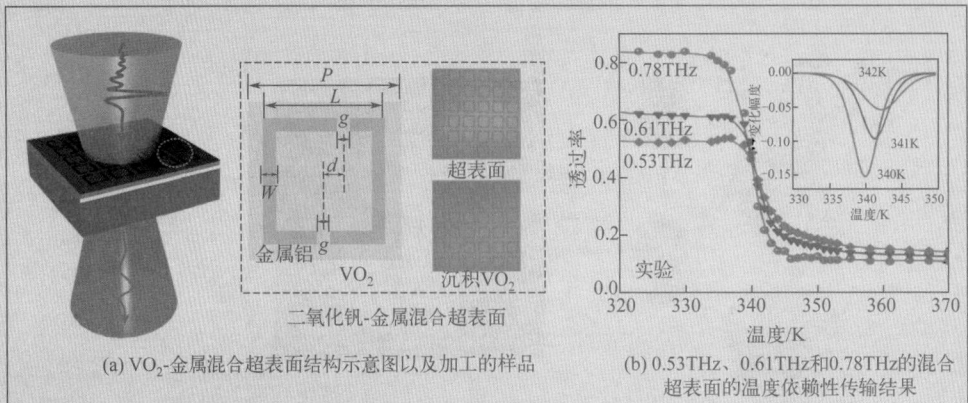

(a) VO₂-金属混合超表面结构示意图以及加工的样品   (b) 0.53THz、0.61THz和0.78THz的混合超表面的温度依赖性传输结果

图 5-27 VO₂- 金属混合超表面

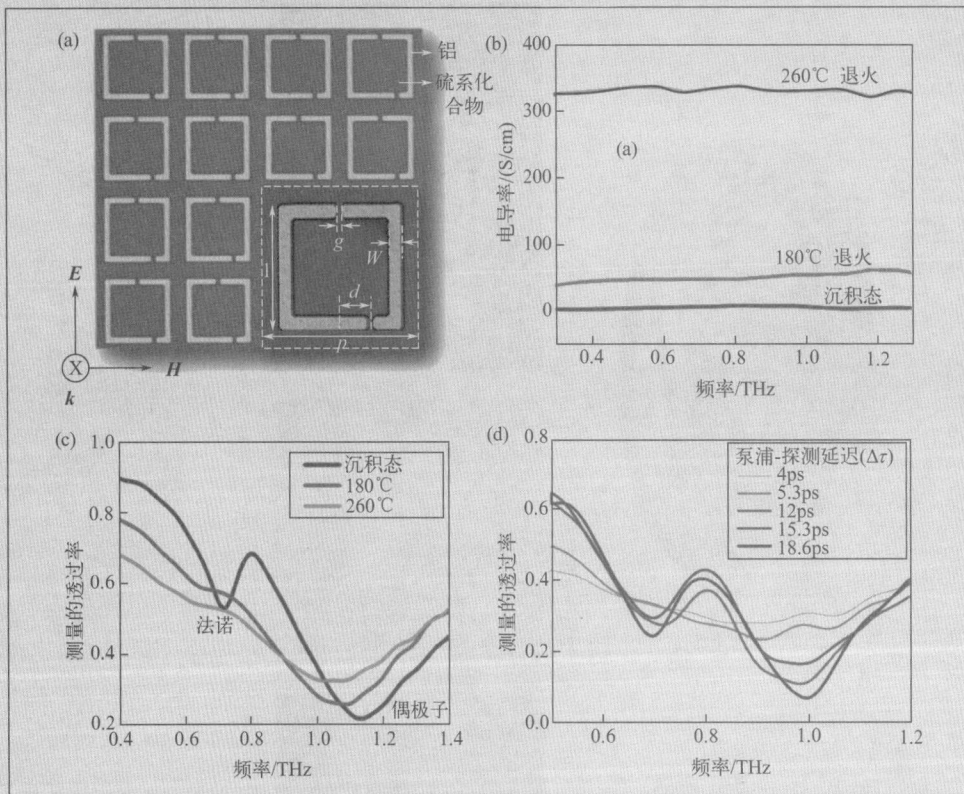

图 5-28 GST 集成的共振超材料

[图（a）为加工制备的 GST 法诺超材料。在石英衬底上设置一层 GST 薄膜，然后加工铝非对称开口谐振方环。图（b）为提取的沉积态、180℃和260℃退火后的 GST 薄膜的太赫兹电导率。图（c）为测量的不同条件下的太赫兹响应。沉积的条件下激发法诺和偶极共振；在180℃退火 60min，法诺共振被完全调制，具有明显的偶极共振调制；在260℃退火 60min，观察到更强的偶极共振调制。如图（d）所示，在光泵浦通量为636.6μm/cm² 时，通过不同泵浦 - 探针延迟时间沉积的超材料器件的太赫兹传输响应观察到超快共振恢复]

122

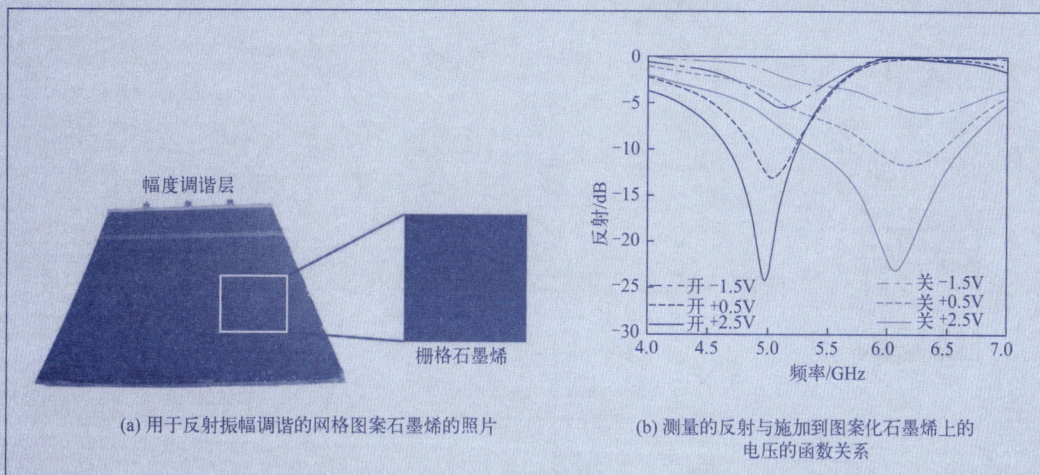

（a）用于反射振幅调谐的网格图案石墨烯的照片

（b）测量的反射与施加到图案化石墨烯上的
电压的函数关系

图 5-29 基于图案化石墨烯超表面的可调吸收器

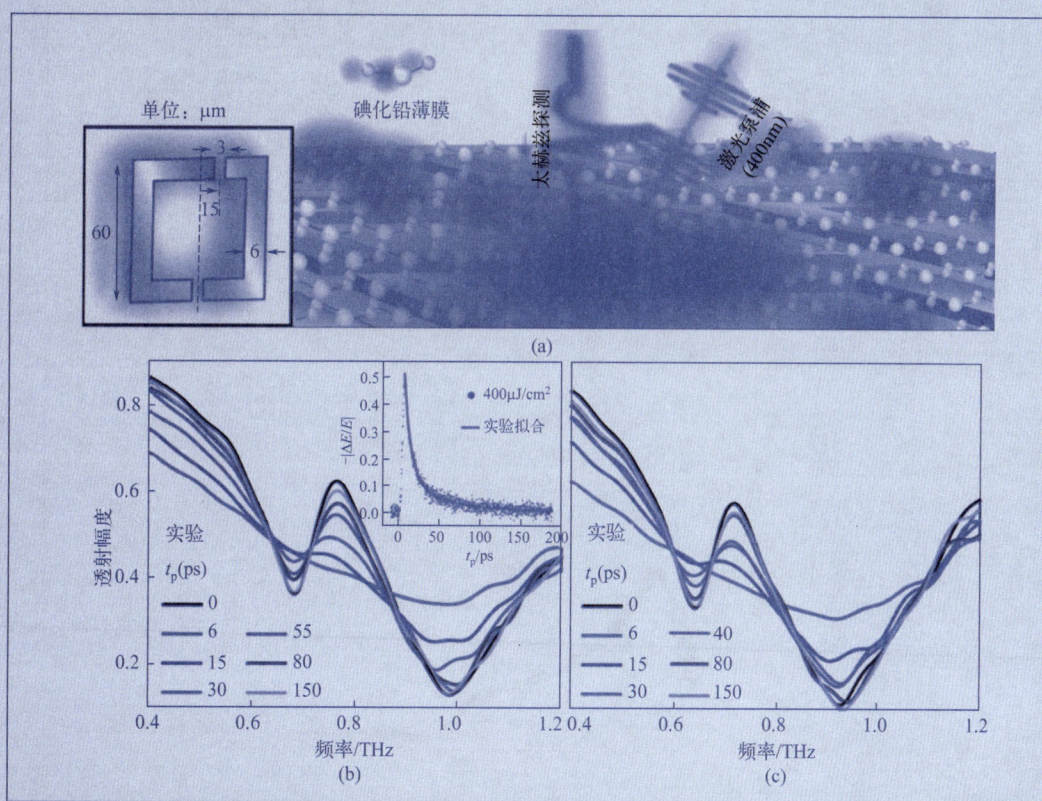

图 5-30 基于溶液处理的碘化铅中的光载流子激发的超快全光切换太赫兹超表面

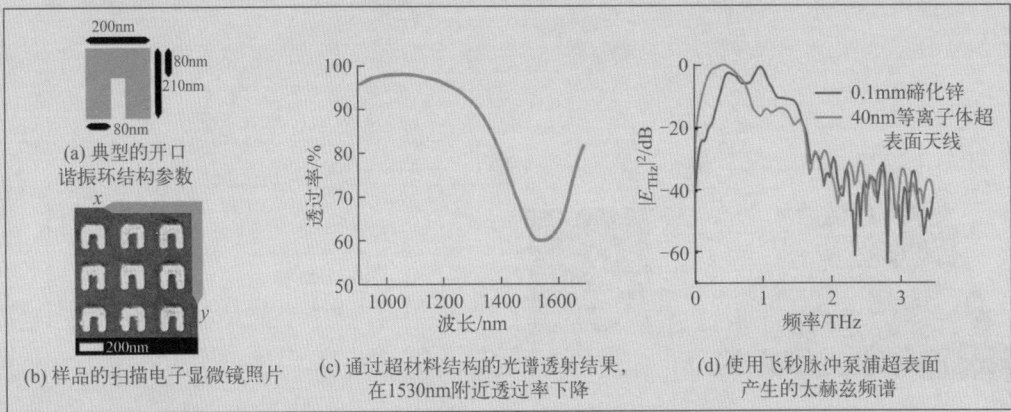

图5-31 金属非线性超表面产生宽带太赫兹脉冲

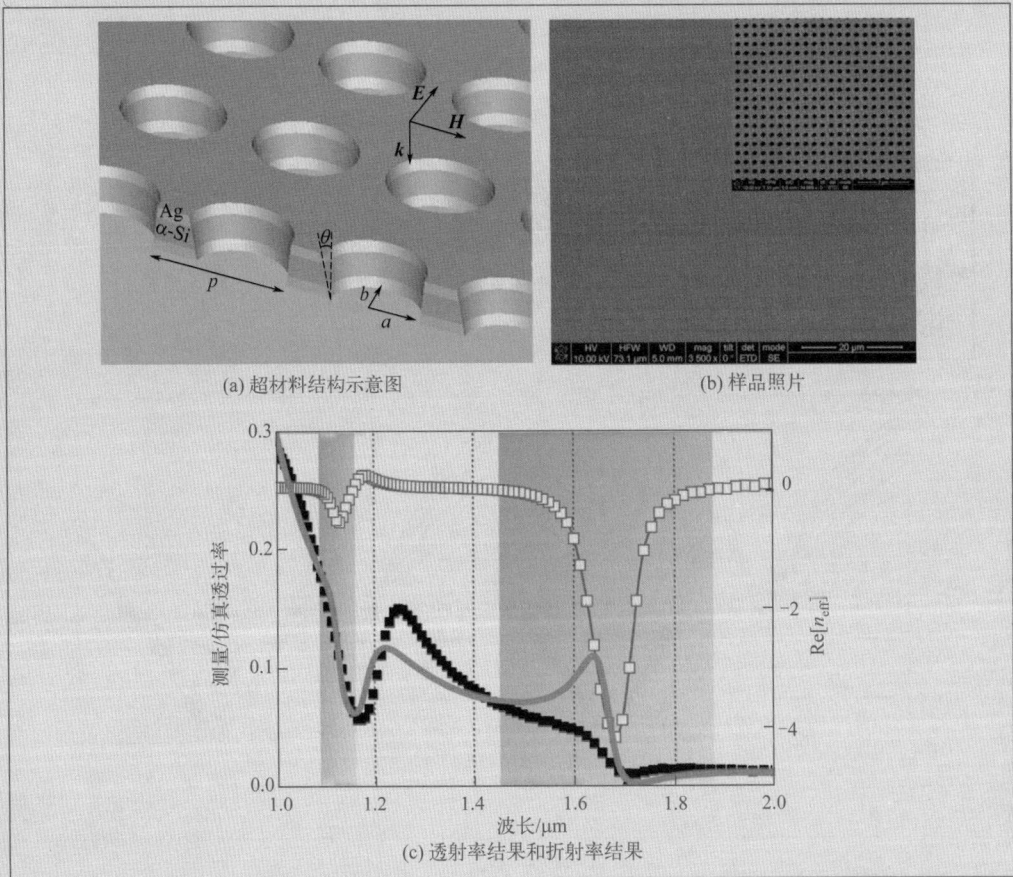

图5-32 混合结构全光可调光学超材料

学和敏感的光响应特性。图 5-30 展示了经溶液加工得到的碘化铅（PbI$_2$）的超快光载流子动态以及泵浦光强相关的光电导率，成功实现了小于 150ps 的调谐时间[11]。

5.2.4.5 非线性可调超材料

传统光学材料的非线性效应往往较低，因此需要的泵浦光强度较高，并且需要较厚的非线性材料来增大作用距离。超材料 / 超表面能够有效增强光与物质的相互作用，在较低光学强度下实现非线性光学调制。

非线性光学超材料主要分为两种类型。一种是利用制作超材料的物质，通常为金、银、铝等金属本身的光学非线性。这些金属材料可以支持表面等离子体激元，被加工成纳米结构光学超表面后，在光场作用下，会激发表面等离子体激元共振，使得局部光场强度增强，在相对较弱的光强下能够产生显著的非线性效应。利用太赫兹等离子体纳米结构的光学非线性实现了皮秒量级的传输和偏振态的全光转换。如图 5-31 所示，研究人员利用飞秒脉冲激光泵浦金属非线性超表面，获得了宽带太赫兹波的产生[12]。

第二种是混合结构全光可调光学超材料。将具有超快光学可调特性的材料与光学超材料相结合，形成的混合结构能够实现更强的超快光学反应。如图 5-32 所示，在两层金属中间插入纳米厚度的非定形硅，利用硅的光激发载流子效应，可以改变硅的光学折射率[13]。超材料一方面能够增强硅对激光的吸收，增强光生载流子效应；另一方面，硅的折射率变化会导致超材料共振光谱的变化。类似地，氧化铟锡、碳纳米管及石墨烯等材料都可以用于制造超快全光可调超材料。

5.3 可调谐超表面背后的物理机制

图 5-33 给出了可调超表面的调谐机制，包括 Mie 谐振、多极子分解、连续体中的束缚态（BIC）、anapole 和电磁诱导透明（EIT）[14]。

米氏谐振（Mie Resonances）：当光与高折射率球形纳米颗粒相互作用，且颗粒尺寸适中，与入射波长相当时，从这些纳米颗粒散射的光场可以通过数学方法解析，即为米氏（Mie）散射，如图 5-34 所示。具有 Mie 谐振的高折射率纳米结构通常被称为介质纳米天线，而典型的介质材料包括硅（Si）、二氧化钛（TiO$_2$）、磷化镓（GaP）、氮化镓（GaN）、砷化镓（GaAs）等。此外，Mie 谐振已被广泛研究，实现了各种应用，如结构色、光学全息图、场增强、定向工程和谐波产生等。

在超材料中，通常通过精密设计和排列微观结构来调制光的传播和散射行为。超材料米氏散射通常涉及微小的子波长结构，这些结构可以引导、扩展或局部放大光的电磁场。通过调整这些结构的几何参数、材料特性和排列方式，可以实现对光的高度定制化控制，包括颜色、方向性、放大等。超材料米氏散射在光学、纳米技术和元器件设计中具有重要的应用潜力，可以用于制造更小、更灵活、更高效的光学器件，如透镜、滤波器、激光源等。

多极子分解方法：为了分析与验证谐振产生的机理，除了观察超材料电磁场分布之外，定量分析每种偶极子的散射功率也是至关重要的一种方法。作为物理学理论的核心，由麦克斯韦和洛伦兹提出后被杰克逊与利夫希兹等人进一步解释的多极展开理论已经被广泛地应用于核物理、固体物理、凝聚态物理、光物理等诸多领域中。在电磁学领域中，多极展开同样拥有广泛的应用。图 5-35 给出了电多极子、磁多极子、磁环多极子以及电环多极子家族的对比图。第一列为电多极子家族，从上至下依次为电偶极子 P、电四偶极子 Q^E 和电八偶极子 O^E。第二列为磁多极子家族，从上至下依次为磁偶极子 M、磁四偶极子 Q^M 和磁八偶极子 O^M。第三列是磁环多极子家族，从上至下依次为磁环偶极子 T，磁四环偶极子 Q^T 和磁八环偶极子 O^T。第四列是电环多极子家族，从上至下依次为电环偶极子 G，电四环偶极子 Q^G 和电八环偶极子 O^G。第五列是偶极子、四偶极子和八偶极子的辐射模式图。

为了计算各种多极子的散射能量，给出了电流密度 J 在不同情况下的计算方法。

在金属超材料中，传导电流密度可以利用电荷密度 ρ 来表示：

$$i\omega\rho(r) + \operatorname{div} J(r) = 0 \tag{5-5}$$

在介质超材料中，因为介质内部不是传导电流而是位移电流，故需要将位移电流密度与外加电场和结构参数共同结合建立以下关系：

$$J = i\omega\varepsilon_0(\varepsilon_r - 1)E \tag{5-6}$$

式中，ε_0 为环境的相对介电常数；ε_r 为超材料的相对介电常数。

可以利用传导电流密度或者位移电流密度以及超材料的空间位置参数，使用公式计算得到各个多极子的极矩表达式，如图 5-36 所示。

BIC：在量子力学中，束缚态通常是指电子能量由于小于势阱的壁垒 [图 5-37（a），$E < 0$]，使其被约束在势阱中而形成的一种离散态，其波函数在无限远处概率为 0。当电子拥有足够大的逃逸能量时 [图 5-37（a），$E > 0$]，其能量就会向外耦合，波函数辐射到无穷远形成扩展波。在 1929 年，von Neumann 和 Wigner 提出如图 5-37（b）所示的情况，在一个三维势阱中，电子的波函数可以向势阱外扩展，但电子的能量却不会衰减，反而以束缚态的形式存在于扩展区，就是人们所说的连续域束缚态（Bound States In the Continuum，BIC）。这种电子 BIC 属于一种纯人工构建的本征态，且这种束缚性容易受到空间扰动的影响，因此很难在实验中实现。

如图 5-38 所示，扩展态（蓝色）存在于连续谱内，此外则是无辐射通道的常规束缚态（绿色），其空间定位受限于势（黑色虚线），常规束缚态对应于色散关系中低于光线（在色散曲线中

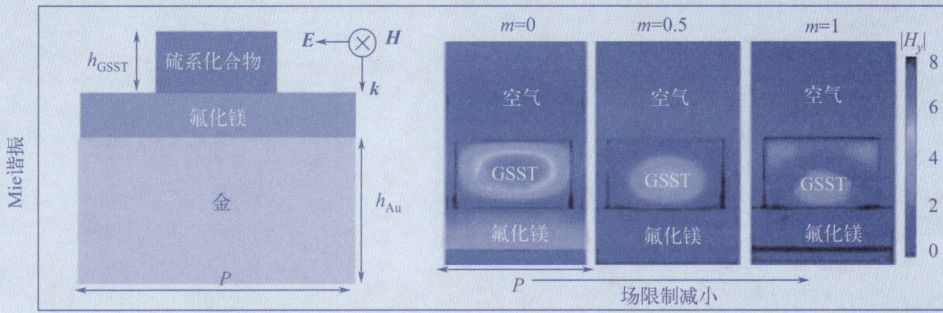

(a) Mie共振

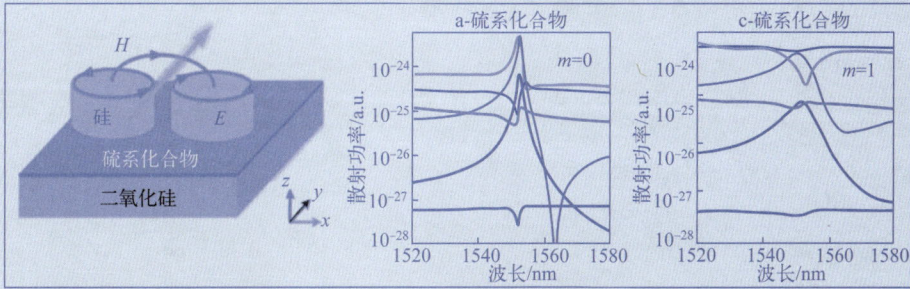

(b) 多极子分解

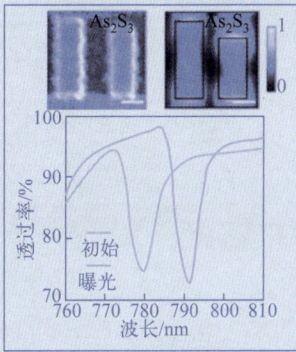

(c) 连续体束缚态

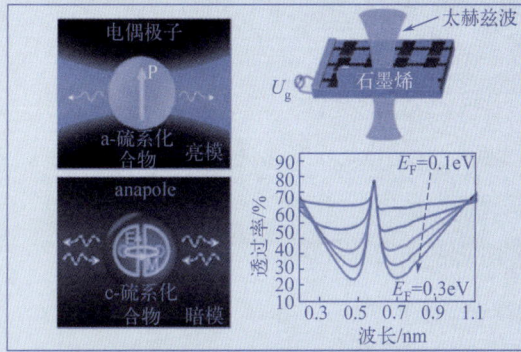

(d) anapole和电磁诱导透明

图5-33 可调超表面的调谐机制

GSST—硫系化合物

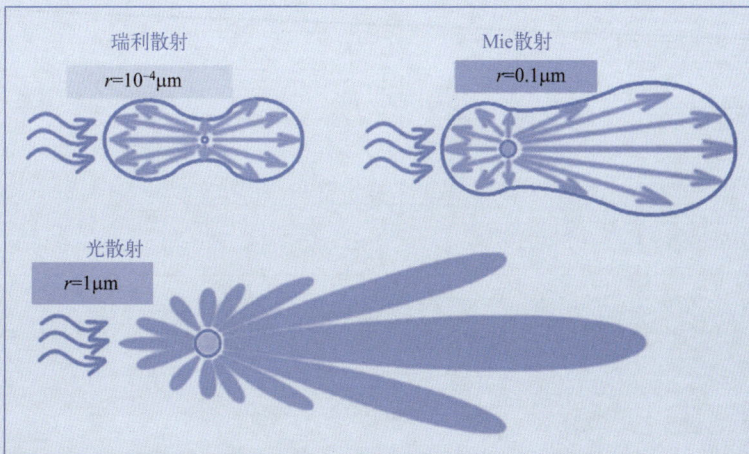

图5-34 几种典型散射

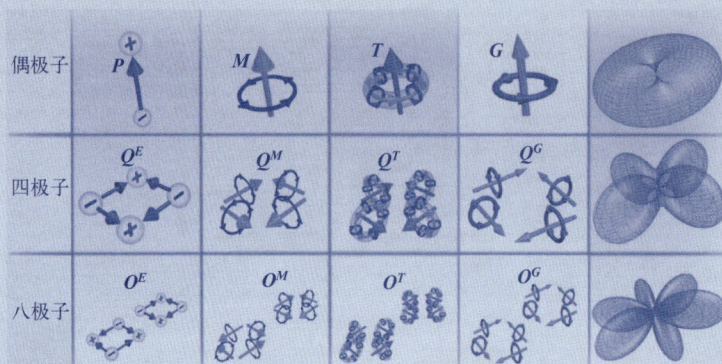

图 5-35 电多极、磁多极以及电\磁环多极对比图

$$P_\alpha = \frac{1}{\mathrm{i}\omega}\int J_\alpha \mathrm{d}^3 r$$
电偶极矩：

$$M_\alpha = \frac{1}{2c}\int (r \times J)_\alpha \mathrm{d}^3 r$$
磁偶极矩：

$$QE_{\alpha\beta} = \frac{1}{2\mathrm{i}\omega}\int [(r_\alpha J_\beta + r_\beta J_\alpha) - \frac{2}{3}(rJ)\delta_{\alpha\beta}]\mathrm{d}^3 r$$
电四偶极矩：

$$QM_{\alpha\beta} = \frac{1}{3c}\int [r \times J]_\alpha r_\beta + (r \times J)_\beta r_\alpha]\mathrm{d}^3 r$$
磁四偶极矩：

$$G_\alpha = \frac{\mathrm{i}\omega}{20c^2}\int [r^2(r \times J)_\alpha]\mathrm{d}^3 r$$
电环偶极矩：

$$T_\alpha = \frac{1}{10c}\int [(rJ)r_\alpha + 2r^2 J_\alpha]\mathrm{d}^3 r$$
磁环偶极矩：

$\delta_{\alpha\beta}$ 为狄拉克函数；α、β 可取 x、y、z

图 5-36 多极子计算公式

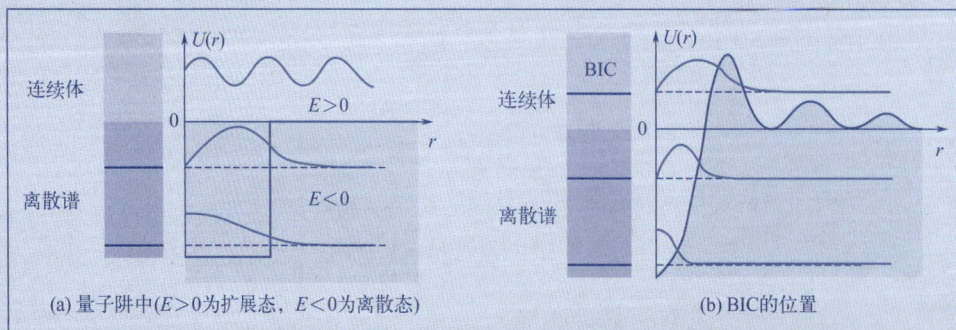

(a) 量子阱中($E>0$为扩展态，$E<0$为离散态)

(b) BIC的位置

图 5-37 量子阱中的扩展态和束缚态

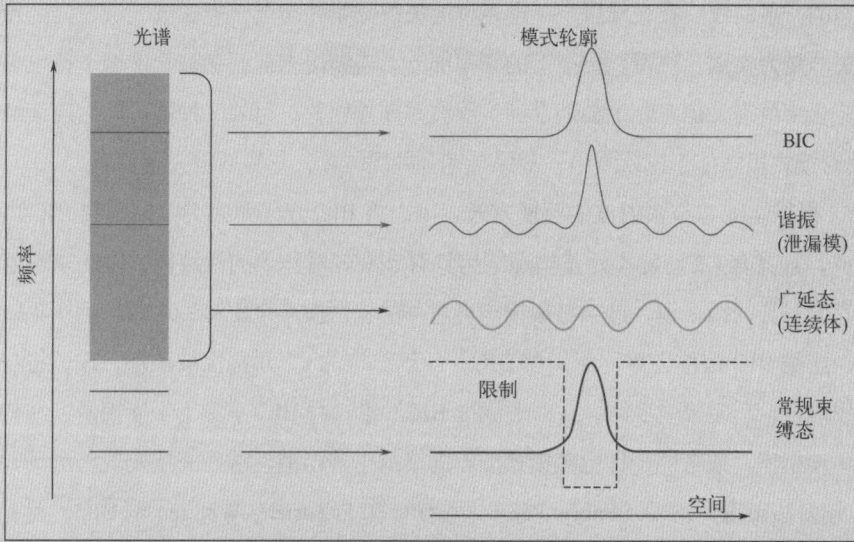

图 5-38 连续域中束缚态的频谱示意图

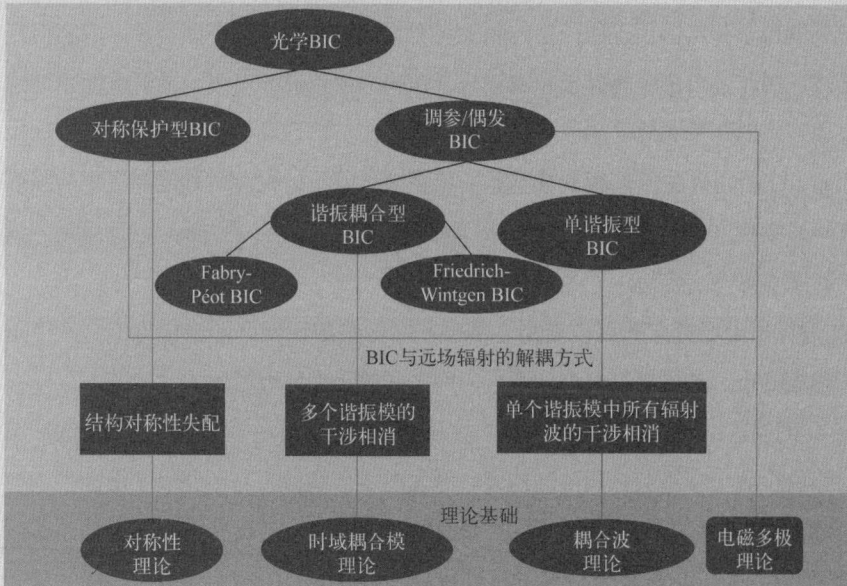

图 5-39 BIC 分类、与远场去耦方式及其基础理论[15]

分隔束缚态与辐射态的一条曲线，在光线以下，电磁波波矢的分量为虚数，电磁波无法在内部传播；而光线以上波矢分量为实数，波可以传播）的频率部分。连续谱内部还存在着谐振（橙色），其模式虽然局部类似于束缚态，但实际上会耦合到扩展波并向外辐射；另外一种情况即为连续域束缚态（红色），此时模式虽然处于连续域中，却保持完全的局域化，与辐射波完全解耦。

如图 5-39 所示，根据本征态与辐射波的解耦方式，可以将 BIC 分成两大类。第一种 BIC 由结构对称性失配造成，其具有 C2 对称（元胞物理结构具有 π 旋转对称）的微结构，可约束辐射连续域中电磁场具有偶对称的谐振模，这类谐振模与奇对称的辐射模完全正交，从而与远场辐射去耦，即形成 BIC，这类 BIC 被称为对称保护型 BIC；一旦结构的 C2 对称性被破坏，BIC 将与不同对称性的辐射模耦合，产生辐射泄漏，从而形成准 BIC。第二种 BIC 来源于干涉相消：结构中不同电磁模式的干涉相消，或者同一种电磁模式的不同波的干涉相消，从而间接实现与远场辐射的解耦。前者可分为法布里–珀罗（Fabry–Pérot）型 BIC 和 Friedrich –Wintgen 型 BIC，后者一般为单共振型 BIC。调节结构参数可以调节辐射相消的程度，当辐射不能完全相消时，即形成辐射泄漏的准 BIC。

anapole：由于磁环偶极子和电偶极子所产生的辐射具有相同的角动量和奇偶特性，故它们具有相同的远场辐射模式。因此，当磁环偶极子和电偶极子在相同位置被激发时，两者干涉相消便成为了可能。研究发现，当这两种偶极子的极矩满足 $P+ikT=0$ 时，即磁环偶极矩的强度与电偶极矩的强度相等且反相时，二者可产生干涉相消的现象。特别地，若干涉相消时其他偶极矩的强度都远小于这两种偶极矩，则将这一情形称为"anapole"模式（起源于希腊语"ana"，意思是"没有、相消"），模式图如图 5-40 所示[16]。

从图 5-41 所示的近场电磁场分布图可以看出，圆盘左右两侧的相反圆形位移电流，产生垂直于圆盘表面的圆形磁矩分布。这提供了一个与圆盘表面平行的强大环形力矩。

如图 5-42 所示，我们课题组通过设计一种太赫兹金属超材料，理论并实验验证了 anapole 谐振透明现象。该超材料由金属上哑铃形孔洞阵列构成。激发的磁环偶极子与电偶极子干涉相消产生 anapole 模式，导致超材料产生具有洛伦兹线型的谐振透明透射谱。当改变中心连接处的宽度时，谐振频率出现移动，但 anapole 模式仍能激发。通过合理地改变多个结构参数，最终实现了从 0.15THz 到 0.91THz 的宽频谱范围内 anapole 模式谐振频率的调谐。此外，该金属超材料具有结构简单、抑制其他多极子干扰的特点，作为传感器时灵敏度可达 0.135THz/RIU。

EIT：电磁诱导透明（Electromagnetically Induced Transparency，EIT）现象是由于相干电磁场与多能级原子系统之间的量子相消干涉效应而观察到的一种奇特的光透明现象。该现象最早发现于三能级原子系统中，图 5-43（a）为可以观察到电磁诱导透明现象典型的 Λ 型三能级原子系统示意图，其中 $|g\rangle$ 为基态，$|e\rangle$ 为亚稳态，$|a\rangle$ 为公共激发态。探测激光可引起 $|g\rangle$ 态与 $|a\rangle$ 态之间的能级跃迁，泵浦激光引起 $|e\rangle$ 与 $|a\rangle$ 态之间的能级跃迁。只有探测激光时，可得

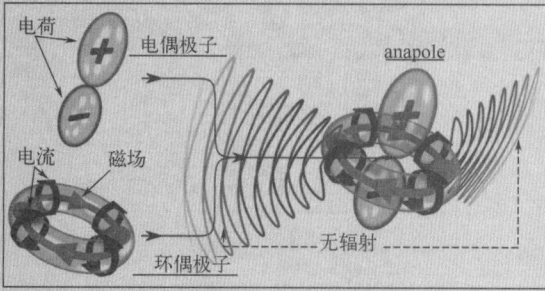

图 5-40　anapole 模式结构图

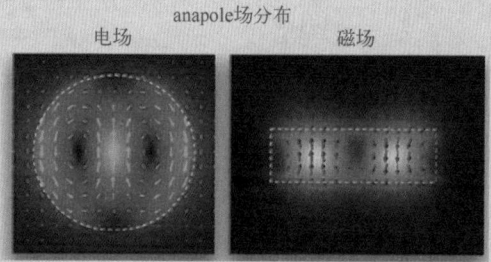

图 5-41　anapole 模式对应的近场电磁场分布

(a) 支持anapole谐振透明的金属超材料样品图

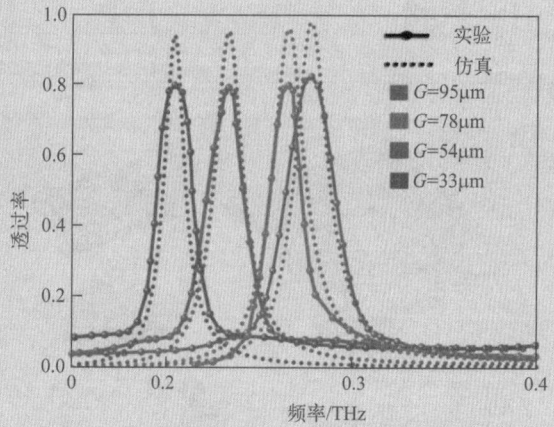

(b) 仿真和实验anapole谐振透明频谱对比图

图 5-42　基于太赫兹金属超材料的 anapole 谐振透明研究

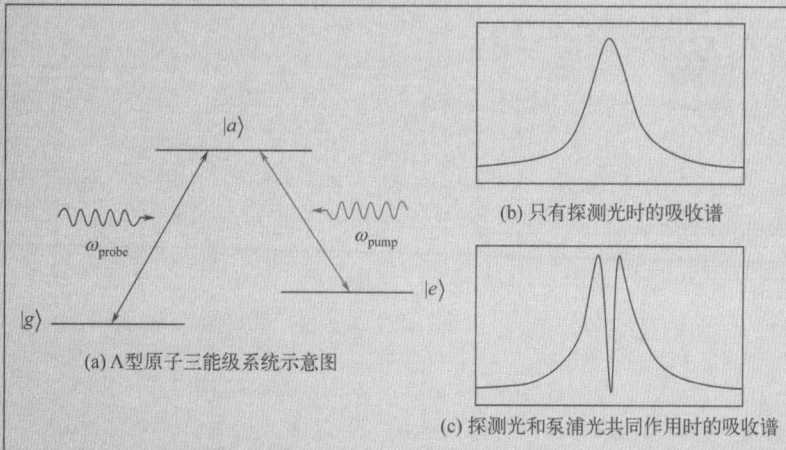

(a) Λ型原子三能级系统示意图

(b) 只有探测光时的吸收谱

(c) 探测光和泵浦光共同作用时的吸收谱

图 5-43　三能极原子系统及吸收谱

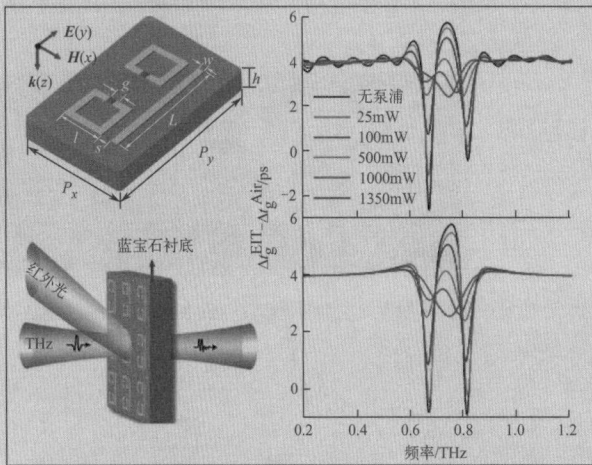

(a)

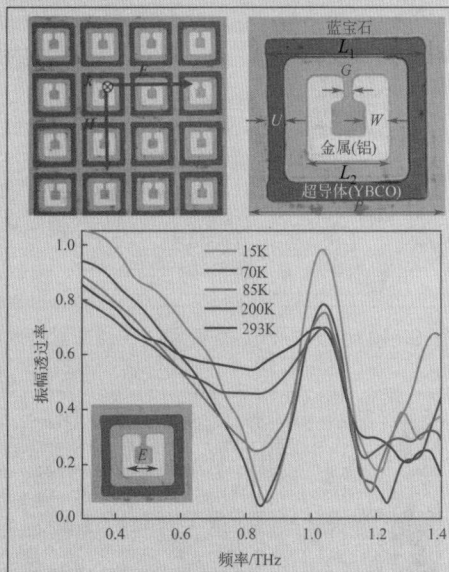

(b)

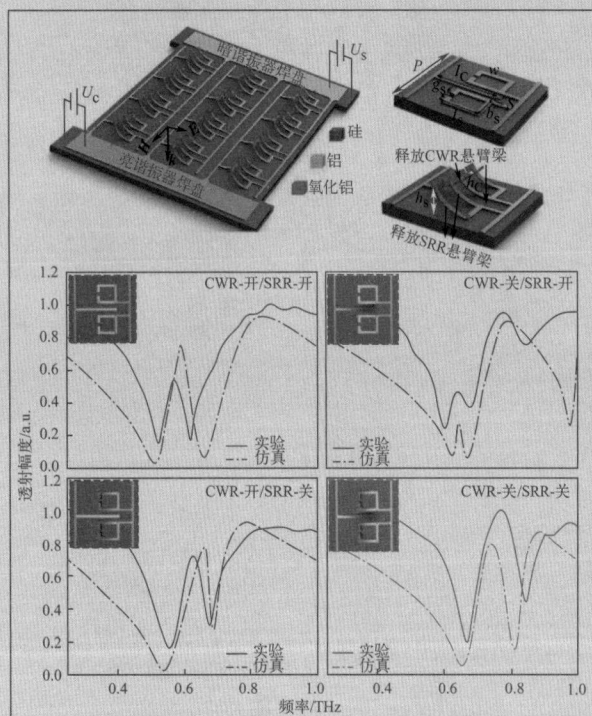

(c)

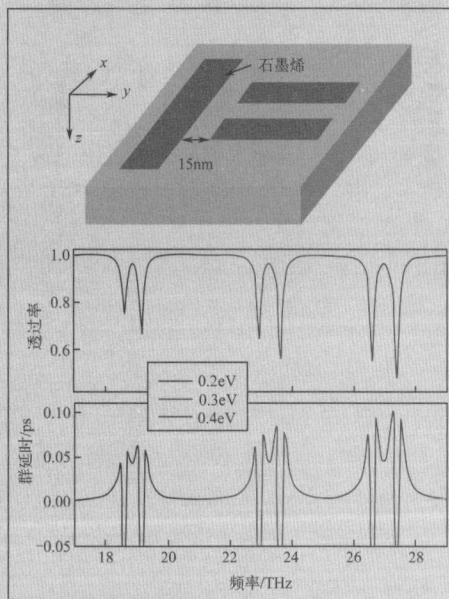

(d)

图 5-44　可调谐 PIT 超材料

到如图 5-43（b）所示的单一宽带吸收峰，而当探测光与泵浦激光同时施加到原子时，两个跃迁路径之间的量子相消干涉导致在原子谐振频率处的吸收被遏制，产生了一个透明窗口，如图 5-43（c）所示。

EIT 谐振已在等离子体纳米结构、介质纳米天线、混合等离子体 - 介质谐振腔以及基于二维材料（如石墨烯）的超表面上得到证明。

在经典光学系统中可以采用非量子力学的方法类比原子系统中的电磁诱导透明现象，称为类电磁诱导透明（类 EIT）。随着等离子体激元光子学以及超材料技术的迅速发展，EIT 效应的等离子体激元类比，也就是等离子体激元诱导透明（Plasmon Induced Transparency，PIT）备受研究者青睐。

研究人员还致力于开发可调谐的等离子体激元诱导超材料，以实现对诱导透明窗口以及慢光效应的动态调控[17]：

图 5-44（a）：基于半导体的 PIT 超材料，通过在开口谐振环的开口处嵌入半导体硅，实现了光控可调谐 PIT 效应。

图 5-44（b）：基于超导矩形谐振环制备的 PIT 超材料，实现了对等离子体激元诱导透明窗口的温度调谐。

图 5-44（c）：基于 MEMS 的 PIT 超材料，通过电压控制金属谐振器的形变实现了对 PIT 效应的动态调谐。

图 5-44（d）：基于石墨烯的可调谐 PIT 超材料，通过控制石墨烯的掺杂水平可以实现 PIT 效应的宽带调谐。

参考文献

[1] Balafendiev R, Simovski C, Millar A J, et al. Wire metamaterial filled metallic resonators[J]. Physical Review B, 2022, 106(7): 075106.

[2] Qiu Y, Yan D, Feng Q, et al. Multifunctional metamaterial for realizing absorption and polarization conversion on the basis of vanadium dioxide[J]. Journal of Physics D: Applied Physics, 2023, 56: 415301.

[3] Yu Y, Lin Y S. Multi-functional terahertz metamaterial using symmetrical and asymmetrical electric split-ring resonator[J]. Results in Physics, 2019, 13: 102321.

[4] Musaed A A, Al-Bawri S S, Islam M T, et al. Tunable compact metamaterial-based double-negative/near-zero index resonator for 6G terahertz wireless applications[J]. Materials, 2022, 15(16): 5608.

[5] Choi M, Lee S H, Kim Y, et al. A terahertz metamaterial with unnaturally high refractive index[J]. Nature, 2011, 470 (7334): 369-373.

[6] 丛龙庆. 主动式太赫兹超材料器件综述[J]. 中国激光, 2021, 48(19): 1914003.

[7] Xu Z, Lin Y S. A stretchable terahertz parabolic-shaped metamaterial[J]. Advanced Optical Materials, 2019, 7(19): 1900379.

[8]   Zhu H, Li J, Du L, et al. VO$_2$-metallic hybrid metasurfaces for agile terahertz wave modulation by phase transition[J]. APL Materials, 2022, 10(3): 031112.

[9]   Pitchappa P, Kumar A, Prakash S, et al. Chalcogenide phase change material for active terahertz photonics[J]. Advanced Materials, 2019, 31(12): 1808157.

[10] Huang C, Liao J, Ji C, et al. Graphene-integrated reconfigurable metasurface for independent manipulation of reflection magnitude and phase[J]. Advanced Optical Materials, 2021, 9(7): 2001950.

[11] Manjappa M, Solanki A, Kumar A, et al. Solution-processed lead iodide for ultrafast all-optical switching of terahertz photonic devices[J]. Advanced Materials, 2019, 31(32): 1901455.

[12] Tal M, Keren-Zur S, Ellenbogen T. Nonlinear plasmonic metasurface terahertz emitters for compact terahertz spectroscopy systems[J]. ACS Photonics, 2020, 7(12): 3286-3290.

[13] Dani K M, Ku Z, Upadhya P C, et al. Subpicosecond optical switching with a negative index metamaterial[J]. Nano Letters, 2009, 9(10): 3565-3569.

[14] Abdelraouf O A M, Wang Z, Liu H, et al. Recent advances in tunable metasurfaces: materials, design, and applications[J]. ACS Nano, 2022, 16(9): 13339-13369.

[15] 姚建铨, 李继涛, 张雅婷, 等. 周期光学系统中的连续域束缚态[J]. 中国光学, 2023, 16(1): 1-23.

[16] Savinov V, Papasimakis N, Tsai D P, et al. Optical anapoles[J]. Communications Physics, 2019, 2(1): 69.

[17] 赵晓蕾. 基于石墨烯超材料的太赫兹等离激元诱导透明现象研究[D]. 天津: 天津大学, 2017.

134

第6章
太赫兹通信应用

6.1 为什么使用太赫兹波通信？

6.1.1 6G 通信与太赫兹波

随着人类社会的不断发展与前进，人们"随时随地获取信息"的需求正在不断提高，各个领域都对信息量及信息的传输速率提出了越来越高的要求。

从 20 世纪 80 年代开始，移动通信业经历了模拟语音业务应用的 1G 时代，新增短信应用的 2G 时代，到多媒体业务应用的 3G 时代，再到移动互联网应用的 4G 时代，直到目前正在加紧建设的万物互联的 5G 网络，移动通信呈现出"十年一变革"的发展规律。5G 系统的峰值数据速率约为 10Gbps，但对于某些应用（例如全息图和多感知通信，这是虚拟通信领域的下一个前沿），仍然不足够。因此，全球的研究人员已经开始着手下一代，即第六代（6G）无线系统，预期数据速率将超过 1Tbps，如图 6-1 所示。

2019 年，随着全球 5G 商用化进程加快，国际各区域和研究组织已纷纷开启下一代通信技术研究。2019 年 3 月，芬兰奥卢大学邀请多个国家的通信专家召开了全球首届 6G 峰会，共同探讨下一代通信技术的驱动因素、研究挑战和未来愿景，并在 2019 年 9 月发布了全球首份 6G 白皮书。2019 年 11 月 3 日，我国科技部会同发展改革委、教育部、工业和信息化部、中国科学院、自然科学基金委在北京组织召开 6G 技术研发工作启动会，成立国家 6G 技术研发推进工作组和总体专家组，标志着我国 6G 技术研发工作正式启动。

图 6-2 为对未来众多 6G 候选技术应用潜力和技术影响力的分析和预估。

太赫兹波段凭借其丰富的频谱资源和独特特性，引起了学术界的关注，同时在欧洲、美国、日本等地区和国家以及相关组织中备受重视。国际电信联盟（ITU）也予以大力支持，将其视为极具潜力的 6G 关键候选频谱技术。在这个背景下，进行太赫兹通信技术研究不仅符合网络技术的演进需求，也具备着高度可行性。太赫兹通信技术也被誉为"新一代无线通信革命"，成为继微波通信和光通信后的又一重要通信技术。

6.1.2 太赫兹通信的优势

太赫兹通信是在传统无线电通信的基础上，载波频率从微波、毫米波频段向太赫兹频率的搬移，同时融合了激光通信的部分特性。太赫兹通信不是代替微波通信和激光通信，但其具有很多微波通信和激光通信所不具备的独特优势，如图 6-3 所示，可以作为二者的有力补充。

6.1.2.1 与微波通信技术比较

太赫兹通信由于载波频率高，可利用的物理带宽宽（为几十吉赫兹到几百吉赫兹），因此其

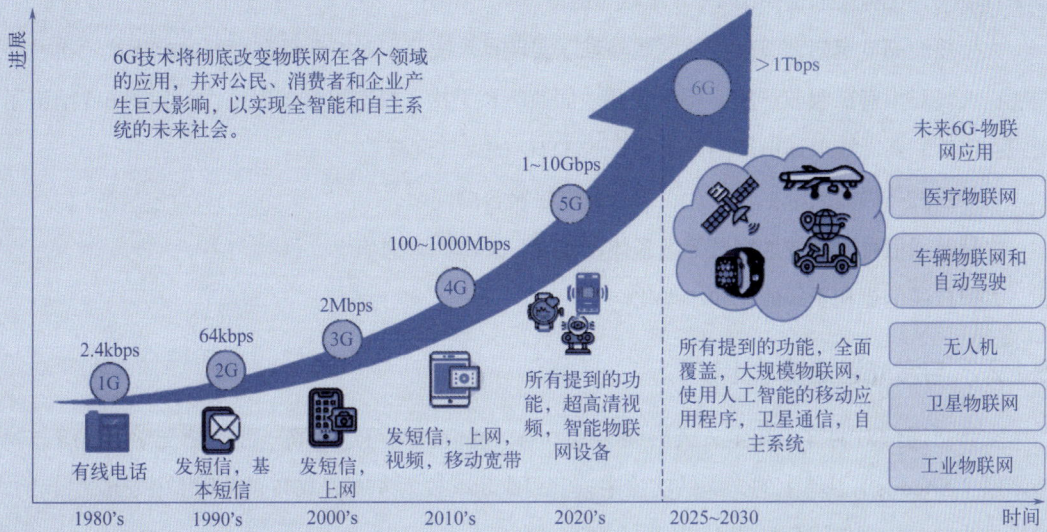

图6-1 无线网络向未来 6G 无线通信的发展[1]

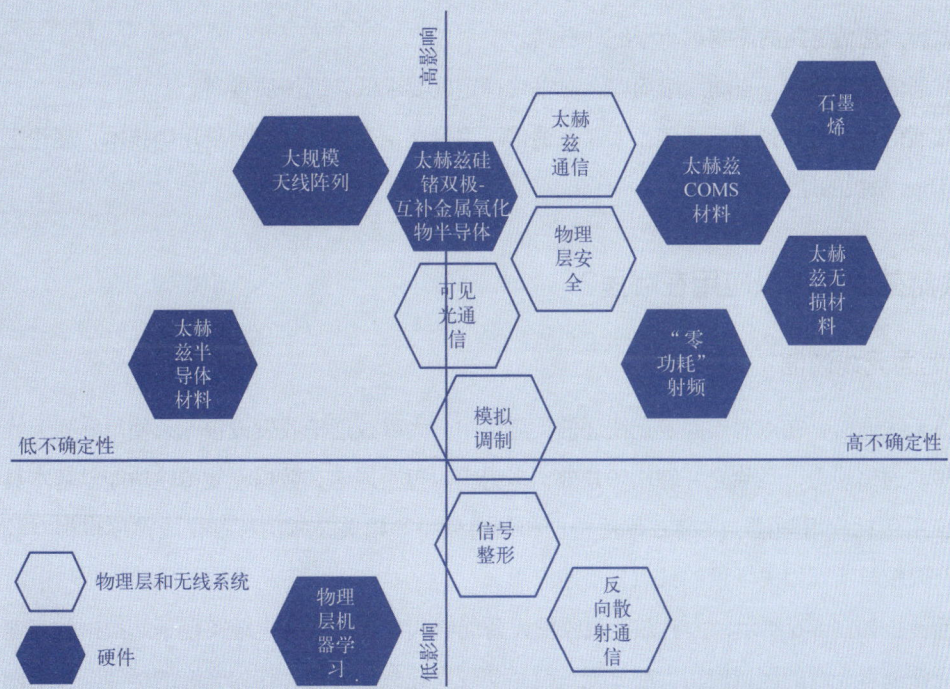

图6-2 未来可能的无线新技术

COMS—互补金属氧化物半导体

传输容量大，比微波通信高出 1～4 个数量级。

太赫兹波高度定向，波束覆盖区域外难以实现有效截获和对抗，具有良好的抗干扰、抗截获性能；大气对太赫兹吸收严重，不易受到地面侦听和干扰，具有更好的保密性，如图 6-4 给出了由国际电信联盟无线电通信部门给出的高达 3THz 的大气衰减。

太赫兹波与微波频率相差较远，不存在电磁兼容的问题。

太赫兹通信可以有效地穿透等离子体，实现"黑障"区通信。

太赫兹通信更利于集成化和小型化。

6.1.2.2 与激光通信技术比较

太赫兹通信对烟雾、灰尘、云层穿透能力强，通信链路可达性高。西班牙光学地面组与阿特米斯（Artemis）卫星上的光通信实验中，链路成功率仅为 47%，16% 的失败是由云层引起的，22% 的失败是由通信设备捕获引起的，如图 6-5 所示[2]。

太赫兹通信抗闪烁能力强。太赫兹波与红外的信号距离变化相当，则相位的改变由波长引起，即闪烁效应与波长成反比。200GHz 的电磁波长大概是 1.5μm 红外光波长的 1000 倍，则闪烁效应对太赫兹通信链路的影响远小于红外链路。

太赫兹通信波束适中，自动跟瞄简单，对平台稳定度要求低，通信质量高。

太赫兹通信容量可与光通信媲美。太赫兹通信可用带宽结合极化及空分复用等技术，理论上可以实现 Tbps 量级的通信。

6.1.3 太赫兹通信可以应用在哪里？

6.1.3.1 地面无线通信

点对点无线通信：在点对点固定无线通信类应用中，太赫兹通信收发设备无须使用阵列天线用以支持移动通信能力，且除光纤替代场景外，多为室内短距通信，数据无线传输功能已基本具备，相关应用包括应用频谱、太赫兹传播特性和信道模型等相关技术的标准化成熟度也相对较高，未来有望较早实现相关场景的试点与落地应用。

无线回传：如图 6-6 所示，太赫兹无线收发设备能够代替光纤或者电缆实现基站数据的高速回传，在无法部署光纤的区域应用太赫兹无线链路实现高速数据传输，作为光纤的延伸。目前国内外已有的太赫兹原型通信系统已经能够实现数据无线传输功能。

固定无线接入：广泛用于毫米波及 5G 通信中。由于太赫兹通信可以支持的带宽和速率会远远大于毫米波频段，未来可应用于固定无线接入场景，用于满足 6G 通信能力需求，如图 6-7 所示。

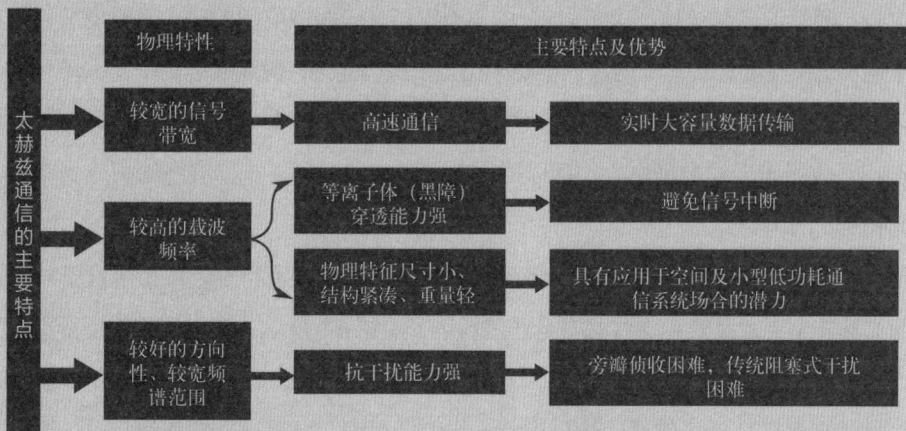

图 6-3 太赫兹通信的主要特性

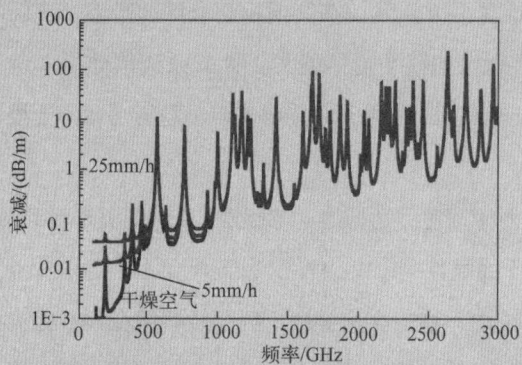

图 6-4 计算的大气衰减

（包括 25mm/h 和 5mm/h 速率降雨的影响）

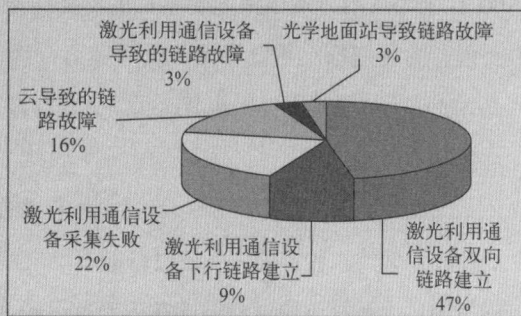

图 6-5 星地激光通信试验链路统计

图 6-6 无线回传应用

无线数据中心：随着信息与通信技术（ICT）的不断发展，云服务应用的需求不断增加，对数据中心的应用需求也快速增长。传统的数据中心架构基于线缆连接，海量线缆的空间占用和维护成本较高，对于数据中心的散热成本和服务器性能都有一定影响。太赫兹以超高通信速率的特点，被认为可能广泛应用于无线数据中心，用以降低数据中心的空间成本、线缆维护成本和功耗，如图 6-8 所示。

安全接入通信：太赫兹具有通信路损高、传播距离短、指向性好的特点，可用于设备之间的安全接入、超高速安全下载及安全支付等安全通信场景，如图 6-9 所示。该类型应用场景已在 IEEE Std.802.15.3d—2017 标准中定义，技术标准化成熟度较高。

热点地区超宽带覆盖：在未来的通信应用中，比如全息通信、高质量视频在线会议、增强现实/虚拟现实、3D 游戏等，对数据速率、时延和连接数等网络关键绩效指标的需求非常大。6G 应用场景的特点包括无处不在的泛在连接，如图 6-10 所示，在交通枢纽、旅游景点、广场公园、商场购物、体育场馆、机场等场合都需求超高的移动通信能力。太赫兹通信数据率较高，能够为热点地区提供超高速网络覆盖，作为宏蜂窝网络的补充，能够实现小范围超宽带无线通信。

无线局域网/无线个域网：考虑到太赫兹设备对于高速、宽带的支持能力，未来具备小型化、低功耗和低成本特点的太赫兹设备能够用来实现无线局域网（WLAN），从而满足未来通信业务的需求。太赫兹波段通信能够在近距离设备或系统之间建立高速链路，因此能够用在太赫兹无线个人局域网（WPAN）场合中，用于个人电子设备，如电脑、手机等设备或系统之间的无线连接，实现超高速数据互传，如图 6-11 所示。

6.1.3.2 空间通信

太赫兹波在外层空间能够实现无损耗传输，使用较小的太赫兹功率就能够实现远距离通信，同时能够排除地球辐射噪声的影响。当高速飞行器进入大气层后，激波产生高温使得空气电离，形成一个等离子体鞘包裹在飞行器外层。由于等离子体鞘频率在 60～70GHz 附近，常见的测量和通信方式不能够有效地穿透等离子体鞘层。太赫兹波频率远高于等离子体鞘层频率，能够穿透等离子体鞘层对飞行器进行通信和监测。因此，太赫兹波在空间通信领域具有巨大的应用潜力，包括星间高速通信、星地间高速通信以及空间飞行器通信等。

相对于微波、毫米波，太赫兹波波长较短，太赫兹设备能够通过搭载卫星、无人机、飞艇等天基平台和空基平台，作为无线通信和中继设备，应用于卫星集群间、天地间和千公里以上的星间高速通信，实现未来的空天地海一体化通信。图 6-12 给出了空天地一体化通信应用示意图。

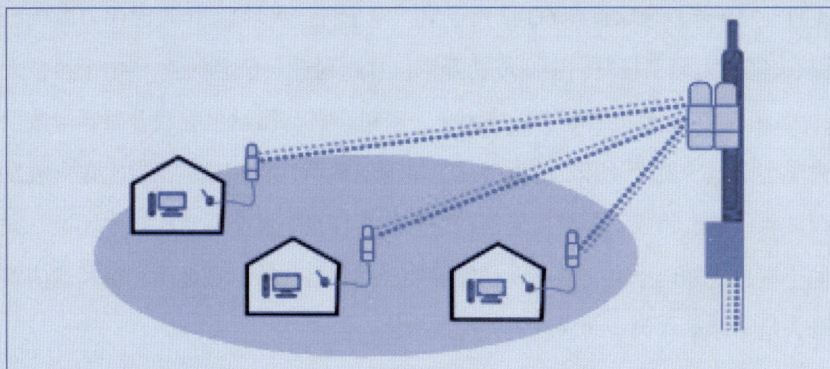

图 6-7　固定无线接入场景

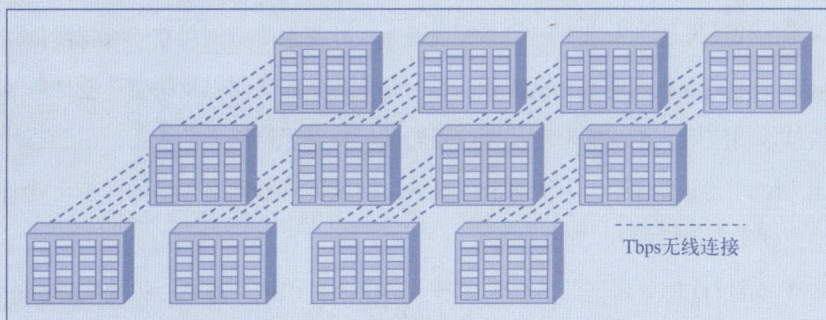

Tbps无线连接

图 6-8　无线数据中心

太赫兹无线连接

图 6-9　安全支付

交通枢纽　　　旅游景点　　　广场公园

商场购物　　　体育场馆　　　机场

图 6-10　太赫兹通信超宽带覆盖应用场合

141

2020 年 11 月 6 日 11 时 19 分,全球首颗 6G 试验卫星"电子科技大学号"(星时代 -12/ 天雁 05),搭载长征六号运载火箭在太原卫星发射中心成功升空,并顺利进入预定轨道。"电子科技大学号"卫星重达 70kg,如图 6-13 所示,由电子科技大学、国星宇航与微纳星空联合研制。该卫星搭载了由电子科技大学与国星宇航设计开发的太赫兹卫星通信载荷,将在卫星平台上建立收发链路并开展太赫兹载荷试验,这也将成为太赫兹通信在空间应用场景下的全球首次技术验证。太赫兹通信具有频谱资源丰富、传输速率高、易实现通信感知一体化等优势,在地面和空间通信领域具有重要的应用前景,是全球第六代移动通信的关键技术之一。

6.1.3.3 微小尺度通信

随着太赫兹通信技术的快速发展,未来有望能够实现毫微尺寸甚至是微纳尺寸的收发设备和关键器件,在极短距离范围内实现超高速数据链应用。结合超材料 / 超表面以及新型功能材料技术的发展,太赫兹通信技术的应用从传统的宏观尺度应用转向无线纳米网络通信应用,用于芯片的高速数据传输的片上 / 片间无线通信等,用于纳米体网络、纳米传感器网络等多种微小尺度通信应用,实现从宏观通信到微观通信的 6G 网络覆盖。

微小尺度通信带有明显的 6G 愿景特征,从目前太赫兹通信的技术能力来看,未来需要通过将太赫兹技术与微纳技术的结合,以及新型材料和工艺技术的进展突破,实现毫微尺寸、高效率、低成本的太赫兹通信收发器件与设备。

几个典型的应用举例:

健康监测系统:通过纳米尺度的传感器或纳米传感器,可以监测血液中的钠、葡萄糖和其他离子、胆固醇、癌症生物标志物或不同感染性病原体的存在。在人体周围布置多个纳米传感器,形成人体纳米传感器网络(如图 6-14 所示),可用于收集与患者健康相关的重要数据。这些纳米传感器与微型设备(例如手机或专用医疗设备)之间可以建立无线接口,用于收集这些数据并将其传送给医疗保健提供者。

纳米物联网:将纳米尺度的设备与现有通信网络以及最终互联网相互连接,定义了一个真正的网络物理系统,即纳米物联网。例如,在一个互联的办公室(如图 6-15 所示),可以在每个物品中嵌入纳米收发器和纳米天线,使它们能够始终连接到互联网。因此,用户可以轻松地跟踪所有的专业和个人物品。

超高速芯片内通信:太赫兹波可以通过使用平面纳米天线建立超高速连接(如图 6-16 所示),为无线芯片内网络通信提供高效且可扩展的途径。这种新颖的方法有望通过其高带宽和极低的面积,满足对面积受限且通信密集的芯片内应用的需求。

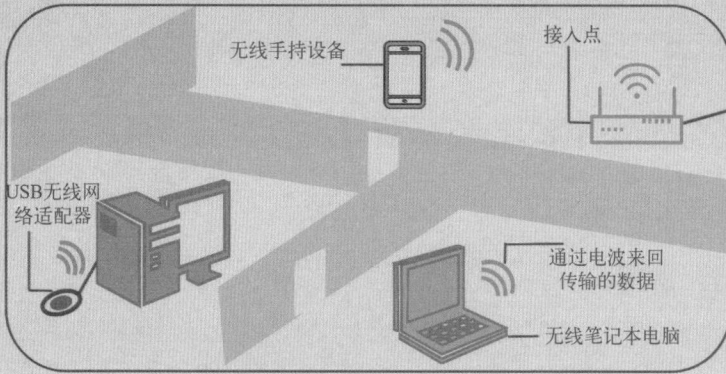

图 6-11 太赫兹无线局域网 / 个域网示意图

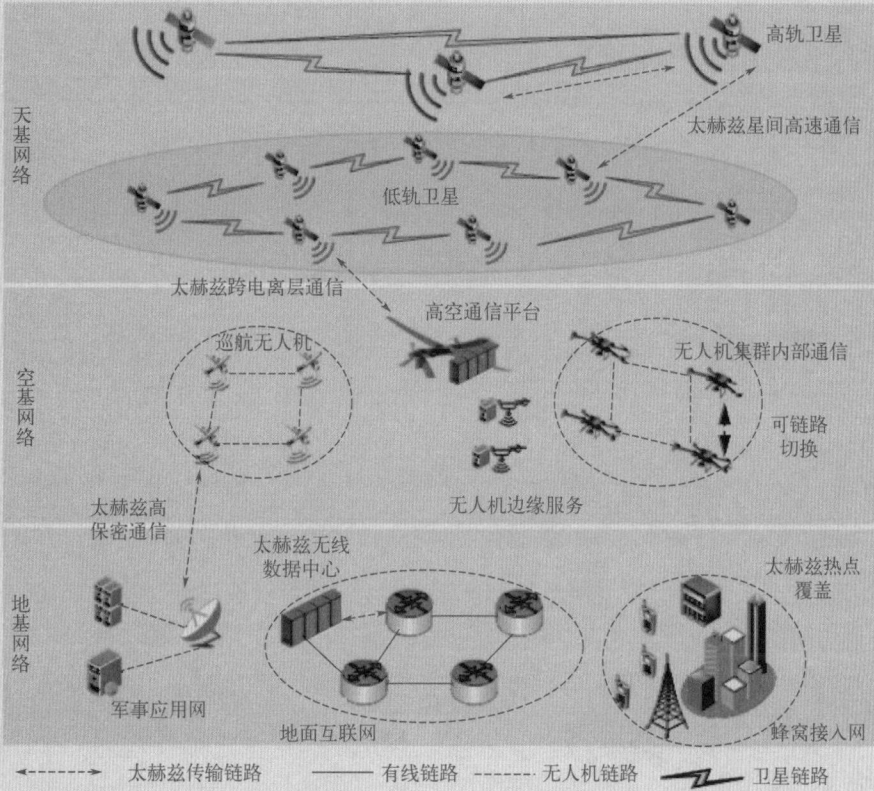

图 6-12 空天地一体化通信应用示意图

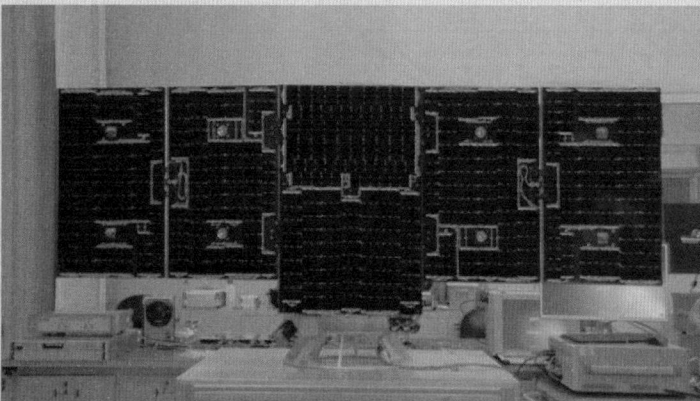

图 6-13 "电子科技大学号"卫星

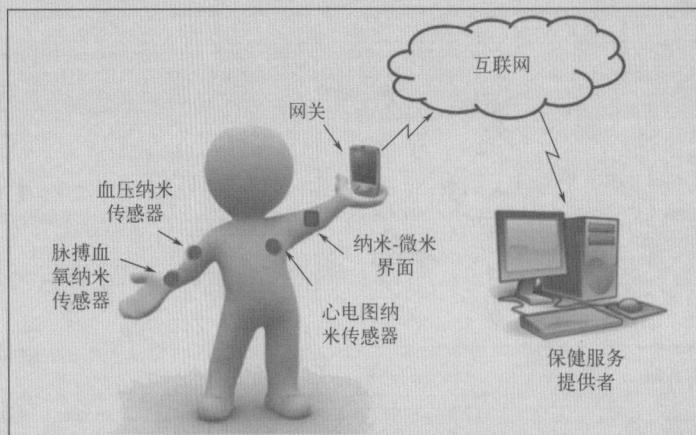

图 6-14　用于健康监测的无线纳米传感器网络

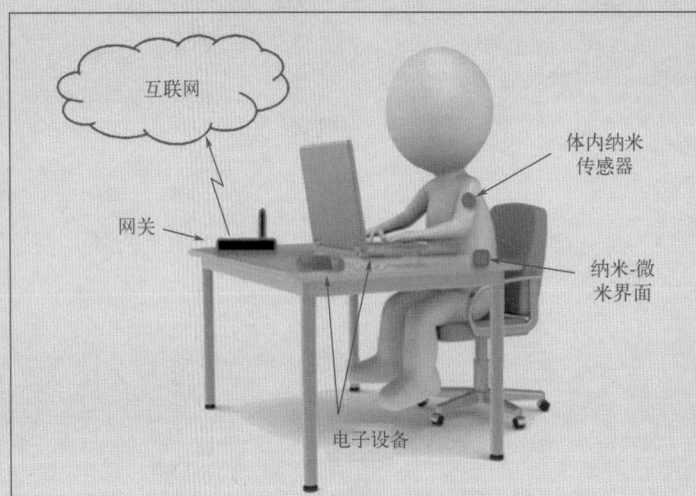

图 6-15　纳米设备之间的互联网

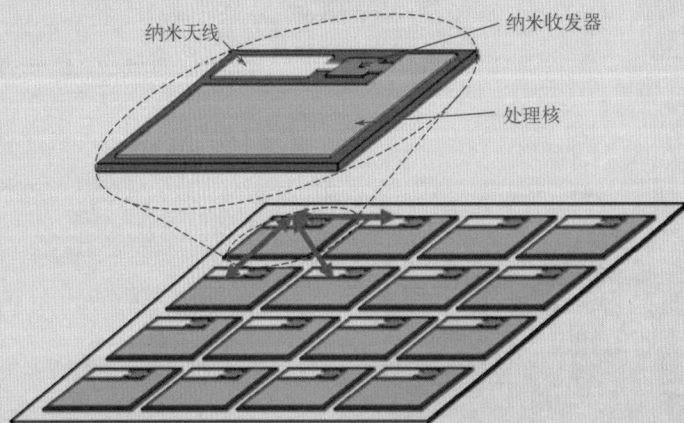

图 6-16　无线片上通信示意图

144

6.2 太赫兹通信关键技术

6.2.1 太赫兹通信关键器件及原型系统

太赫兹通信原型系统的链路调制方式目前主要有两种不同架构：一种是光电结合的方案，利用光学外差法产生频率为两束光频率之差的太赫兹信号，如图 6-17 所示；另一种是全固态电子混频方案，太赫兹通信链路是与微波无线链路类似的全固态电子链路，利用混频器将基带或中频调制信号上变频搬移到太赫兹频段，如图 6-18 所示。

太赫兹通信的关键器件/芯片/组件是构成太赫兹通信设备的基础，同时限制太赫兹通信的发展。根据通信功能模块的不同，目前与通信设备相关的太赫兹全电子链路的关键器件主要包括太赫兹发射源、倍频器件/混频器、功放/低噪放、调制解调器等。表 6-1 给出了太赫兹不同半导体工艺的特性。太赫兹关键器件技术需要发展和推进的技术方向主要包括更高功率和效率的突破，从分立元器件研制向低成本、小型化、集成化的进化等。

表6-1　在太赫兹频率范围内的不同半导体工艺特性

工艺	互补金属氧化物半导体	锗硅	砷化镓	氮化镓	磷化铟
英文	CMOS	SiGe	GaAs	GaN	InP
特征频率	< 200GHz	< 200GHz	< 500GHz	< 200GHz	200～500GHz
实现能力	互补金属氧化物半导体的功率可以到锗硅的功率	小于砷化镓的功率	目前功率已到极限，因为工艺耐压能力有限，使用高压容易击穿；噪声系数性能在太赫兹频段无法提升；混频器的变频损耗有天然缺陷	功率是砷化镓的五倍，成熟度够，缺陷较多	功率不高，不耐压，但是噪声系数性能好

太赫兹频段通信需要超宽带天线以及超大规模天线阵列来克服太赫兹频带中的高路径损耗。超宽带、小型化、集成化太赫兹天线阵列的实现，也是未来面向实际场景应用时，太赫兹通信系统需要突破的关键技术挑战之一。如前面章节所述，超材料或者超表面有较高潜力应用于未来的太赫兹天线技术，用以实现超大规模超宽带太赫兹天线阵列的小型化和集成化。

超大带宽数模转换芯片和高速基带处理硬件也是实现太赫兹通信系统的关键芯片和功能模块。技术路线一是研发更高采样速率、低成本、低功耗的超大带宽数模转换芯片；技术路线二是研究低量化精度信号处理系统，比如比特量化与信号算法的联合优化设计、联合自适应量化门限单比特解调优化、基于概率计算的低密度奇偶校验译码器电路级专用集成电路等。

6.2.2 太赫兹传播特性及信道建模

在外层空间，太赫兹可以进行无损传输，用很小的功率就可实现远距离通信。但在大气环境下，高自由空间损耗以及大气效应引起的额外衰减是一个巨大的挑战。大气和天气对无线电波传播的影响表现为衰减、相移和到达角的变化。这种现象包括分子吸收（主要是由于水蒸气和氧气）、散射和闪烁。在分子（气体）吸收方面，水蒸气是大气中最基本的吸收成分，在300GHz以上的某些波段衰减值较大。图6-19给出了不同环境中的太赫兹传播特性。

信道是指以传输媒介为基础的信号通路，如图6-20所示。太赫兹信道建模方法通常包括参数化统计信道建模、确定性信道建模和参数化半确定性建模等三种类型。

参数化统计信道建模方法基于典型场景的实测结果，不需要地图信息，复杂度低，多用于系统仿真和链路级仿真，标准化成熟度高，是3GPP标准化建模方法，适用于5G移动通信。

确定性信道建模方法主要通过导入目标场景的地图模型，利用射线追踪（Ray Tracing）技术，对电磁传播中譬如直射、透射、反射、衍射等主要物理现象进行传播环境精确重构和确定性计算，得到构成实际传播的主导分量（Dominant Ray）的确定性结果。该类方法准确度高，计算复杂度高。

参数化半确定性建模方法结合了信道的确定性和统计特性，将关键多径分量用确定性模型计算，其余丰富的多径通过统计学方法计算。该类建模方法准确度较高，计算复杂程度与射线追踪方法比相对较低。

6.2.3 太赫兹通信空口技术

通信空口技术是指在移动通信系统中，用于在用户终端设备（如手机、平板电脑）和基站之间传输数据和信息的无线通信技术。它是移动通信系统中的核心技术之一，负责建立和维护无线通信连接，以实现语音通话、短信、互联网访问等通信服务。

与5G空口技术相比，太赫兹通信具有超大带宽的资源优势。太赫兹通信空口技术除了在基带波形设计、帧结构和参数集的设计、调制编码、波束管理等技术链都面临新的演进要求外，受到太赫兹通信硬件系统能力的影响，针对系统链路各种非理想特性和因素的算法设计和补偿也是太赫兹通信空口技术需要考虑和研究的方向，如图6-21所示。

太赫兹通信超高速率的特点与优势，除了需要硬件链路的传输能力以外，也需要通过空口技术的有效设计来保证和实现，包括频谱和带宽资源的动态配置、波束接入的智能管理，以及高低频、空天地多维度、宏观到微观多尺度的空口协同和信息融合等。未来空口设计方案需要具有上述能力和特点才能适配6G太赫兹通信的技术特征和优势。

常见的研究技术方向包括超大规模天线阵列（如图6-22所示）、太赫兹通信物理层设计以及太赫兹通信资源调度管理等。

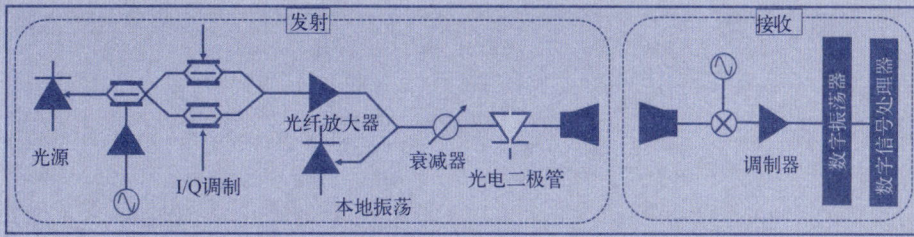

图 6-17 光电调制方案示意图

[I/Q 调制，即两个正交信号（频率相同、相位相差 90° 的载波，一般用 sin 和 cos 表示）与 I（In-Phase，同相分量）、Q（Quadrature Phase，正交分量）两路信号分别进行载波调制后一起发射，从而提高了频谱利用率]

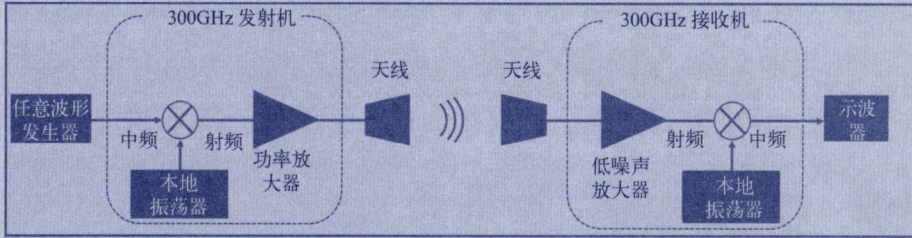

图 6-18 全固态电子混频方案示意图

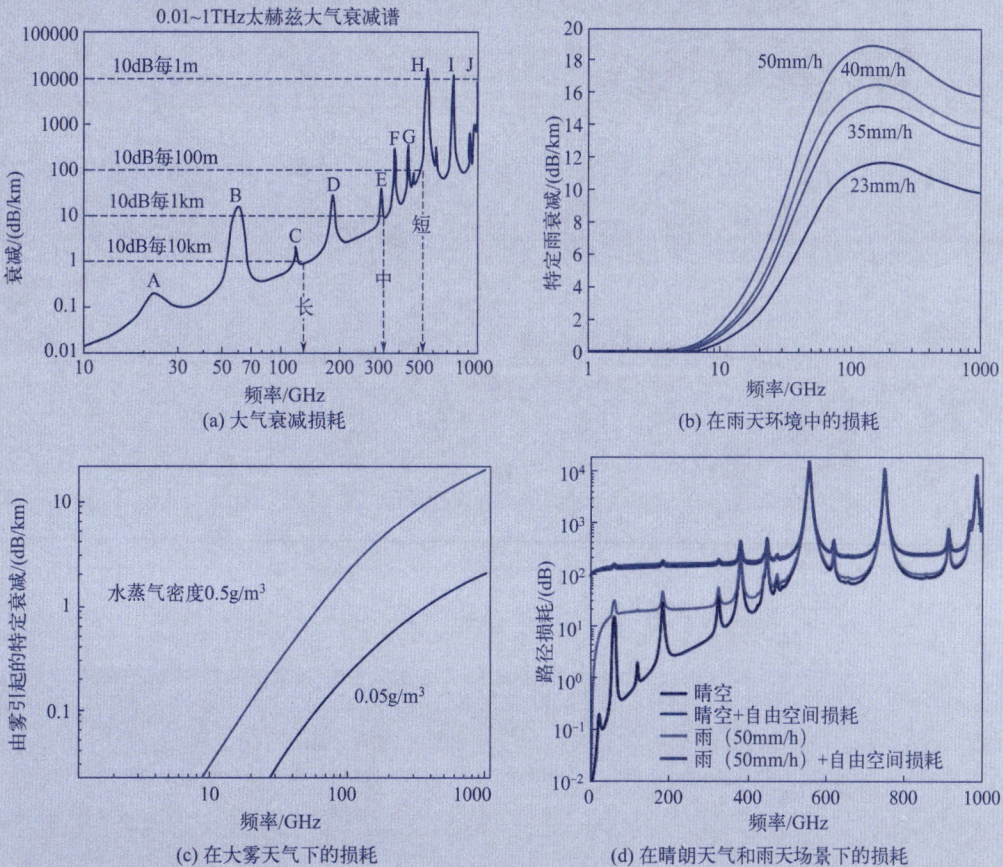

(a) 大气衰减损耗

(b) 在雨天环境中的损耗

(c) 在大雾天气下的损耗

(d) 在晴朗天气和雨天场景下的损耗

图 6-19 不同传输环境中的太赫兹传播特性

147

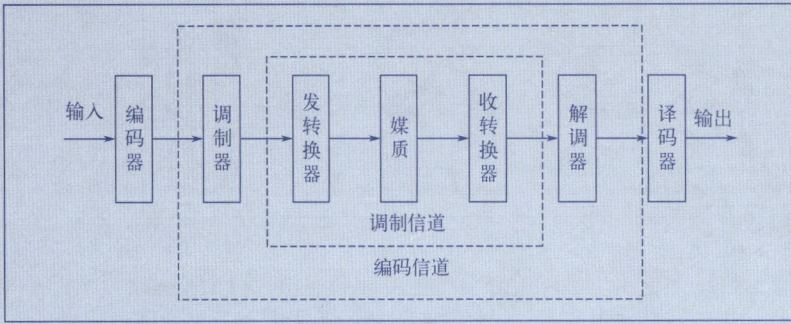

图 6-20 调制信道和编码信道

（信道是指由有线或无线电线路提供的信号通路。信道的作用是传输信号，它提供一段频带让信号通过，同时又给信号加以限制和损耗。信道分为狭义信道和广义信道。狭义信道仅指信号的传输媒质，可分为有线信道和无线信道两类。广义信道不仅是传输媒质，而且包括通信系统中的一些转换装置，根据功能可分为调制信道、编码信道等）

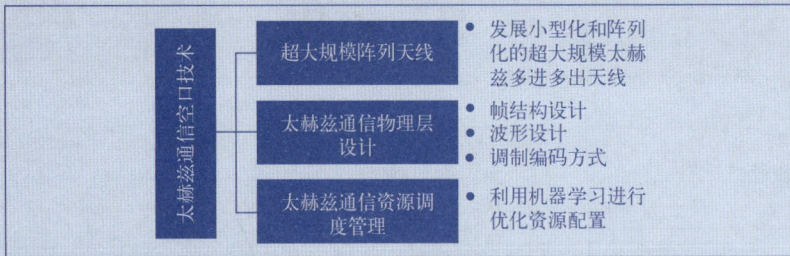

图 6-21 太赫兹通信空口技术

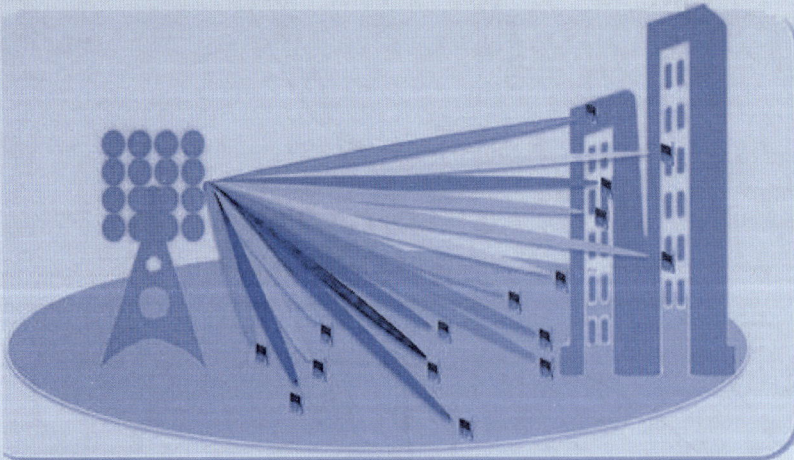

图 6-22 超大规模天线阵列工作示意图

［大规模天线阵列（Massive MIMO）则是 MIMO 技术的天然延伸，通过把原有发送侧天线数提高一个数量级（64 或者 128），进一步同时提升上述提到的增益；基本上现在实用的 Massive MIMO 都是在基站侧部署 M 个发射天线对 K 个单天线 / 双天线用户进行空分多址（发射天线数 M 要远远大于用户数 K），通过多对一的冗余天线来提升单用户的分集增益，并通过多个弱相关的空间信道来提升复用增益］

148

6.3 太赫兹无线通信

6.3.1 太赫兹无线通信系统的架构与实现

无线通信系统应至少包括一个发射机和一个接收机，如图 6-23 所示。基带处理器可能会将原始信息数字化，然后通过典型的外差（频率转换）架构进行编码、调制和上变频到所需的频率，然后由天线进行传输。在包络检测的情况下，可以使用单个检测二极管。这些器件的性能和参数最终将决定太赫兹超宽带无线通信系统的性能。

在实际应用中，可以通过三种典型方法实现太赫兹发射机。第一种方法是全电子化方法，包括射频信号发生器、数据调制器和必要时的后级放大器。通常，太赫兹信号是通过将耿氏二极管振荡器的输出进行倍频来产生的，能够获得几十微瓦的平均输出功率，可以通过调制放大器的饱和输出功率进一步增加太赫兹输出功率。

第二种方法是使用光子技术来产生和调制太赫兹信号：首先使用红外激光器生成一个强度在太赫兹频率下调制的光信号；然后通过电光或电吸收调制器对其进行编码；最后，光信号通过光电导体转换成电信号，然后由天线辐射到自由空间。半导体激光放大器是必不可少的。这种方法的一个主要问题是光到太赫兹的能量转换效率非常低，提高这种器件的效率是一个非常有趣的研究方向。图 6-24 给出了基于光子学发射机的 120GHz 无线连接的框图。

第三种方法是基于组合的电光系统，可以使用太赫兹激光器，如量子级联激光器。除了使用外部太赫兹调制器，如二维电子气（2DEG）半导体调制器和基于超材料的调制器，还可以直接在量子级联激光器上进行大于 10GHz 的调制。

6.3.2 太赫兹无线通信系统的发展

表 6-2 和表 6-3 分别给出了基于电子学和光子学的太赫兹无线链路的比较分析[1]。

可以看出，最佳的基于电子学的太赫兹无线通信系统可以在约 2m 的距离上使用 16- 正交幅度调制（16-QAM）和正交相移键控（QPSK）调制方案实现 100Gbps 的数据速率。载波频率通常低于 300GHz，天线增益通常约为 25dBi。对于更长的距离，需要更高的天线增益和 / 或更多的输出功率。

与基于电子学的系统相比，基于光子学的太赫兹无线通信系统可以使用更高的载波频率和更多的通道实现更高的数据速率（ > 600Gbps ）。

表6-2　基于电子学的太赫兹无线链路的比较分析

时间	技术	频率/GHz	调制	片上本振	天线类型	天线增益/dBi	数据速率/Gbps	距离	通道
2014	35nm 磷化铟	240	8-相移键控	是	喇叭+透镜	不适用	96	40m	1 同向正交
2017	130nm 锗硅双极互补金属氧化物半导体	190	二元相移键控	否	单机天线	5	50/40	6/20mm	1
2017	40nm 互补金属氧化物半导体	300	16-正交幅度调制	否	喇叭	不适用	32	1cm	1
2018	80nm 磷化铟	270	16-正交幅度调制	否	喇叭	50/40	100	2.22m	1
2018	130nm 锗硅	240	二元相移键控	是	折叠偶极+透镜	14	25	1m	1
2019	40nm 互补金属氧化物半导体	265	19-正交幅度调制	否	喇叭	24	80	3cm	1
2019	130nm 锗硅	225~255	64-正交幅度调制	是	片上环+透镜	26	81	1m	1 同向正交
2019	130nm 锗硅	230	16-正交幅度调制	是	片上环+透镜	26	100	1m	1 同向正交
2020	130nm 锗硅	225~255	正交相移键控	是	片上环+透镜	25	100/80	1/2m	1 同向正交

表6-3　基于光子学的太赫兹无线链路的比较分析

时间	技术	频率/GHz	调制	数据速率/Gbps	距离/m
2016	光频率梳和单行载流子光电二极管光混频发射器	300~500	正交相移键控	160.00	0.5
2017	光频率梳和外差光混频	400	16-正交幅度调制	106.00	0.5
2018	单行载流子光电二极管和光混频发射器	350	16-正交幅度调制	100.00	2.0
2019	2×2 多入多出光学系统	375~500	偏振复用正交相位调制	120.00	0.142
2019	分布式反馈激光芯片和次谐波肖特基混频器	408	16-正交幅度调制	131.21	10.7
2019	光电二极管发射机和肖特基势垒二极管混频接收器	720	不可用	12.50	不适用
2019	2×2 多入多出和查找表预失真	124~152	概率成形-64-正交幅度调制	1081.34	3.1
2020	外差光混频器和次谐波肖特基混频器	320~380	概率成形-64-正交幅度调制-正交频分复用	510.50	2.8
2020	Kramers-Kronig 接收机	300	16-正交幅度调制	115.00	110
2021	单行载流子光电二极管和等离子体射频-光混频器	191.5~270.5	非线性频域复用	240/190	5/115

150

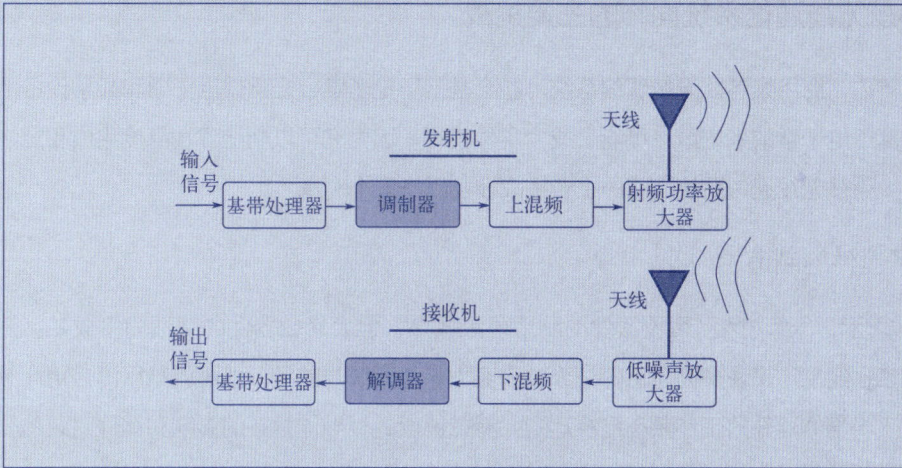

图 6-23 由发射机和接收机组成的典型的无线通信系统

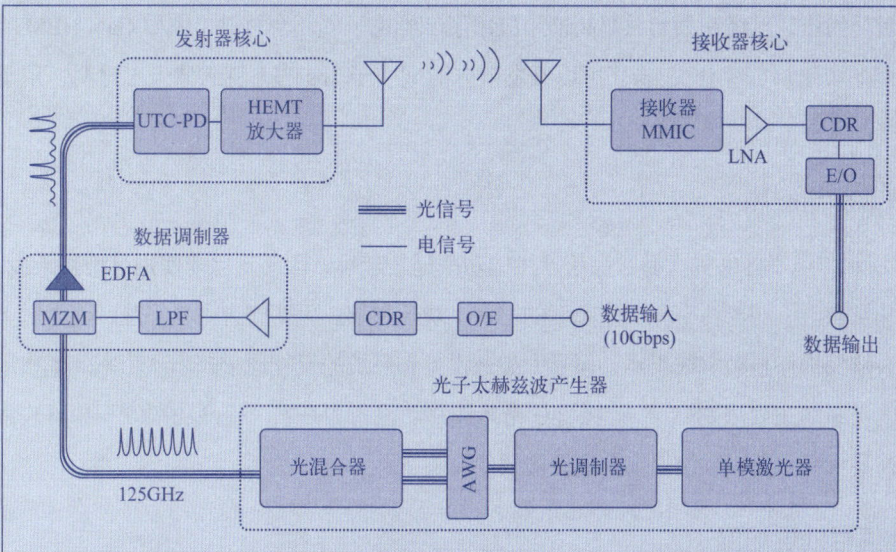

图 6-24 基于光子学发射机的 120GHz 无线连接的框图[3]

AWG—阵列波导光栅（用于多路复用）；CDR—时钟和数据恢复；EDFA—掺铒光纤放大器；E/O—电光（转换）；LPF—低通滤波器；MMIC—单片微波集成电路；MZM—马赫 - 曾德调制器；O/E—光电（转换）；UTC-PD—单向传输载流子光电二极管；HEMT—高电子迁移率晶体管；LNA—低噪声放大器

6.3.3 太赫兹无线通信系统面临的主要挑战

在未来几年内，商用太赫兹无线通信系统可能会是基于电子学、光学或电子学和光学设备的组合；然而，基于电子学的系统最终可能会成为主导模式，因为它可以制造各种高度集成和经济高效的系统。太赫兹无线通信系统面临的主要挑战涉及以下五个领域。

6.3.3.1 电子器件的制造

如图 6-25 所示，尽管射频 / 微波器件的制造已经成熟，但太赫兹器件的制造尚不成熟。高精度的机械加工已经生产出许多高质量的毫米波和亚太赫兹天线与波导，但可能难以满足更高频率的要求。鉴于半导体器件的工作频率已经达到太赫兹波段，半导体材料的影响和器件封装的分布参数效应直接影响电路和系统的性能，给调制速度和调制深度带来了更大的挑战。众所周知，自然材料不能有效地快速操控太赫兹波，因此，有必要找到合适的材料和结构来实现太赫兹波的高速调制。到目前为止，已经在太赫兹调制器中应用了二维电子气复合材料（例如 GaN HEMT）和二维材料（例如石墨烯）。因此，未来可以开发响应时间小于 1ps 的太赫兹波人工材料，用于器件制造。

6.3.3.2 功率效率与散热

如图 6-26 所示，电子器件的太赫兹系统产生的功率通常较小，因此，除非使用高增益天线，否则传输距离非常有限。随着功率和工作频率的增加，功耗和散热可能成为主要问题，因为对于导电材料来说，欧姆损耗与频率成正比，而且太赫兹设备和系统的尺寸通常较小。功率效率和散热已经成为毫米波系统主要限制之一，包括 5G 毫米波移动设备和基站。提高功率效率和解决散热问题可能是商用太赫兹无线系统面临的主要挑战。

6.3.3.3 数字信号处理速度

为了在未来几十年内实现高达 100Gbps 甚至 1Tbps 的高速通信，太赫兹通信系统需要低复杂度和高效的数字信号处理结构。模数转换器（ADC）的采样率与太赫兹通信的更大带宽相匹配，但是制造满足尺寸、重量、功耗和带宽要求的器件已不再可行。为了解决这个问题，采用低分辨率的 ADC 来量化接收信号。高效的太赫兹波段信号处理至关重要，原因有两点：首先，需要考虑大规模 MIMO 天线系统，以克服由于严重的功率限制和传播损耗而导致的通信距离非常短的问题；其次，需要克服太赫兹信道和数字基带系统带宽不匹配的问题，这样做将有效降低硬件成本和功耗。

图 6-27 和图 6-28 给出了发射端和接收端并行数字信号处理结构示意图。

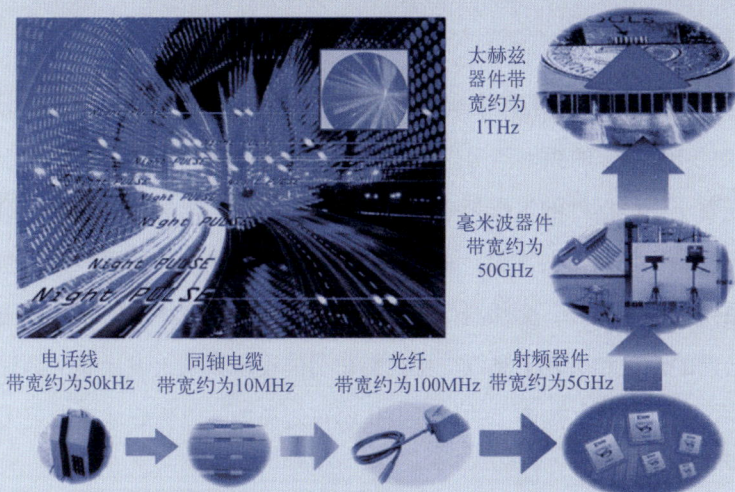

图 6-25 电子设备

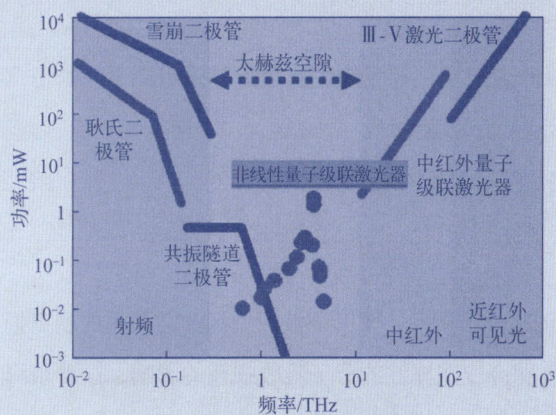

图 6-26 不同来源的太赫兹输出功率与频率的关系[1]

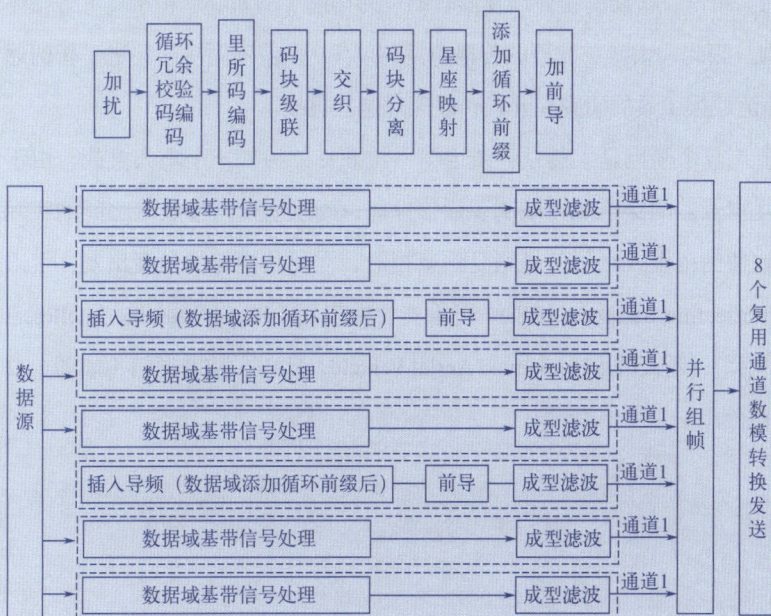

图 6-27 发射端并行数字信号处理结构

153

6.3.3.4 设计、仿真和测量工具

通信系统的计算机辅助设计已成为一种行业标准实践，能够显著缩短开发时间并降低成本。目前的设计和仿真工具仅在大约 100GHz 的频率范围内相对准确，因为许多用于更高频率的器件模型不准确或不为人知。随着半导体器件的工作频率增加到太赫兹波段，半导体材料的影响以及器件封装的分布参数效应变得比低频更加显著。非线性模型的准确性和半导体器件参数提取直接影响电路设计并确定系统性能。此外，混频器、放大器和倍频器是高度精密的非线性器件，具有复杂的特性。改进当前的设计和仿真工具以支持太赫兹通信设备和系统设计非常具有挑战性。此外，多物理层面（电子、电磁、热等）的仿真也是不可避免的，以更好地模拟现实情况。

其他相关的研发工具包括测量设备和装置，这些设备大多价格昂贵且功能有限。对于价格实惠且准确的仿真和测量工具的需求日益增长。

图 6-29 给出了整体通信系统的仿真，可以分为三层，各层的性能分析需要用到不同的仿真技术。

图 6-30 给出了典型的太赫兹信道测量方案，包括主要的测量仪器。

6.3.3.5 太赫兹波传播与通信覆盖增强

太赫兹通信系统带来了前所未见的、迫切的挑战。例如，太赫兹波段受到非常严重的展宽损耗（在 1THz 时，1m 处的展宽损耗大于 94dB）和高度选择性的分子吸收损耗的影响，这严重降低了太赫兹传输距离。此外，高反射和散射损耗显著削弱了非直线传播的信号，而短波长使太赫兹信号传播对遮挡非常敏感。用户、移动的物体以及固有的室内构造（例如墙壁和家具）等物体可能充当不可穿透的遮挡物。因此，太赫兹波段的传播特性与射频/微波不同。这促进了新的通信范式、新型信号处理和信道建模工具的研究和开发，以应对这些挑战。

确保所需应用的信号覆盖及增强也是太赫兹无线通信系统面临的另外一个重大挑战。由于太赫兹信号较大的路径损耗和较差的穿透能力限制了通信性能，当发射端与接收端之间的实际距离大于太赫兹频段的有效通信范围或者通信链路受到遮挡时，需要从中继的角度出发，引入智能反射表面（Intelligent Reflecting Surface，IRS）/可重构智能表面（Reconfigurable Intelligent Surface，RIS）（如图 6-31 所示）、无人机（Unmanned Aerial Vehicle，UAV）辅助通信（如图 6-32 所示），增强太赫兹通信覆盖范围。

154

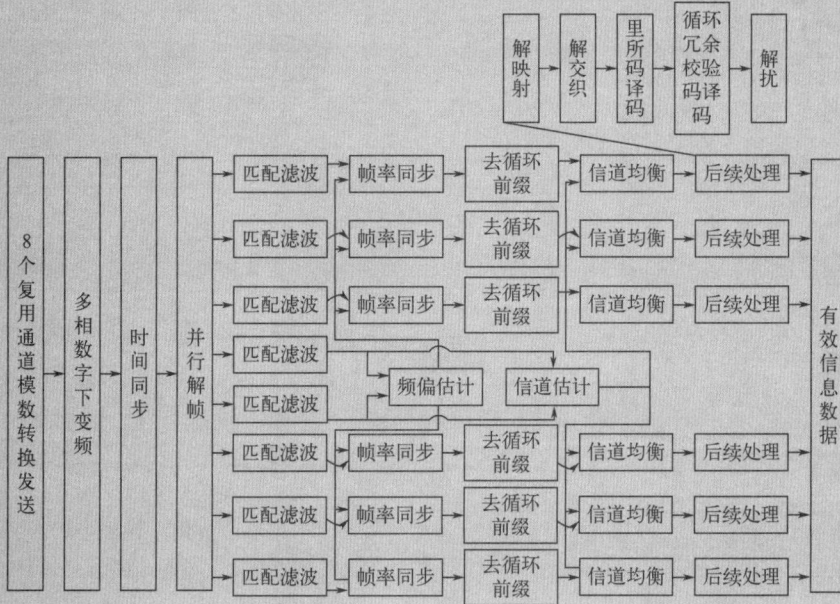

图 6-28　接收端并行数字信号处理结构

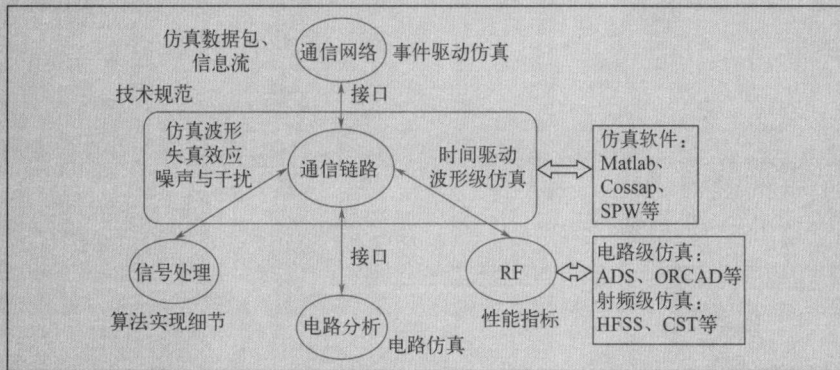

图 6-29　通信系统的三级分层结构

155

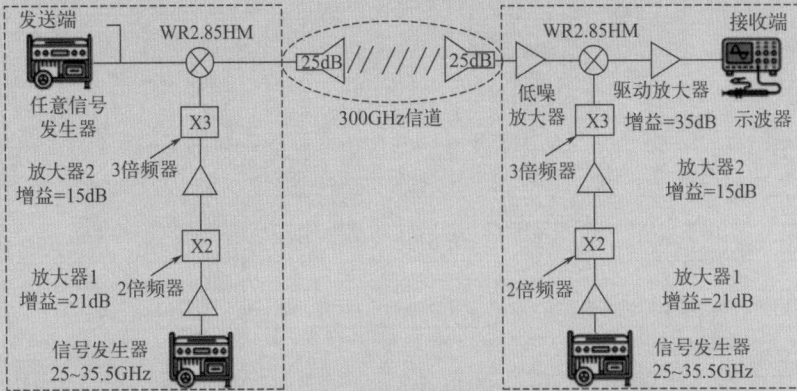

图6-30　太赫兹信道测量方案

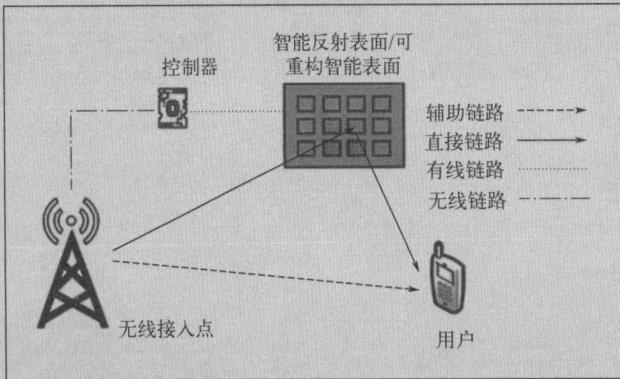

图6-31　智能反射表面／可重构智能表面辅助的太赫兹通信

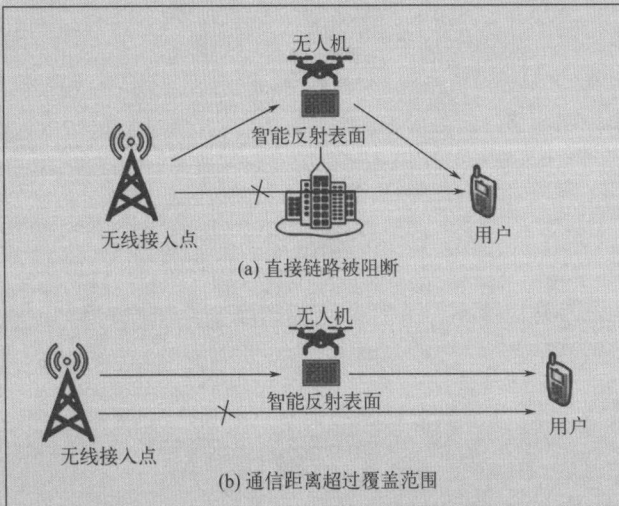

图6-32　无人机和智能反射表面辅助的太赫兹通信

156

6.4 太赫兹通信标准化

通信系统的商业引入和成功需要系统进行标准化，并有专用的频谱可用。

6.4.1 国际电信联盟（ITU）

国际电信联盟在世界无线电大会 WRC-2012 上划分了 275～1000GHz 范围内的多个频段，用于被动业务应用，包括射频天文学、地球探测卫星和空间研究等。ITU 已经指定 0.12THz 和 0.22THz 频段分别用于下一代地面无线通信和卫星间通信。2019 年 11 月，WRC-2019 会议确定了 275～450GHz 频率范围内的陆地移动和固定业务应用的频谱分配，如表 6-4 所示，新增了 275～296GHz、306～313GHz、318～333GHz、356～450GHz 四个全球标识的移动业务频段，并引入了两个超大带宽频点，分别是 275GHz（252～296GHz，带宽 44GHz）和 400GHz（356～450GHz，带宽 94GHz）。

表6-4　在100~450GHz范围内分配给移动业务的频段

频段 /GHz	连续带宽 /GHz
102～109.5	7.5
141～148.5	7.5
151.5～164	12.5
167～174.8	7.8
191.8～200	8.2
209～226	17
252～275	23
275～296[①]	21
306～313[①]	7
318～333[①]	15
356～450[①]	94

① WRC-19大会分配给固定通信业务和移动通信业务的频段。

2018 年 8 月，ITU-T SG13 成立了 FG NET-2030 焦点组，专注于系统愿景和应用需求研究。2019 年 5 月，ITU FG NET-2030 工作组发布了白皮书，对现有网络的挑战和未来通信网络特征进行了蓝图定义，包括全息通信、多感知网络、时间确定性应用等。

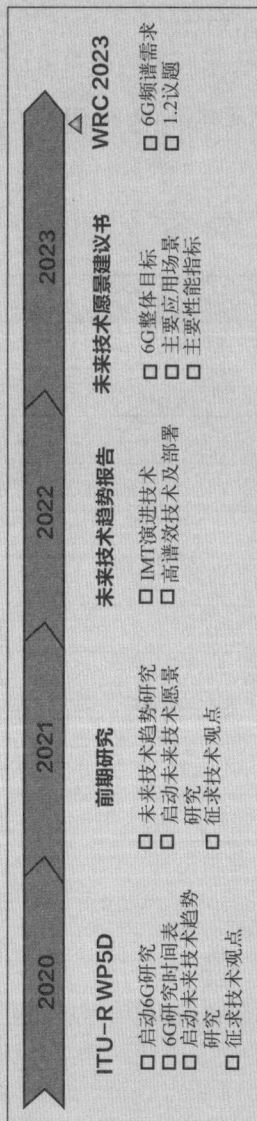

图6-33 ITU 6G早期研究计划

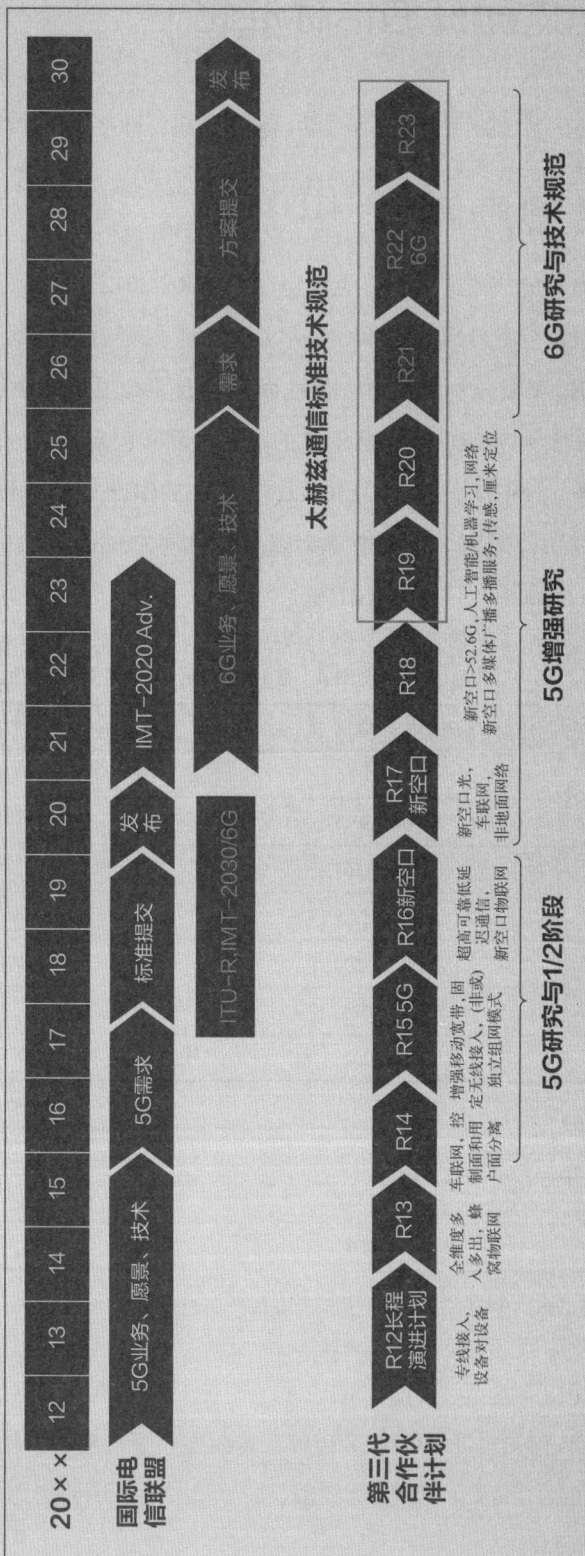

2020 2021 2022 2023

ITU-R WP5D

前期研究
- 未来技术趋势研究
- 启动未来技术愿景研究
- 征求技术观点

未来技术趋势报告
- IMT演进技术
- 高谱效技术及部署

未来技术愿景建议书
- 6G整体目标
- 主要应用场景
- 主要性能指标

WRC 2023
- 6G频谱需求
- 1.2议题

- 启动6G研究
- 6G研究时间表
- 启动未来技术趋势研究
- 征求技术观点

图6-34 B5G/6G 大赫兹通信标准时间窗口预测[4]

20×× 12 13 14 15 16 17 18 19 20 21 22 23 24 25 26 27 28 29 30

国际电信联盟

5G业务、愿景、技术 | 5G需求 | 标准提交 | 发布

ITU-R,IMT-2030/6G | IMT-2020 Adv.

6G业务、愿景、技术 | 需求 | 方案提交 | 发布

大赫兹通信标准技术规范

第三代合作伙伴计划

R12长程演进计划 | R13 | R14 | R15 5G | R16新空口 | R17新空口 | R18 | R19 | R20 | R21 | R22 6G | R23

专线接入、设备对设备 | 全维度多入多出、家庭联网、双物联网 | 车联网、控、增强移动宽带、图 | 制面利用、定无线接入、户流组网 | 起高可靠低延迟通信、独立组网模式、新空口物联网 | 新空口光、车联网、非地面网络 | 新空口-S2.6G、人工智能/机器学习、网络、新空口多媒体广播、多播服务、传感、厘米定位

5G研究与1/2阶段 | 5G研究与1/2阶段 | 5G增强研究 | 6G研究与技术规范

2020 年 2 月，在 ITU-R WP5D 工作组会议上，启动了面向 2030 及 6G 的研究工作。本次会议初步制定了 6G 研究时间表，包括未来技术趋势研究报告、未来技术展望建议等重要规划节点。目前 ITU 尚未确定 6G 标准的制定计划。

图 6-33 给出了 ITU 关于 6G 的早期研究计划。

6.4.2 美国电气电子工程师学会（IEEE）

IEEE 较早开始并积极推动太赫兹通信的标准化工作。2008 年，IEEE 802.15 成立了太赫兹兴趣小组（THz Interest Group，IG THz），主要关注在 275～3000GHz 频段的太赫兹通信和相关网络应用。IG THz 专注于开放频谱问题和信道建模等技术的发展。

2013 年 7 月，IEEE 802.15 成立了研究组 SG 100G，迈出了制定新标准的重要一步。该研究组于 2014 年 3 月完成了其工作，并建立了 3d 任务组。2017 年，3d 任务组发布了 IEEE Std. 802.15.3d—2017，这一修订标准以 IEEE Std. 802.15.3c 为基础，定义了符合 IEEE Std.802.15.3—2016 的无线点对点物理层，其频率范围从 252GHz 到 325GHz，是第一个适用于 300GHz 频段的无线通信标准。

6.4.3 第三代合作伙伴计划（3GPP）

3GPP 目前已发布的信息表明他们计划在 2023～2026 年期间启动 6G 研究，并在 2026～2028 年期间启动 6G 标准研究。

如图 6-34 所示，业界对于 B5G/6G 太赫兹通信技术标准制定的时间窗口进行了预测。可以看到，在距离太赫兹通信技术标准化还有 3～6 年的关键技术研究时间窗口。

6.4.4 中国通信标准化协会（CCSA）

CCSA 的无线通信组前沿无线技术子组（TC5 WG6）于 2018 年启动了与 B5G/6G 相关的立项研究。该研究涵盖了 B5G/6G 系统的愿景与需求，以及潜在的无线新技术，包括光通信和太赫兹通信技术等方向。

参考文献

[1] Huang Y, Shen Y, Wang J. From terahertz imaging to terahertz wireless communications[J]. Engineering, 2022, 22: 106-124.

[2] Toyoshima M, Yamakawa S, Yamawaki T, et al. Long-term statistics of laser beam propagation in an optical ground-

to-geostationary satellite communications link[J]. IEEE Transactions on Antennas and Propagation, 2005, 53(2): 842-850.

[3] Kleine-Ostmann T, Nagatsuma T. A review on terahertz communications research[J]. Journal of Infrared, Millimeter, and Terahertz Waves, 2011, 32: 143-171.

[4] 中国联通. 中国联通太赫兹通信技术白皮书[EB/OL]. 2020. https://www.xdyanbao.com/doc/yvrxq2cpl1?bd_vid= 12772324977835682639.

第7章
大赫兹雷达技术

7.1 基本原理

7.1.1 一些基本概念

雷达是英文"Radio Detection And Ranging"的缩写 Radar 的音译，其含义是无线电（对目标）探测和测距。它的基本功能是利用目标对电磁波的散射来发现目标并确定目标的空间位置。

雷达能实现对目标距离等方位信息的探测，这与电磁波的传播特性密切相关：

① 电磁波在空间中通常是以恒定的速度沿直线传播的，但会因大气和气候条件的改变而略有不同；

② 电磁波在空气中以接近光的速度传播；

③ 电磁波的反射现象，即电磁波遇到障碍物会被反射。

通过对电磁回波的探测，根据电磁波的性质，对电磁波进行数据处理和分析即可得出所测量目标的方位信息。

7.1.2 雷达基础原理

雷达的工作原理与声波反射原理非常相似。如果我们朝着岩石峡谷或洞穴方向大喊大叫，我们将听到回声。若我们知道空气中的声速，就可以估计物体的距离和大致方向。

雷达以大致相同的方式使用电磁能量脉冲实现对物体方位信息的探测，如图 7-1 所示。射频（RF）信号传输到反射物体并从反射物体反射。一小部分反射能量返回雷达装置。正如在声音术语中一样，雷达装置也是使用回波来定义反射回来的电磁波的。

学习任何东西，都是先知其形，后会其意，最终才得其神，因此一个事物的物理组成或者其形式就是入门的基础。如今雷达系统的组成越来越复杂，不过去粗取精后，最基本的结构就只有五个，即发射机、接收机、雷达天线、雷达信号处理器、指示器，如图 7-2 所示。

7.2 太赫兹雷达

7.2.1 雷达分类

雷达的种类繁多，分类的方法也非常复杂。一般为军用雷达，其通常可以按照雷达的用途分类，如预警雷达、搜索警戒雷达、引导指挥雷达、炮瞄雷达、测高雷达、战场监视雷达、机载雷达、无线电测高雷达、雷达引信、气象雷达、航行管制雷达、导航雷达，以及防撞和敌我识别雷达等。

① 按照雷达信号形式分类，有脉冲雷达、连续波雷达、脉冲压缩雷达和频率捷变雷达等。

图 7-1 雷达探测示意图

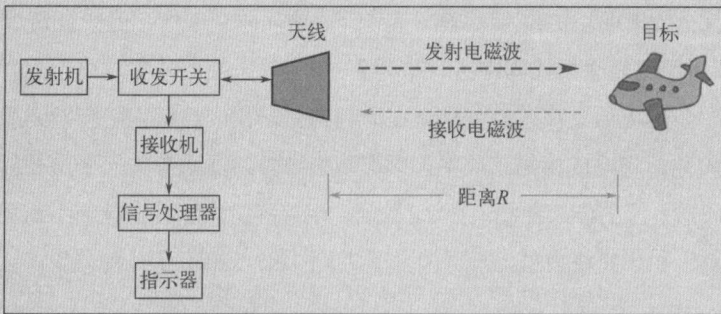

图 7-2 雷达基本系统

[发射机能产生短时间的高功率射频能量脉冲，这些无线电能量脉冲可以通过天线发射到空中。接收机能通过天线接收从空中反射回的回波，并做一些简单的处理。雷达天线可以将发射机的能量信号传输到空中，同样，也可以把空中的能量信号接收回接收机。雷达信号处理器好比整个系统中的大脑。它最主要的目的，就是消除一些不需要的信号杂波、干扰，并加强目标产生的回波信号。同时还涉及一些算法，让其对杂波（干扰）和真正目标产生的回波做出判决。指示器其实就是一个显示设备，主要是为了给测试人员一个易于理解的图像]

图 7-3 车载雷达

图 7-4 有源相控阵雷达

163

② 按照角跟踪方式分类，有单脉冲雷达、圆锥扫描雷达和隐蔽圆锥扫描雷达等。

③ 按照目标测量的参数分类，有测高雷达、二坐标雷达、三坐标雷达和敌我识别雷达、多站雷达等。

④ 按照雷达采用的技术和信号处理的方式分类，有相参积累和非相参积累、动目标显示、动目标检测、脉冲多普勒雷达、合成孔径雷达、边扫描边跟踪雷达。

⑤ 按照天线扫描方式分类，有机械扫描雷达、相控阵雷达等。

⑥ 按雷达频段分类，有超视距雷达、微波雷达、毫米波雷达、太赫兹雷达，以及激光雷达等。

其中，相控阵雷达又称作相位阵列雷达，是一种以改变雷达波相位来改变波束方向的雷达，因为是以电子方式控制波束而非传统的机械转动天线面方式，故又称为电子扫描雷达相控阵技术，早在 20 世纪 30 年代后期就已经出现。1937 年，美国首先开始这项研究工作，但一直到 20 世纪 50 年代中期才研制出 2 部实用型舰载相控阵雷达。20 世纪 80 年代，相控阵雷达由于具有很多独特的优点，得到了更进一步的应用。在已装备和正在研制的新一代中、远程防空导弹武器系统中多采用多功能相控阵雷达，它已成为第三代中、远程防空导弹武器系统的一个重要标志，从而大大提高了防空导弹武器系统的作战性能。在 21 世纪，相控阵雷达随着科技的不断发展和现代战争兵器的特点，其制造和研究将会更上一层楼。图 7-3～图 7-5 给出了几种典型雷达的照片。

7.2.2 太赫兹雷达简介

近年来，随着太赫兹波产生、探测、传输等技术的逐步发展，太赫兹频段已成为军事高科技竞争的新的战略制高点，太赫兹雷达实验系统不断涌现[1]。

相比于微波雷达，太赫兹雷达波长短、带宽大，具有极高的"空时频"分辨力：在空间上意味着成像分辨率高，同时目标粗糙和细微结构变得可见，能够对目标特征进行精细刻画；在时间上意味着成像帧率高，有利于对目标实时成像和引导武器系统精确打击；在频谱上意味着多普勒敏感，有利于微动探测和高精度速度估计。

此外，太赫兹雷达波束窄使得天线增益和角跟踪精度高；频段宽容易实现抗干扰，而严重的大气衰减对太赫兹雷达客观上也形成了保护；器件小使系统可以高度集成化、小型化、阵列化，适合于小型无人机及其集群、卫星、导弹等平台搭载；能够使材料隐身和外形隐身，并利用传播特性近光学特点大量使用准光器件对波束进行扩束、聚焦、准直等调控。

相比于激光雷达，太赫兹波穿透烟雾、浮尘、沙土的能力更强，且对空间高速运动目标的气动光学效应与热环境效应不敏感，可用于复杂环境作战与空间高速运动目标探测。

太赫兹波产生方式主要分为电子学和光学两类，其产生机理与典型代表如图 7-6 所示。据此，太赫兹雷达可分为电子学和光学两类，如图 7-7 所示。需要说明的是，量子级联激光器和半导体

图 7-5　机载相控阵雷达

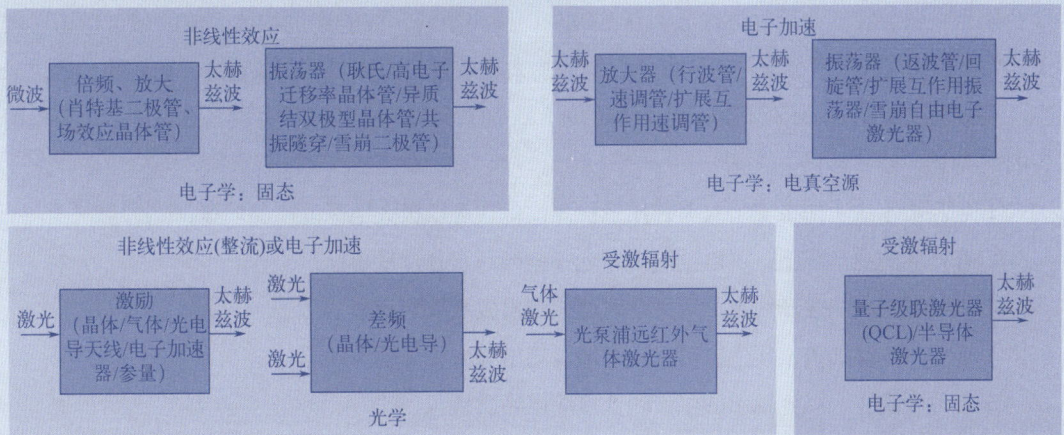

图 7-6　太赫兹波产生方式

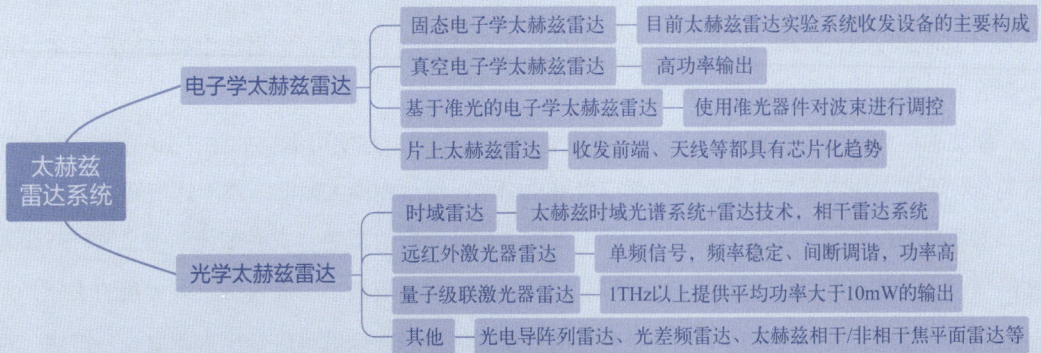

图 7-7　太赫兹雷达系统分类

激光器太赫兹雷达由于采用激光激励而归入光学太赫兹雷达。

7.2.3 太赫兹雷达应用

7.2.3.1 太赫兹波用于透视安全检测

太赫兹波利用透视成像技术，做成各种安全监测设备，是成功的应用之一，如图 7-8 所示。它可用于机场、车站等地方的安全检查。人们可能会疑问，它与用微波做成的检测有什么不同？太赫兹波的分辨率高，不仅可以在形态上识别危险品，而且可以识别危险品的种类，在塑料凶器、陶瓷手枪、塑胶炸弹、流体炸药和人体炸弹、毒品的检测和识别上，更是"明察秋毫"。

还有海关进口物品，如果其中夹带一些危禁品，也难逃太赫兹安全检测。

7.2.3.2 太赫兹透视检测设备用于流水线生产检测

如图 7-9 所示，基于透视的成像技术，被检测物体的一边放置太赫兹发射源，在其对面放置接受器和成像装置。如果物体吸收太赫兹波少，例如塑料，波能穿过物体，波的透过量相对较大；如果物体吸收太赫兹波多，例如水，此时的太赫兹波在物体内部衰减通过，相对地，透过量小。根据透过量大小，不仅可以确定物体的外形，而且可以确定物质的种类。显示内容依照检测目的来决定：

① 生产流水线上如果安装太赫兹质量检测设备，可以极大地保证产品质量；

② 在药品的生产线上，可以及时地发现哪些产品水分含量超标；

③ 在纤维材料的生产线上，可以及时地检测出质量缺陷；

④ 在塑料产品的流水线上，可以及时地检测出气泡、分层等缺陷；

⑤ 在复合陶瓷、陶瓷轴承的生产线上检测产品质量。

这种太赫兹透视检测是一种无损检测，而且检测轻松及时。

7.2.3.3 太赫兹反射检测，近距离雷达

用太赫兹波照射物体，一定有一些反射波，利用反射波成像也可以做出太赫兹检测设备。用太赫兹波做成的近距离雷达有广泛的应用前途。

探测物体内部有没有缺陷，用近距离雷达做无损检测，方便可靠。如图 7-10 所示，要维修古建筑，不知木柱内部有没有发生腐烂或者蛀虫空洞，用近距离太赫兹雷达一探便知。

太赫兹近距离雷达可以探测室内。在室外用太赫兹波照射室内，太赫兹波遇到金属材料反射波最强；太赫兹波可以穿透墙壁、木材等非金属材料，反射波最小；而人身上有大量的水分，太赫兹波不能透过，反射波就适中。于是利用这种反射波差异成像就可以做出近距离探测雷达。对墙后的物体做出三维成像。如果用于反恐或是监测，可以探测出室内有没有人员。如果在灾后救

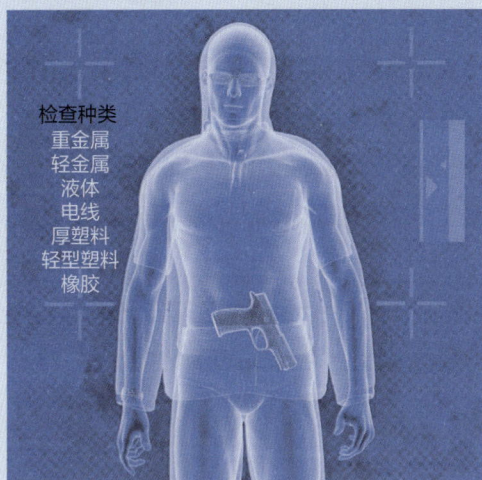

图 7-8 太赫兹雷达透视安全检测

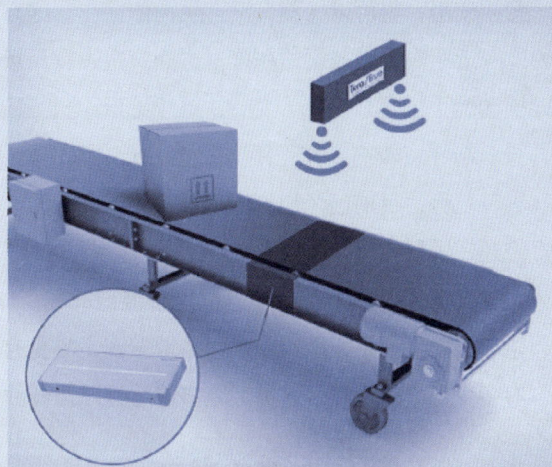

图 7-9 太赫兹成像非接触流水线生产检测

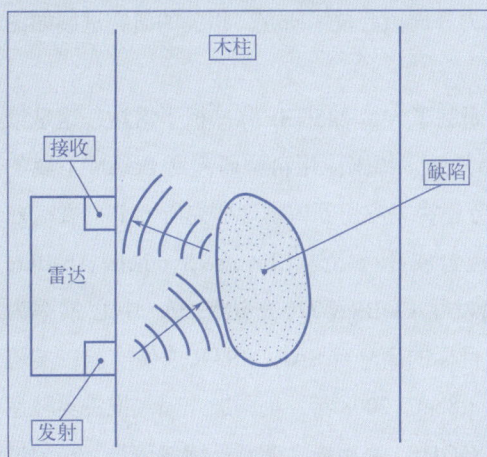

图 7-10 太赫兹近距离雷达实现古建筑检测

图 7-11 太赫兹雷达实现军事三维透视

援中使用，也可以探测有没有生物体存在。这方面的研究还在进行中。

近距离太赫兹雷达在排雷方面肯定大有用场。利用强太赫兹辐射照射路面，可以较大面积地探测地下的雷场分布。如此，士兵们不需要靠近可疑地段，在远离危险的情况下便可以进行检查。与耗资较高、作用距离较短、无法识别具体爆炸物的 X 射线扫描仪相比，太赫兹成像具有独特优势，目前已经初步应用于检查邮件、识别炸药及无损探伤等安全领域，关于排雷方面的研究还在进行中。

太赫兹近距离雷达还可以用于监测战场。如图 7-11 所示，因为太赫兹波可以穿透烟雾、沙尘、墙壁，于是三维成像就清楚地看到，哪里有什么隐蔽的武器，哪里有隐蔽的坦克火炮，哪里有多少隐蔽的人员，这种近距离雷达可以拨开战场迷雾。这方面的研究还在进行中。

7.2.4 太赫兹雷达技术进展

鉴于太赫兹雷达在高分辨成像与探测识别方面的突出优势，其自诞生之日起就受到国内外研究机构的高度关注，而且研究机构投入了大量人力物力开展核心技术研究。相关的研究进展如图 7-12 所示。

1991 年，美国佐治亚理工学院的 Mcmillan 等人研制了一台 225GHz 脉冲相干雷达，这是第一部在太赫兹频段实现锁相的相干雷达。从 2007 年开始，德国应用科学研究所 FGAN 下属的弗劳恩霍夫高频物理与雷达技术研究中心 FHR 和弗劳恩霍夫应用固体物理研究所 IAF 对太赫兹合成孔径雷达（Synthetic Aperture Radar，SAR）和逆合成孔径雷达（Inverse Synthetic Aperture Radar，ISAR）成像开展了一系列的研究，首先研发了 COBRA-220 雷达系统，中心频率为 220GHz，使用该系统开展了对自行车、汽车等复杂目标的高分辨 SAR、ISAR 成像实验，实验结果表明该系统对 135m 距离处的目标成像分辨率达 1.8cm。2008 年，美国加州喷气推进实验室研制了一部主动相干太赫兹雷达，中心工作频率为 585GHz，采用线性调频连续波信号，扫频带宽为 12.6GHz，其 ISAR 成像获得了亚厘米级的分辨率。2013 年，FHR 又研发了 MIRANDA-300 雷达系统，工作频段为 325GHz，带宽达 40GHz，分辨率达到 3.75mm。2010 年，美国马萨诸塞大学的亚毫米波技术实验室（Submillimter-wave Techniques Laboratory，STL）基于太赫兹量子级联激光器（Terahertz Quantum Cascade Laser，TQCL）实现了一部频率为 2.408THz 的相干雷达成像系统。2011 年，德国法兰克福大学与丹麦技术大学提出了一种太赫兹阵列雷达成像系统。

2010 年，西安电子科技大学对太赫兹 SAR 系统进行了详细论证设计，同年，中国工程物理研究院开展了无人机机载太赫兹 SAR 概念研究。2011 年，中国工程物理研究院自主研制了国内首个 140GHz 高分辨率 ISAR 系统，通过宽带 ISAR 进行实时成像处理，获得了太赫兹高分辨率 ISAR 成像。2018 年 12 月，参考美国 DARPA 的 ViSAR 体制，中国航天科工二院二十三所采用一发四收方案研制的太赫兹 ViSAR 雷达进行了飞行试验，并成功获取国内首组太赫兹 ViSAR 影像结果[2]。

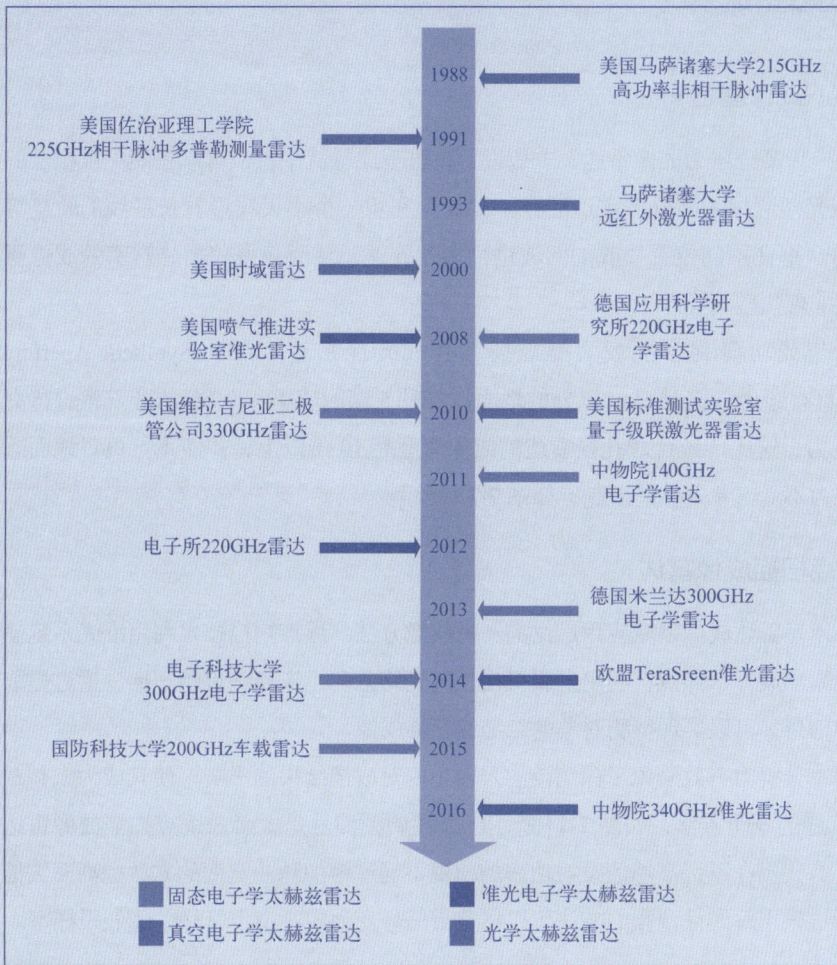

图 7-12 太赫兹雷达系统发展历程[2]

图 7-13 ViSAR 项目构想[3]

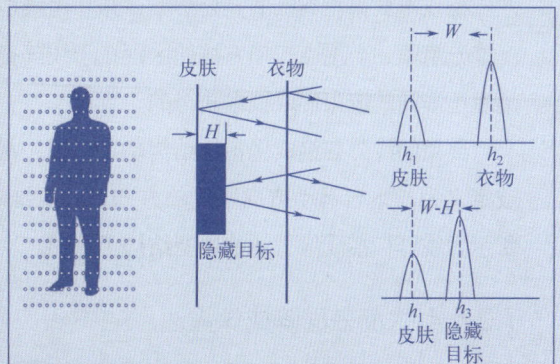

图 7-14 太赫兹逐点扫描成像雷达原理

7.2.5 典型的太赫兹雷达系统

7.2.5.1 太赫兹SAR成像雷达

合成孔径雷达是一种高分辨力成像雷达，一般设置在机载或星载平台，可以在能见度极低的气象条件下得到类似光学照相的高分辨雷达图像。SAR是利用一个小天线沿着长基线的轨迹等移动并辐射相干信号，把在不同位置接收的回波进行相干处理，从而获得较高分辨率的成像雷达，可分为聚焦型和非聚焦型两类。

DARPA于2017年成功研制了机载太赫兹视频合成孔径雷达（Video Synthetic Aperture Radar，ViSAR），其具有穿透云雾对5km以外的地面以每秒5帧的速率和0.2m的分辨率进行高清晰视频流成像的能力，这比传统合成孔径雷达的成像速度高10倍以上，并使飞行员对地面态势的实时精确感知能力不受气象条件的限制，如图7-13所示。

7.2.5.2 太赫兹逐点扫描成像雷达

逐点扫描成像技术是雷达成像领域应用广泛的一种成像方法。逐点扫描技术利用准光系统使探测波在焦平面附近聚焦成一个焦点，利用伺服机构控制光路方向，实现焦点的扫描，通过提取反射回波强度和其他信息，可以实现待测对象的二维或三维成像。

利用高精度距离维分辨力有效避免了探测波的入射角度对成像结果的影响，使其成为太赫兹逐点扫描成像雷达首选的成像方法，如图7-14所示。线性调频信号是太赫兹逐点扫描成像雷达的首选发射波形，其有利于在不提高峰值发射功率的前提下通过增加脉冲宽度的方法提高回波信噪比。在接收端，通过采用解线性调频的方法可以将宽带信号变为中频窄带信号，降低采样率。

7.2.5.3 太赫兹线阵扫描成像雷达

基于阵列扫描的成像雷达为精确、实时的高分辨率三维成像提供了可能。此方法同样利用脉冲压缩技术获得距离维的高分辨率，并利用线型阵列在沿航迹方向的运动合成虚拟孔径以获得高度维分辨率，与逐点扫描方法的区别在于线阵扫描雷达在方位维（与航迹垂直方向）的高分辨率是通过阵列的波束形成技术获得的。

典型的线阵扫描成像雷达结构是正下视，雷达天线与平台运动方向垂直并向下俯视，高度维被定义为与平台运动方向平行的方向，方位维被定义为与平台运动方向垂直的方向。如图7-15所示为线阵扫描成像雷达的典型结构示意图。

7.2.5.4 太赫兹面阵成像雷达

所谓面阵雷达就是一种电子扫描雷达，其收发阵列在二维平面上分布，用电子方法实现天线波束指向在空间的转动或扫描。面阵雷达在两个方位维都取代了机械扫描，因此扫描速度得到了

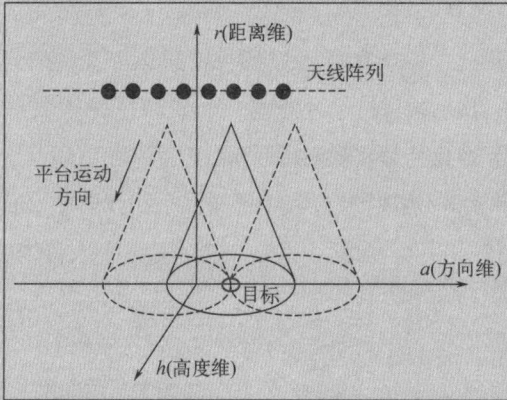

图 7-15 线阵扫描成像雷达的典型结构示意图

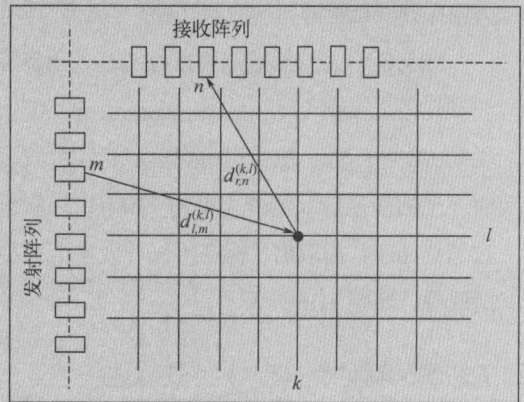

图 7-16 收发阵列位置示意图

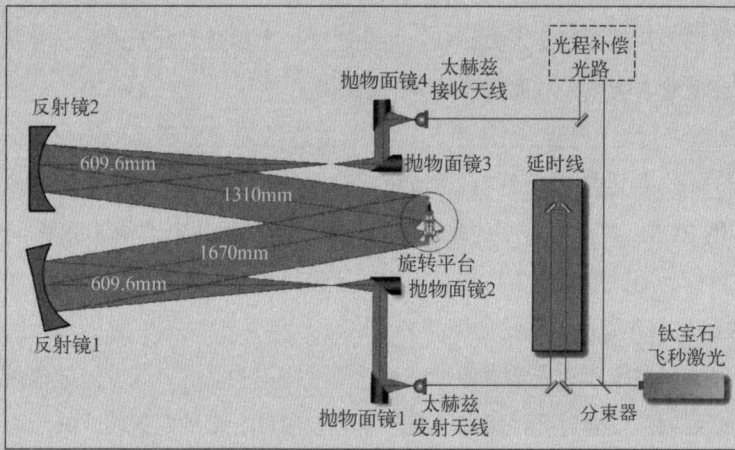

图 7-17 太赫兹时域雷达系统示意图[4]

（天津大学利用以钛宝石飞秒激光为泵浦源的太赫兹时域雷达紧缩场，对多种结构和目标进行缩比成像研究）

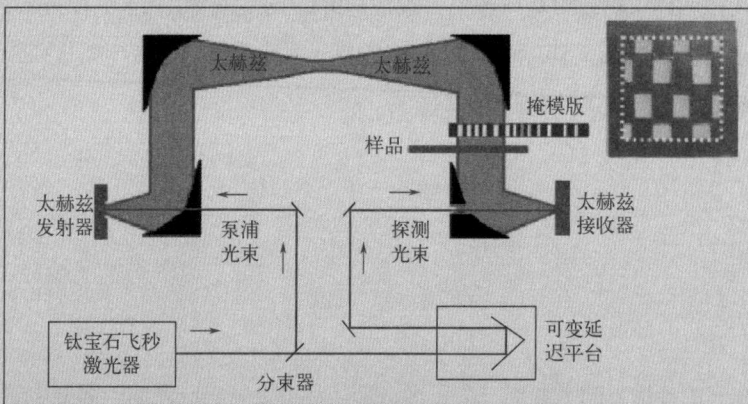

图 7-18 基于压缩感知的太赫兹脉冲分光成像系统[5]

大幅提升。相控阵雷达是应用最广泛的面阵雷达。

MIMO 雷达的发射端和接收端均采用多天线的形式，各个发射天线同时辐射相互正交的信号波形，每个接收天线接收所有空间中的回波信号后，由后端进行信号处理，分离出对应各个发射天线的回波信号，故可以得到远多于实际收、发阵元数目的等效观测通道和自由度。在空间上与时间上的多通道观测能力使得 MIMO 雷达能够在单次阵列扫描的过程中采集多个回波信息，通过信号处理，提取出目标在不同收发单元照射下的信号幅度、时延、相位，进而实现对目标的实时成像，如图 7-16 所示。

7.2.5.5 其他新体制太赫兹雷达

极窄脉冲太赫兹雷达：极窄脉冲太赫兹雷达大多为太赫兹时域脉冲雷达，太赫兹脉冲的典型脉宽在皮秒量级，能够为成像系统提供超高的时间分辨率。同时，由于单个脉冲脉宽极窄，所以，其频谱极其丰富，通常能够覆盖几赫兹到几十太赫兹。除此之外，太赫兹时域光谱系统对黑体辐射并不敏感，可大幅滤除环境背景噪声，从而得到较高的信噪比。

太赫兹时域脉冲雷达的典型应用之一是缩比测量。目标的雷达散射截面积（Radar Cross Section，RCS）是雷达设计所依赖的重要指标。目前雷达波段普遍较低，其远场条件所需距离较远，若采用测试方法获取目标的 RCS，则需要较高的成本和较大的实验场地，不方便 RCS 的测量。缩比测量的基本原理是将目标、测试场景及雷达波长按相同比例缩小，从而在较小场地下实现目标较低频段下 RCS 的等效测量。典型测试系统如图 7-17 所示。

孔径编码太赫兹雷达：孔径编码技术作为光学成像领域小孔成像应用的衍生，其成像原理借鉴小孔成像方式，避免了多角度照射，仅通过孔径编码天线产生多自由度、多种照射模式的照射波束，从而得到富含目标散射信息的回波结果。再根据孔径编码的编码方式，对信号进行反解，即可得到目标的散射信息。这就是孔径编码实现主动凝视成像的基本原理，其仅需单次照射即可实现快速成像，链路较为简单，无须大孔径扫描。

根据照射模式的实现，孔径编码太赫兹雷达成像主要包括两类：一类是使用光学成像方式，在接收端实现编码，主要为透射式，如图 7-18 所示的太赫兹脉冲分光成像系统；另一类是在发射端编码，工作在反射模式下，通过反射式天线实现编码。

7.3 雷达探测

7.3.1 脉冲雷达测距

如果雷达发出的电磁波在它的传播方向上遇到一个目标，那么目标会将它收到的一部分电磁波反射回去，如果这些被反射的电磁波被雷达的接收天线接收到，就意味着雷达发射的传播方向

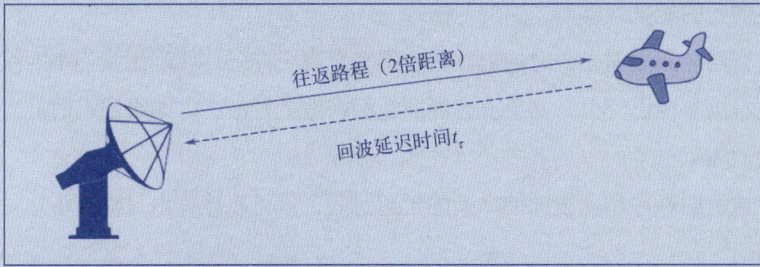

图 7-19 脉冲雷达测距原理图

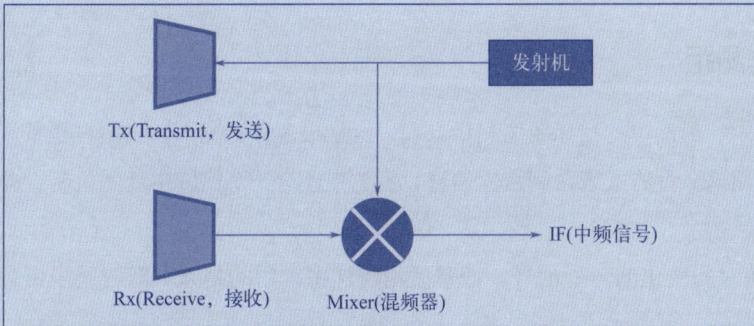

图 7-20 FMCW 雷达系统前端结构

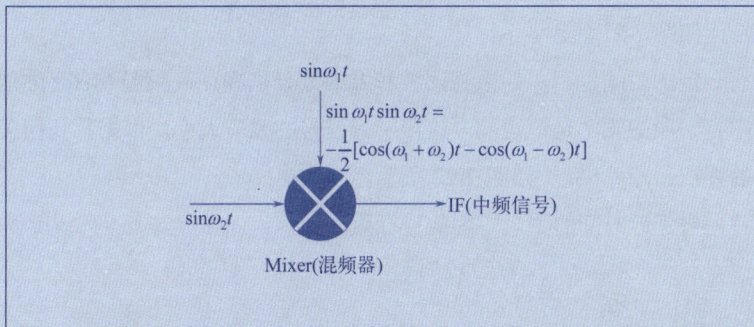

图 7-21 混频器结构

上存在目标。这种被目标反射回的能量就称为"回波"信号。

不过反射回来的电磁波有可能和发射出去时的电磁波变得有点不一样了。就好比我们小时候如果干干净净地出门，但裹着满身泥巴回家，父母就会判断我们在地上打滚了，如果回家时间太晚，那就很可能是跑到更远的隔壁村了。

同样地，根据原始的雷达发射脉冲和回波脉冲之间的延迟时间，就可以计算出目标与雷达站点之间的距离，如图 7-19 所示。

举个例子，电磁波在空气中传播的速度大约是光速 c，即 3×10^8m/s，距离 = 速度 × 时间。雷达脉冲所走的路程是雷达站和目标之间的一个来回，因此距离的计算公式就变成了 $R = ct_\tau/2$。

7.3.2 调频连续波雷达测距

上述过程只是雷达最基本、最简单的目标距离测量方式，但是很多种情况下，我们只是基于这一基本原理，并不是只采用这一种方式来得到目标信息。雷达中还有一个比较主流的机制，即调频连续波（FMCW）雷达。

FMCW 其实就是频率随时间变化的一种信号。通常民用雷达中常用的是频率随时间呈锯齿波或者三角波变化的信号。

如图 7-20 所示，FMCW 雷达系统的发射和接收天线通常是分开的，雷达信号处理机也不是直接对回波信号进行分析，而是会添加一个混频器 Mixer 将信号做一次粗加工，将得到的中频信号再拿去进行分析。混频器结构如图 7-21 所示。

回波信号相对发射波会有一定的时间延迟。如果将回波和发射波分别加在混频器 Mixer 的两个输入端，得到的差频信号中有一段的频率是恒定的。这段中频信号的频率大小，根据其几何关系，刚好就是斜率 S 和延迟的乘积，即 $f_{IF}=St_\tau$，如图 7-22 所示。

雷达测距的基础，其实就是对延迟时间的测量。因此目标距离为：

$$R = ct_\tau/2 = cf_{IF}/(2S)$$

这就是为什么需要差频信号的原因。因为差频信号的频率大小刚好能够映射出回波的返回时间，也就能够实现对目标的测距。

不论雷达形式如何变化，测量什么参数，但最终都是依照一个原则，即提取出回波延时量。

7.3.3 雷达测角

通过回波时延参数虽然能够得到目标和雷达站之间的距离，但是如果不通过测角来确定出具体方位，目标就仿佛是修炼了鬼影神功的"东瀛忍者"，能以该距离为半径，360° 全方位变换出无数个影分身迷惑住雷达站。

事实上，不论是雷达回波，还是什么奇奇怪怪的电磁波，无非都是从三个方向去剖析它，分

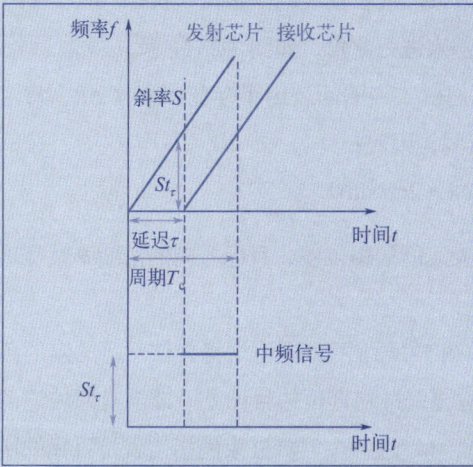

图 7-22 中频信号

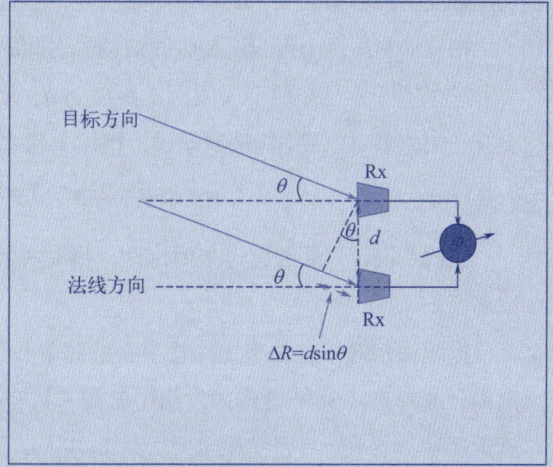

图 7-23 相位法测角原理图

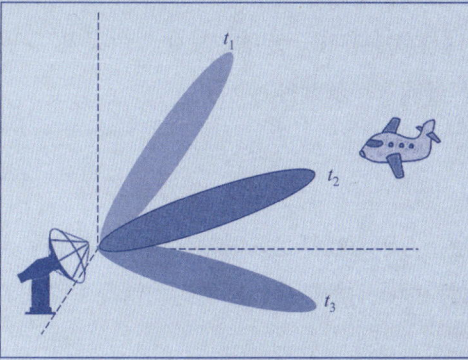

图 7-24 振幅法测角示意图

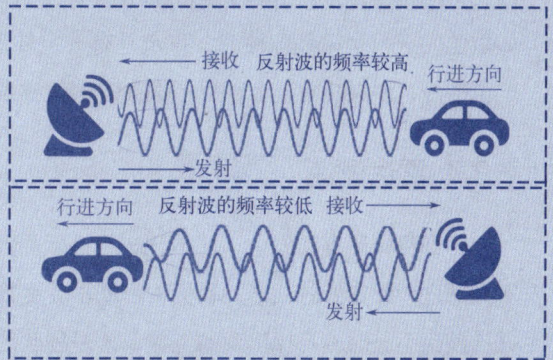

图 7-25 多普勒雷达测速原理

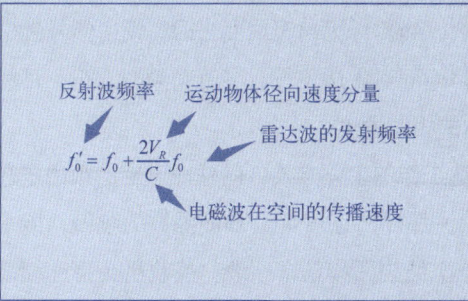

图 7-26 多普勒频率计算

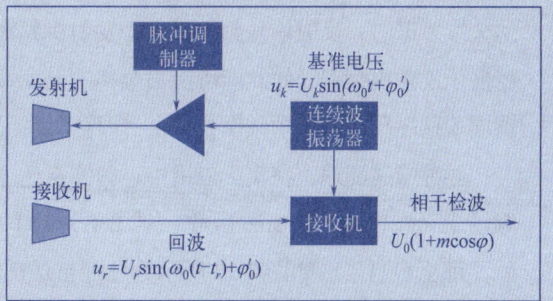

图 7-27 脉冲雷达前端的一个结构图和基本原理

175

别是幅度、频率和相位。而雷达测角功能，就可以通过相位或者幅度的信息量来获得。

相位法利用多个天线所接收回波信号之间的相位差来进行测角，如图 7-23 所示。

举个例子，已知两个天线间的距离为 d，因此它们所收到的回波由于存在波程差 ΔR，肯定会有一相位差 φ。高中物理时学过，相位 = 频率 × 时间，因此：

$$\varphi = 2\pi f t = 2\pi v t / \lambda = 2\pi \Delta R / \lambda = 2\pi d \sin\theta / \lambda$$

也就是说，只要通过一个相位计，测出两个接收天线间的相位差，目标方向的角度 θ 就呼之欲出了。

振幅法相对相位法来说，看上去就简单多了。如图 7-24 所示，雷达站将会在一定的扇形范围内，或者直接 360° 范围内发出电磁波。只有当雷达波束打到真正的目标上，才会有回波返回到雷达站，雷达站只要找到回波脉冲串的最大值，就能确定这一个时刻波束的指向就是目标的所在方向。

相比起来，振幅法的原理似乎比相位法简单多了，但是振幅法自身还是有不少局限性的，比如雷达发送两个相邻脉冲时，肯定是有一定转角的，这样就会存在一定的"量化测角误差"，更严重的是，如果转角过大，目标偏离波束轴线太远，有可能直接就漏掉目标了。

7.3.4 雷达测速

得到目标距离和方位，并不意味着目标位置已锁定，万事万物都是在时刻变化的。等到了大军到达之前锁定好的战场，目标物可能早就变换了位置。因此时刻把握目标的运动情况（测速），并推演出下一时刻目标出现的位置，才是制胜的关键。

多普勒效应（图 7-25、图 7-26）：当无线电波在行进的过程中碰到物体时，该无线电波会被反弹，而且反弹回来的波，其频率及振幅都会随着所碰到的物体的移动状态而改变。当目标向雷达天线靠近时，反射信号频率将高于发射机频率；反之，当目标远离天线而去时，反射信号频率将低于发射机频率。如此即可借由频率的改变数值（目标面对雷达飞行，多普勒频率为正；目标背向雷达飞行，多普勒频率为负），计算出目标与雷达的相对速度。

脉冲雷达测速：在实际应用中，脉冲雷达才是雷达工作的主要方式，而脉冲对应的频谱是在频谱上无线宽的一个 sinc 函数。要像单一频率的连续波那样，直接测量 sinc 函数的频偏，似乎就不那么容易了。如图 7-27 所示为脉冲雷达前端的一个结构图和基本原理。接收机会将连续波信号 u_k 和回波信号 u_r 做一个简单的加法运算，然后再求出这个和信号相干检波后的包络。图 7-27 中最终合成的信号的幅度，还得取决于回波和发射波之间的相位差值 φ。假如是一个固定不动的目标，收到的回波和发射波之间的相位差 φ 必然是一个常数。因此，检波后，隔去直流分量，就可以得到一串等幅的脉冲输出。但是，对于运动的目标而言，回波相对于发射波的相位差会随时间改变。多普勒频率和目标的径向运动速度成正比关系，只是说脉冲雷达的多普勒频率刚好就是

176

回波脉冲的包络调制频率，这相当于是连续波雷达工作的一个取样状态。

参考文献

[1] 王宏强, 邓彬, 秦玉亮. 太赫兹雷达技术 [J]. 雷达学报, 2018, 7(1): 1–21.

[2] 王宏强, 罗成高, 邓彬, 等. 太赫兹雷达前沿探测成像技术 [J]. 遥测遥控, 2021, 42(04): 1–17.

[3] Kim S H, Fan R, Dominski F. ViSAR: A 235 GHz radar for airborne applications[C]// 2018 IEEE Radar Conference (RadarConf18). IEEE, 2018: 1549–1554.

[4] 魏明贵, 梁达川, 谷建强, 等. 太赫兹时域雷达成像研究 [J]. 雷达学报, 2015, 4(2): 222–229.

[5] Shen Y C, Gan L, Stringer M, et al. Terahertz pulsed spectroscopic imaging using optimized binary masks[J]. Applied Physics Letters, 2009, 95(23), 231112.

第8章
太赫兹传感技术

8.1 传感原理介绍

传感器（Transducer/Sensor）是能感受到被测量的信息，并能将感受到的信息按一定规律变换成为电信号或其他所需形式的信息输出，以满足信息的传输、处理、存储、显示、记录和控制等要求的检测装置。国家标准 GB 7665—2005 对传感器的定义是："能感受规定的被测量并按照一定的规律（数学函数法则）转换成可用信号的器件或装置，通常由敏感元件和转换元件组成。"

传感器可谓是人类五感的延伸，并且现代传感器具有微型化、数字化、智能化、自动化等特点，在人类生活的各具体领域都有应用，比如基于物理类中，力、热、光、声、电等物理效应的敏感元件。本书所述的太赫兹传感技术，其分类主要从属于光学传感器。

如图 8-1 所示，光敏传感器是光学传感器的代表，作为目前最为常见的传感器之一，其敏感波长在可见光附近，并且作用不仅仅局限于探测光，用于探测元件组成其他传感器，对任何非电量，只要能够转化为光信号的变化，最终都可以经由光电转化完成探测。最简单的光敏传感器就是光敏电阻，基于半导体的光电导效应，电阻值会随入射光的强弱而发生改变。

由于太赫兹波具有低光子能量、水吸收严重、非电离性、强穿透性以及瞬态性等特征，所以应用太赫兹波于传感、探测领域是拥有独特优势和广阔前景的；同时，低光子能量的特殊性质（即不会对生物组织造成结构性损伤）和其天生频率范围与如蛋白质、糖类等重要生物大分子的振动频率相关也给予太赫兹波在生物医学领域发展的可能性，即用于生物传感器的研究。如图 8-2 所示，THz-TDS 常用于太赫兹传感应用中。

题外知识：传感器的前世今生

若是要追本溯源，那可以说很早以前传感器就被发明出来了。以中国四大发明之一的司南（指南针）为例，其中那根用于感应地球磁场的铁磁针，便算得上是传感器。与之类似，地动仪、温度计也都可以算作是传感器，其中最早的温度计是在 17 世纪由伽利略所发明的气体温度计。

"传感器"这一概念真正意义上由科学家们发现，则是在 19 世纪电学现象研究的过程中，人们发现电阻、电容、电感等参数的变化可以用来测量周围环境中的物理量，于是在科学意义上最早的传感器问世了，即将测量信号转变为电信号的现代传感器——温度传感器。

在 19 世纪初，物理学家塞贝克（1821 年发现）、帕尔贴（1834 年发现）、威廉·汤姆森（1854 年发现）分别独立发现了热电效应。简单来说，热流的热能量和电流的电能彼此会相互影响，也即温度与电压之间存在某种确定的关系，如图 8-3 所示。在 1829 年，诺比利基于

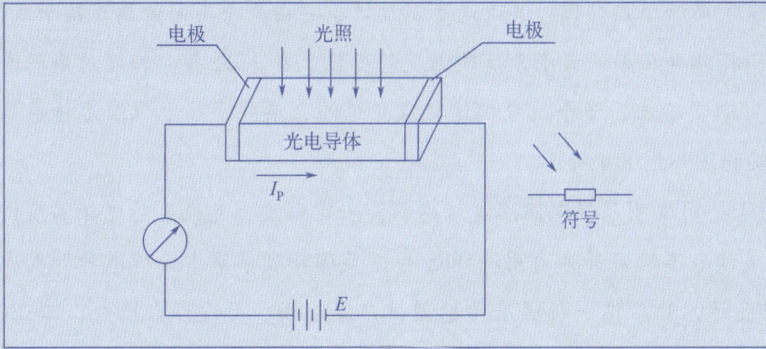

图 8-1 光敏电阻的工作原理

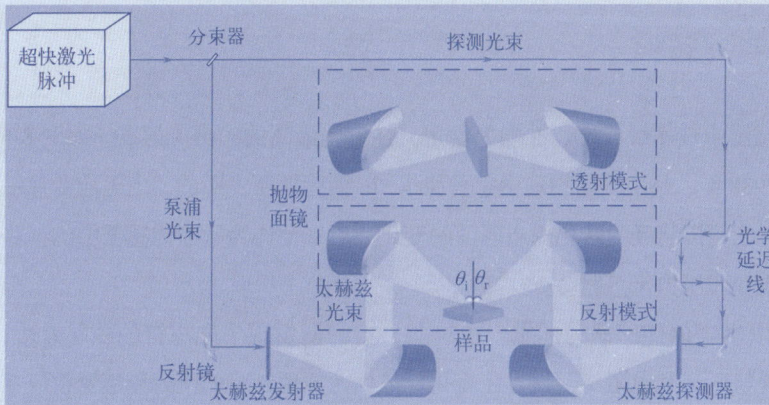

图 8-2 具有反射模式和透射模式的太赫兹时域光谱系统装置

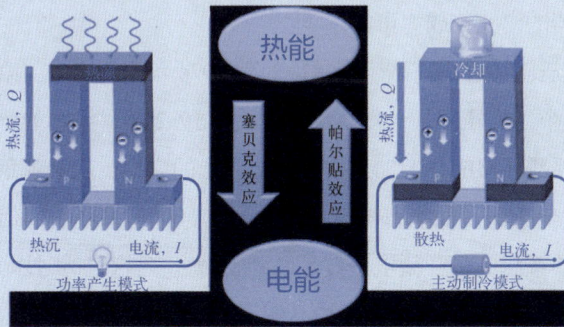

图 8-3 热电效应示意图

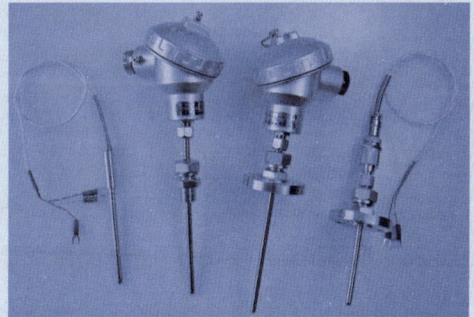

图 8-4 热电偶传感器实物图

塞贝克的热电效应理论制造了第一个热电偶，并改进了温度计，它由两个不同金属连接而成，两端温度不同产生电压差，据此电压差的大小来反映温度的变化；在1831年，梅隆尼串联多个热电偶，产生了更高的可测量输出，多个热电偶连接成热电堆，第一个热电堆温度传感器从而问世。热电偶传感器实物图如图8-4所示。

在1871年，德国西门子公司发明了铂电阻温度传感器，一定程度上克服了热电偶温度传感器较差的精度问题，但是读数不稳定并未商用。1885年，英国物理学家卡伦德成功开发出稳定的商用精确铂电阻温度计，此后这一种温度传感器被广泛应用、开发，在医疗、工业、气象、卫星等各领域发光发热。而从20世纪开始直到今天，半导体材料的发现和发展，使得温度传感器的发展势头更加迅猛。

8.1.1 压力传感器

压力传感器是各类传感器中技术最成熟、性能最稳定、性价比最高的一类传感器。如图8-5所示，其原型最早出现于1938年，是由美国物理学家爱德华·E.西蒙斯所发明的"电阻应变片"。基于材料的弹性变形特性，它可以将受力转化为电阻值的变化，后来便作为压力传感器中的核心器件，另外一个名称是"应变式压力传感器"。

现代的压力传感器则以半导体传感器为标志。1954年，史密斯发现了硅与锗的压阻效应，即当有外力作用于半导体材料时，其电阻将明显发生变化。依据此原理制成的压力传感器将应变电阻片粘在金属薄膜上，使得力信号转化为电信号进行测量。随后在20世纪60年代到70年代，硅扩散技术的发展使得加工工艺进一步精细化，在硅晶面进行加工制成的传感器实现了小体积、轻重量、高灵敏度等特点，并使得压力传感器的商业化成为可能。

而我国在1972年才组建成立中国第一批压阻传感器研制生产单位，到1974年研制出中国第一个压阻式压力传感器；1978年，中国第一个固态压阻加速度传感器诞生。1982年，我国的科学家们追赶世界前沿的步伐，开始了微机电系统（MEMS）加工技术在传感上的应用。从宏观角度解释，MEMS技术是指可批量制造，集微传感器、微执行器、微结构、信号处理系统、通信电路、电源和线路接口等于一体的微型器件或系统，是在微电子技术基础上融合多种微加工技术发展起来的一种新型传感技术[1]。如图8-6所示为MEMS传感器样品图。

最早提出该理论的是美国物理学家理查德·费恩曼，在1959年的演讲"底部有足够的空间"中，他提出了机器小型化到原子、分子量级的想法；1962年，第一个硅微压力传感器问世，此后MEMS压力传感器便在美国的许多先驱公司尝试下逐一生产。

8.1.2 红外传感器

我们回到光学传感器的话题中，太赫兹波介于红外波段和微波波段之间，恰恰处于电子学和

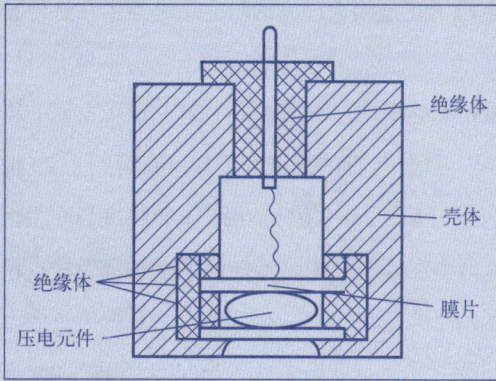

图 8-5 压电式压力传感器结构示意图

绝缘体
壳体
膜片
绝缘体
压电元件

图 8-6 MEMS 传感器样品图

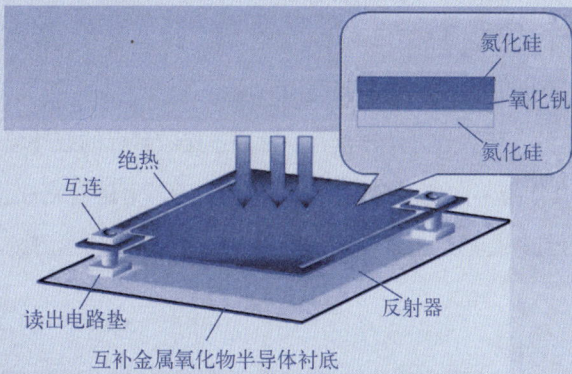

氮化硅
氧化钒
氮化硅

绝热
互连
读出电路垫
反射器
互补金属氧化物半导体衬底

图 8-7 微测辐射热计的红外焦平面结构示意图

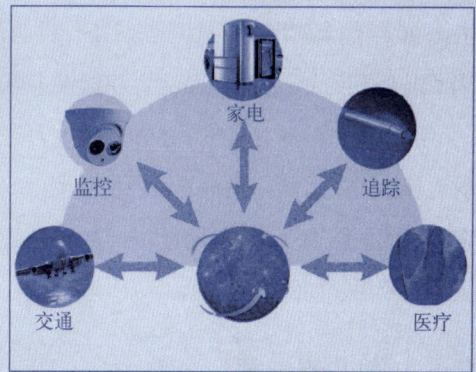

家电
监控
追踪
交通
医疗

图 8-8 红外技术的应用场景

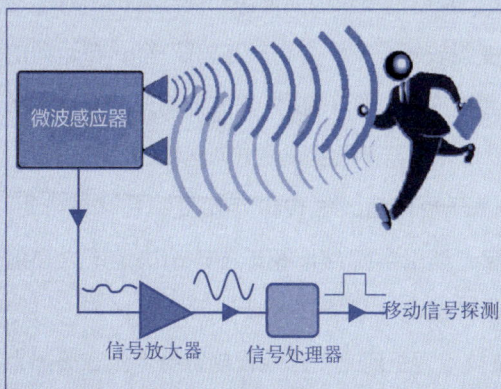

微波感应器
信号放大器
信号处理器
移动信号探测

图 8-9 微波传感器的原理示意图

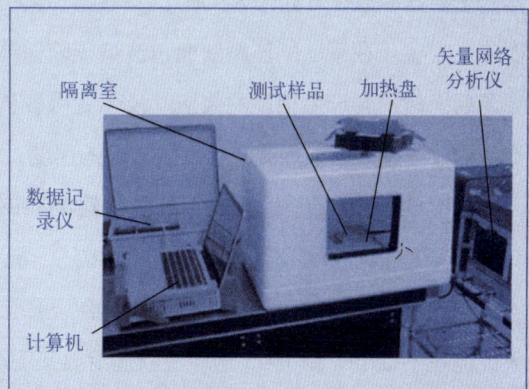

隔离室
测试样品
加热盘
矢量网络分析仪
数据记录仪
计算机

图 8-10 微波温度传感器实物图[5]

183

光子学过渡的阶段。事实上，前文所提及的太赫兹空隙，正是因为过去的研究总是集中在红外技术和微波技术上。

对于红外传感器，其物理原理最早可追溯到 1800 年英国物理学家威廉·赫歇尔所发现的物体红外辐射与温度的关系。尽管原理提出的时间很早，红外传感的真正应用却一直等到了 20 世纪。1940 年，第一代硫化铅（PbS）红外探测器的发明开启了红外传感的历史；20 世纪 60 年代到 70 年代，与压力传感器的发展类似，半导体技术为小规模红外传感器件创造了制造条件；自 20 世纪 70 年代末，研究人员开始将研发方向投向了焦平面探测技术，在红外光学系统焦平面上排列着感光元件阵列，从无限远处发射的红外线经过光学系统成像在系统焦平面的这些感光元件上，探测器将接收到的光信号转换为电信号并进行积分放大、采样保持，通过输出缓冲和多路传输系统，最终送达监视系统形成图像，如图 8-7 所示，拥有巨大的市场潜力和应用前景，并于 20 世纪 90 年代末实现批量生产与装备；目前，第三代红外焦平面的概念被提出，以美国为代表的诸多国家投入大量人力及资金，积极推进第三代焦平面探测器的研发。

红外传感器是目前在军事领域中最为常用的，因为红外传感器是一种通过接收目标的红外辐射对目标进行探测和跟踪的无源传感器[2]，其本身不向外界辐射能量，从而具有较好的隐蔽性。在大型战争结束后的 20 世纪 70 年代，一部分红外传感器也逐渐转向民用，包括红外测温、红外遥感等应用，如图 8-8 所示。

8.1.3 微波传感器

1842 年，奥地利物理学家及数学家克里斯琴·约翰·多普勒提出的多普勒效应是微波传感器的主要物理原理，如图 8-9 所示，具体内容为：物体辐射的波长因为波源和观测者的相对运动而产生变化。在运动的波源前面，波被压缩，波长变得较短，频率变得较高（蓝移）；在运动的波源后面时，会产生相反的效应，波长变得较长，频率变得较低（红移）。波源的速度越高，所产生的效应越大。根据波红（或蓝）移的程度，可以计算出波源循着观测方向运动的速度[3]。

微波的历史可以从 1936 年波导传输试验的成功开始算起，在 1940 年初夏，受军事需要，美国罗斯福总统下令研制战争急需的雷达，随即麻省理工学院校长 K.P. 汤普顿决定成立辐射实验室进行研究；然而雷达并非一开始就采取了微波波段，只能在米波波段进行探测，误差大，测量不准确。到 1945 年时，以逐渐成熟的微波技术为主建立的工业设施纷纷扩张在美国大陆上。

到了 20 世纪 50 年代，技术发展产生了传输频带较宽、性能较稳定的微波通信，这成为长距离大容量地面无线传输的主要手段。后面的发展则更为迅猛，我们所熟知的电视、数字电路、卫星等通信手段，微波都在其中起着重要作用。

最基础的微波传感器由微波振荡器和微波天线组成，振荡器产生微波振荡信号，通过天线发射出去。由发射天线发出的微波，遇到被测物体时将被吸收或反射，使功率发生变化。若利用接收天线接收通过被测物体或由被测物反射回来的微波，并将它转换成电信号，再由测量电路处理，就实现了微波检测。

微波传感器的最大优势就是可以与微波器件直接连接，从而提高传感器的集成度；同时也可以兼容其他微波技术，如微流体、微机械加工以及微纳加工技术，增加了微波传感器的应用场景[4]。图 8-10 给出了微波温度传感器实物图。

8.2 太赫兹传感机制和主要性能参数

8.2.1 传感机制与主要性能参数

太赫兹具有非电离辐射、非浸入性、对非极性物质穿透性强等特点，对氢键、范德瓦耳斯力、非键作用等弱共振较为敏感，为实现传感检测应用展现了新的途径。利用太赫兹波进行传感检测不会对待测样品造成破坏，是一种非接触式、非破坏性的快速生物化学传感检测方式。此外，在前面的章节中已经有所提及，太赫兹光谱中包含了幅值和相位信息，可以直接提取待测样品的介电特性和衰减特性，为获得相关样品微观结构特性以及对相关生物化学反应微观过程的深入研究提供了窗口。

太赫兹传感器是对被测样品在太赫兹波段的电磁参数的感知，通过探测和分析电磁波的强度、相位和偏振等相关信息的变化来识别被测物或者探测生物化学反应过程。

折射率是最为典型的光学参数，其中折射率的实部影响光波相位，虚部影响光波强度，而其各向异性分布决定着偏振和手性等。一般来说，太赫兹折射率传感器都会基于各种光学效应引入共振机制，来增强光波与待测样品的相互作用。

图 8-11 给出了折射率传感典型光谱与性能参数。

图 8-12 给出了几个与传感器相关的表征参数。

8.2.2 不同类型太赫兹传感器

常见的太赫兹传感器的基本原理主要有：人工表面等离子体共振、超材料或超表面、光子晶体、波导结构等。

8.2.2.1 基于人工表面等离子体激元的太赫兹传感器

表面等离子体激元（Surface Plasmon Polaritons，SPPs）是金属和介质交界面的光子与自由电子相互作用所产生的集体振荡而形成的沿金属与介质交界面传播的近场电磁波。SPPs 的电磁场如图 8-13 所示，其被束缚于金属和介质交界面上。通常而言，金属的等离子体频率处于可见光波或是紫外波段下，金属介电常数呈现为负值，而在微波以及太赫兹波段下金属近乎理想导体，其介电常数的绝对值或实部非常大。由于电磁波趋肤效应的影响，电磁波进入金属后呈现出指数衰减状态，以至于金属难以被电磁波透射，无法与自由电子产生共振。虽从理论来看可进行 SPPs 的传导，但由于 SPPs 电场在介质中的传播距离很短且束缚效果很差，SPPs 的传输效果很难被直接观测到，导致 SPPs 在微波和太赫兹频段下的研究停滞不前，低频段下的应用处于空白。

幸运的是，通过研究发现在金属表面上构造周期阵列结构后，电磁波在金属内的渗透率可被有效地提升。如图 8-14 所示，以适当的方式调节金属表面刻蚀的几何结构参数可有效降低金属表面等离子体频率，同时使得电磁波在金属中的趋肤深度极大提高且束缚在金属表面，从而实现在微波和太赫兹波低频段下沿金属与介质交界面传输的表面等离子体，并将该现象称为人工表面等离子体激元（Spoof Surface Plasmon Polaritons，SSPs）。由于 SPPs 是金属与介质在交界面处自由电子的集体振荡以及其所固有的独特性质，可实现将电磁波在纳米级别结构尺寸下的约束，广泛用于超分辨成像、集成电路以及生物传感之中。

由于电磁场与表面电荷的相互作用使表面等离子体的动量增加，导致入射光和 SSPs 之间的动量不匹配。入射光和 SSPs 的动量可以使用不同的耦合器结构进行匹配，如棱镜、尖端和光栅等耦合器，最终实现人工表面等离子体的激发，产生 SPPs 共振模式，如图 8-15 所示。

如图 8-16 所示，利用棱镜耦合的方法，将棱镜设置在金属凹槽阵列结构上方一定距离处，形成 Otto 型棱镜耦合。通过调节棱镜的折射率和入射角来激发 SSPs，并进行了实验验证。其电磁场主要聚集在金属槽阵列表面的顶角边缘处。SSPs 的电磁特性与表面环境密切相关，可以用来检测棱镜与凹槽间隙中的被测物。如图 8-16（d）所示，对不同物质实现传感，灵敏度可以达到 0.49THz/RIU。

过去的研究大多使用常见的金属来作为提供负介电常数的材料，由于金属结构具有制作成本低、结构紧凑的优势，使用金属来激发 SSPs 拥有广阔的应用前景。除此之外，使用不同于金属的负介电常数材料，例如石墨烯也可实现在太赫兹频段对 SSPs 的激发，大大增强了 SSPs 的应用范围。如图 8-17 所示是一种工作在中红外频段的生物传感器，此传感器基于 SSPs 原理进行生物传感可对蛋白质进行无标记检测。耦合后的中红外电磁波在石墨烯条带上激发 SSPs，由于 SSPs 的性质，在石墨烯条带边缘形成了强局域场，增强了中红外电磁波与待测物的作用能力，对石墨烯进行调控后使得石墨烯的表面等离子体振荡频率与待测生物材料分子的特征谱重合，因此使得此结构在对特定生物材料的指纹谱检测上具有优异的性能和较高的灵敏度。

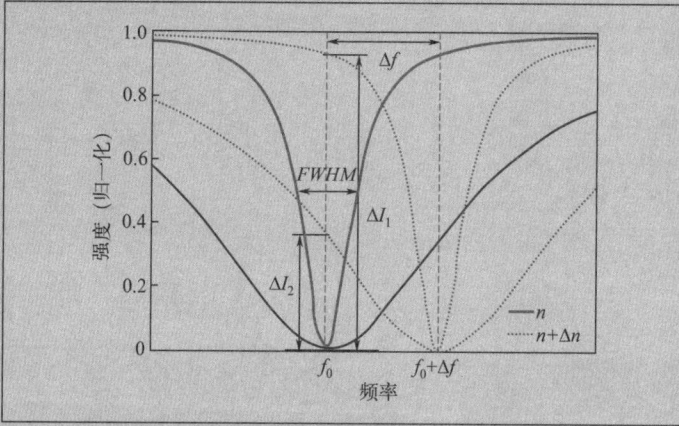

图 8-11 折射率传感典型光谱与性能参数

(f_0 为共振频率，与结构参数和外部环境有关，微弱折射率变化 Δn 将会导致共振频率的移动 Δf。同时，对于一个固定的频率，折射率的变化还会引起光强的变化 ΔI。通过分析这些变化，就能够探测待测物的信息）

强度传感灵敏度 S_I　$S_I = \dfrac{\Delta I}{\Delta n}$　　　　　表示每个单位折射率变化产生了多少的强度或频率的变化

光谱移动传感灵敏度 S_f　$S_f = \dfrac{\Delta f}{\Delta n}$

归一化灵敏度 S_f'　$S_f' = \dfrac{S_f}{f_0}$　　　　S_f 和所在的工作波段有关，使用归一化的灵敏度来排除工作波段的影响

品质因子 Q　$Q = \dfrac{f_0}{FWHM}$　　　体现光学共振的性质

品质因数 FOM　$FOM = \dfrac{S_f}{FWHM}$

图 8-12 传感器的几个表征参数

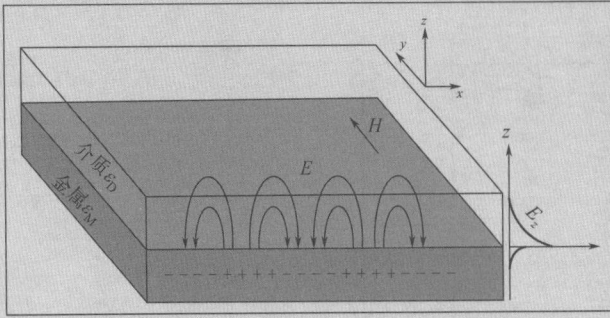

图 8-13 表面等离子体激元电磁场分布图

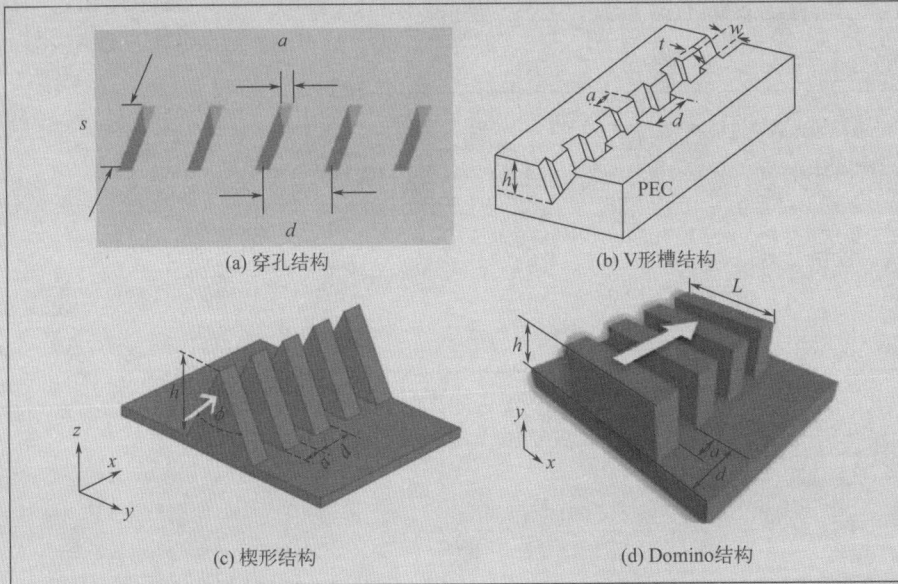

(a) 穿孔结构

(b) V形槽结构

(c) 楔形结构

(d) Domino结构

图 8-14 支持 SSPs 的常见结构

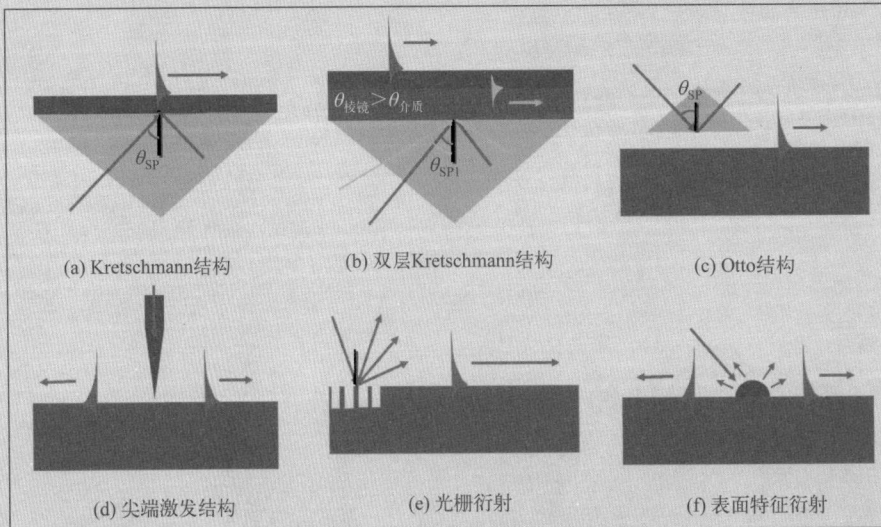

(a) Kretschmann结构

(b) 双层Kretschmann结构

(c) Otto结构

(d) 尖端激发结构

(e) 光栅衍射

(f) 表面特征衍射

图 8-15 表面等离子体激元激发结构示意图

188

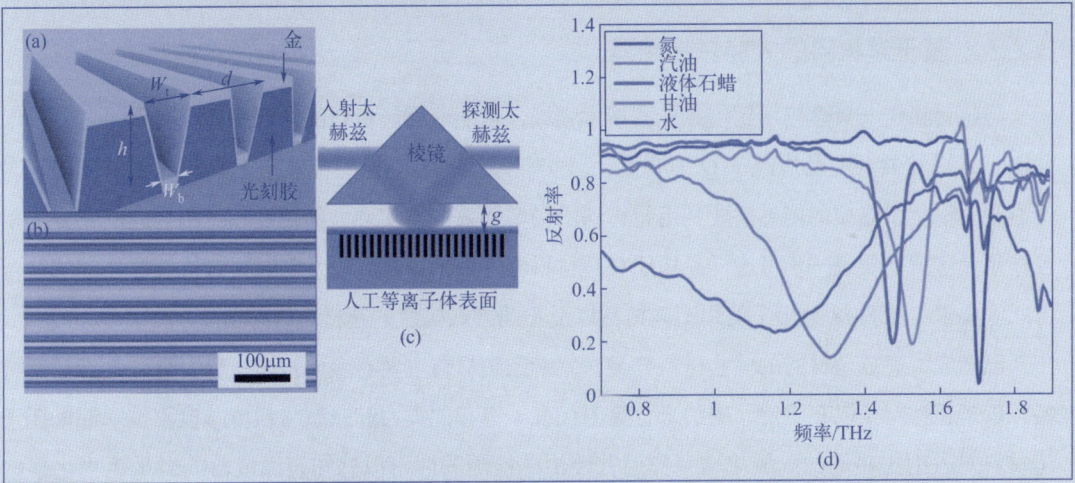

图 8-16 太赫兹 SSPs 传感器结构及性能[6]

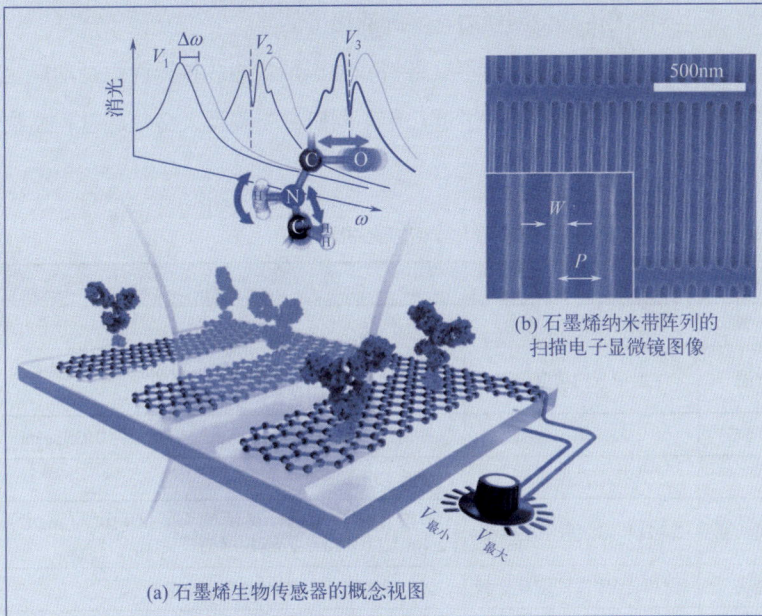

(b) 石墨烯纳米带阵列的
扫描电子显微镜图像

(a) 石墨烯生物传感器的概念视图

图 8-17 可调谐石墨烯中红外生物传感器[7]

8.2.2.2 基于超材料的太赫兹传感器

将超材料这一概念应用到传感检测技术领域，需要考虑超材料的共振频率、光谱带宽、场增强因子，以及共振的品质因子 Q 等要素，以实现最佳的传感检测性能。尤其在太赫兹波段，对于痕量生物化学物质的传感需要利用超材料的场增强效应来实现太赫兹波和待测物之间充分的相互作用。这就需要进一步考虑样品物质在超材料器件内的俘获，以及与超材料传感器之间的结合方式等要素。图 8-18 给出了使用不同材料以及不同方式构建的超材料传感器。

以构成太赫兹超材料的核心材料分类，太赫兹超材料主要有金属基超材料、全硅太赫兹超材料、碳基超材料（以石墨烯、碳纳米管等为代表）等。此类太赫兹超材料传感检测技术都依托于超材料对入射电磁场的局域化增强作用，使传感检测器件可以感知表面散落的微量生物化学物质。虽然传感的物理机理相同，但新型结构和新的技术不断出现，不断出现的新型材料与超材料相结合，极大丰富了太赫兹超材料传感检测技术的研究，同时也兼顾了超材料结构、材料选择与待测物之间的适配性，不断增强了器件的传感检测能力与实际应用价值。

上述方法主要是定量检测待测样品物质的量，并不具备特异性识别功能。特异性识别功能是太赫兹超材料检测的一个重要技术进展，表 8-1 给出了近几年不同研究中实现太赫兹超材料生物化学传感检测技术的性能和特点。

表8-1　各种太赫兹超材料生物化学传感器对比[8]

传感检测实现方式	核心材料	功能	性能
直接滴加	金属	黄曲霉毒素 B1 和 B2	最小剂量为 5μL
滴加 - 干燥	金属	牛血清蛋白浓度检测	最低检测浓度为 0.1mg/mL、17.6mg/mL 浓度引起的频移量为 137GHz
滴加 - 干燥	全金属结构	牛血清蛋白检测	灵敏度为 72.81GHz/（ng/mm^2），检测限为 0.035mg/mL
滴加 - 干燥	硅	毒死蜱浓度检测	最低浓度 20ng/L
滴加 - 干燥	碳纳米管	2,4-D 和毒死蜱浓度检测	最低检测量 10ng，灵敏度为 1.38×10^{-2}/（mg/L）（2,4-d）2.0×10^{-3}/（mg/L）（毒死蜱）
特异性抗体修饰	金属	恶性神经胶质瘤细胞检测	最大灵敏度 248.75kHz/（cell/mL）
特异性抗体修饰	金属	癌胚抗原浓度的检测	检测限为 0.1ng/mL
微流通道	金属	乙醇 - 水混合物浓度检测	124.3GHz/RIU
衰减全反射	金属	水环境蔗糖溶液浓度检测	最低检测浓度为 0.03125mol/L
使用石墨烯 - 超表面混合结构，微流通道 - 特异性结合	石墨烯	DNA 检测	100nmol/L DNA 溶液
特异性适体水凝胶	金属	水环境特异性 h-TB 检测	检测限为 0.40pmol/L
金纳米颗粒 - 滚环扩增技术	金属	金黄色酿脓葡萄球菌	检测限为 0.08pg/mL
石墨烯超表面手性传感	石墨烯	禽流感病毒检测	对 H1N1、H5N2、N9N2 三种不同类型的禽流感病毒的特异性识别
手性传感	金属	纳米颗粒浓度	灵敏度为 5.5GHz%$^{-1}$

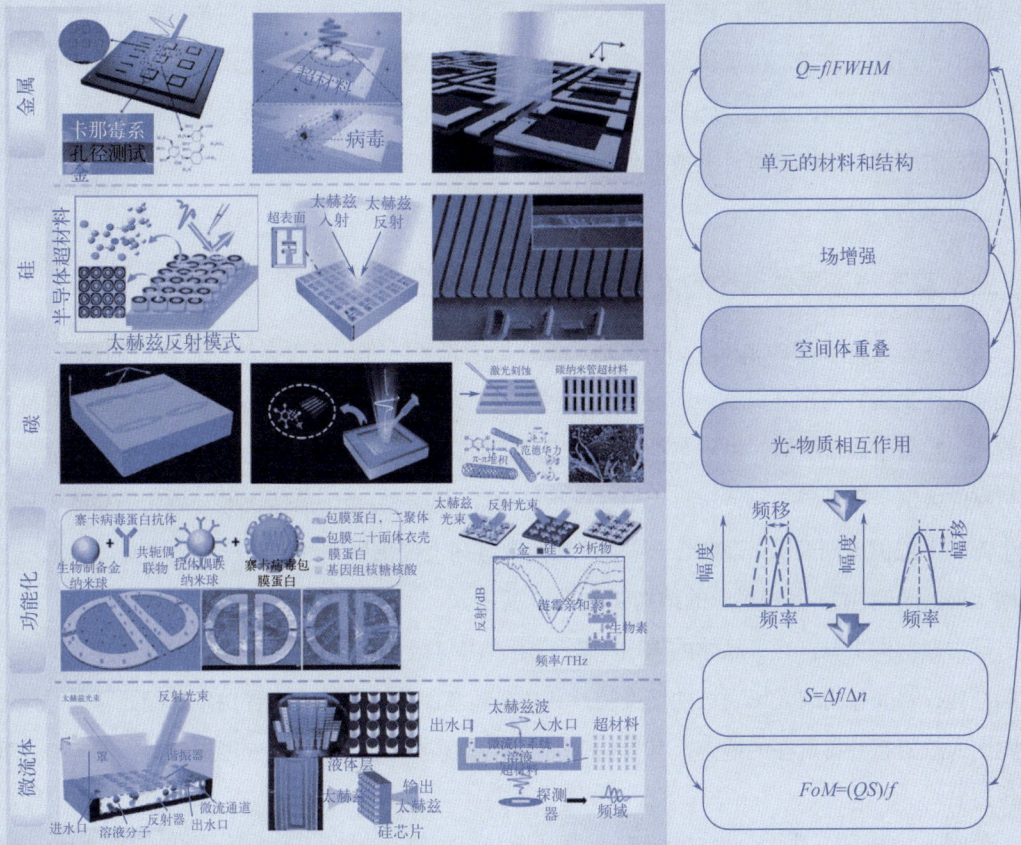

图 8-18 使用不同材料以及不同方式构建的超材料传感器[8]

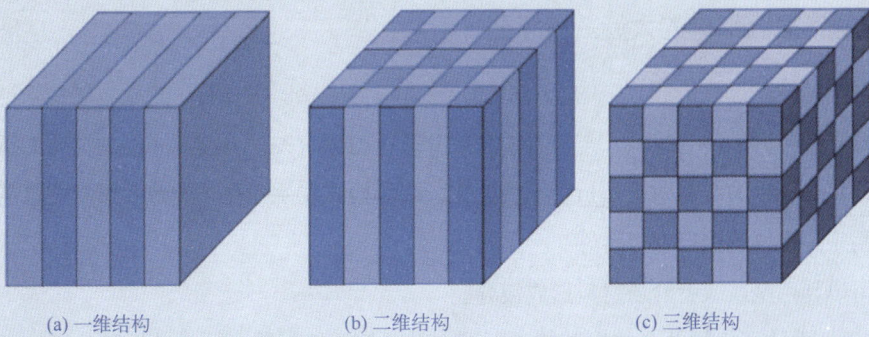

(a) 一维结构 (b) 二维结构 (c) 三维结构

图 8-19 三类光子晶体结构示意图

基于更广阔的光谱范围，越来越多的新技术和跨学科技术不断与超材料传感检测技术交叉融合。新的光谱解析方式、传感检测手段、多偏振方向及成像等获取更多光谱信息的方法不断为超材料传感检测领域添砖加瓦。此外，深度学习、人工智能等数据分析手段为进行待测物定性、定量检测提供了更加精准、可行的数据分析结果。这些技术都有望扩展到太赫兹波段，并表现出巨大的应用潜力。

8.2.2.3 基于光子晶体结构的太赫兹传感器

光子晶体（Photonic Crystal，PC）是一种常见的光子结构，具有类似电子禁带的光子禁带，因此能够产生良好的光场局域，广泛用于传感领域。光子晶体通常由不同折射率的材料周期性排布构成，与原子晶格类似，由于布拉格散射形成了特有的能带结构，这是物理机制上光子晶体与超材料的区别。将不同的晶体材料周期性排布，可以设计三类光子晶体，即一维光子晶体（只在一个方向上提供周期性）、二维光子晶体（在两个方向上提供周期性）和三维光子晶体（在三个方向上提供周期性），其相对应的结构如图 8-19 所示。

从物理结构上看，光子晶体的周期与波长相比拟。通过人为破坏光子晶体的周期性，即插入缺陷结构，就能够构成光场局域的谐振腔，其共振频率由腔模的等效光程决定。因此，通过将被测物引入缺陷态分布所在的地方，其折射率的变化将影响光程，从而改变谐振腔共振的频率，实现传感。

如图 8-20 所示，基于柱阵列结构的光子晶体制作了太赫兹微流传感器，相比于平面硅衬底，光子晶体结构支持一个谐振，当被测液体在柱子阵列间隙中流过时，就形成了共振峰的频移。基于该传感器测量了丙酮、乙醇和石油在 1THz 附近的透射光谱，共振峰半高宽约为 0.2THz。

8.2.2.4 基于波导谐振腔结构的太赫兹传感器

集成光学波导传感技术也是传感领域的一个重要分支。波导传感器主要利用的是波导的倏逝波进行传感。波导支持不同的传导模式，与波导的有效介质折射率有关。当波导周围的物质的折射率发生变化时，将会导致波导有效介质折射率的变化，引导模发生变化，导致共振峰位置的偏移，因而可以用来实现物质的折射率传感。

这类传感器可以利用金属或者介质材料形成波导。

如图 8-21 所示，设计了包括两个共振腔的平行板太赫兹波导传感器。两个共振腔分别实现了 1.21×10^6 nm/RIU 和 6.77×10^5 nm/RIU 的传感灵敏度，Q 因子分别为 26 和 145，FOM 分别为 23 和 85。

如图 8-22 所示，设计了一种基于金属 - 介质 - 金属（MDM）波导结构的太赫兹传感器，在底层的金属中有两个隔断，分别作为电介质和待测流体通道。通过对透射光谱的检测，在透射光

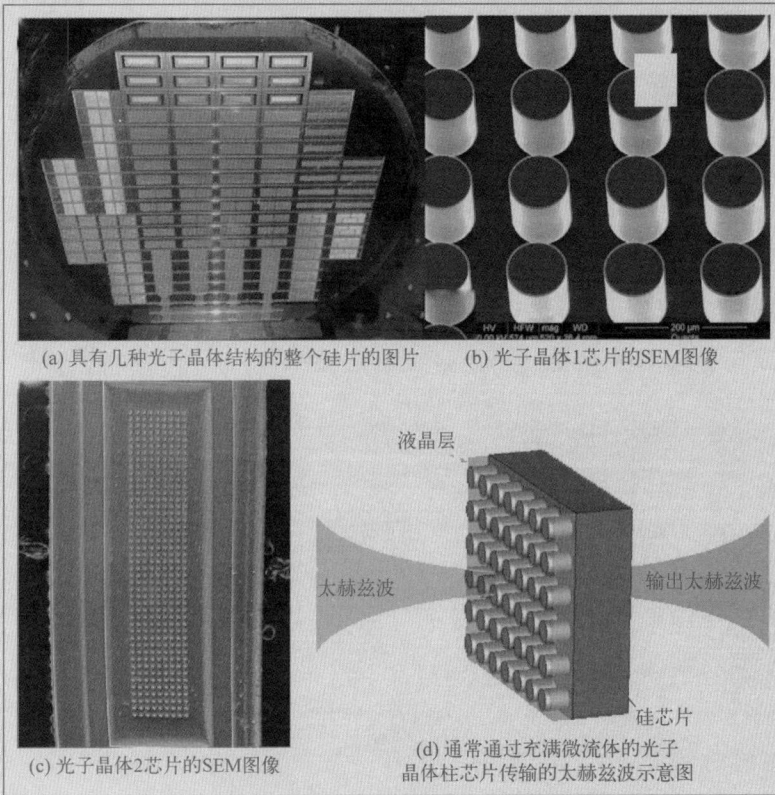

(a) 具有几种光子晶体结构的整个硅片的图片　　(b) 光子晶体1芯片的SEM图像

(c) 光子晶体2芯片的SEM图像

(d) 通常通过充满微流体的光子
晶体柱芯片传输的太赫兹波示意图

图 8-20 光子晶体柱式芯片样品[9]

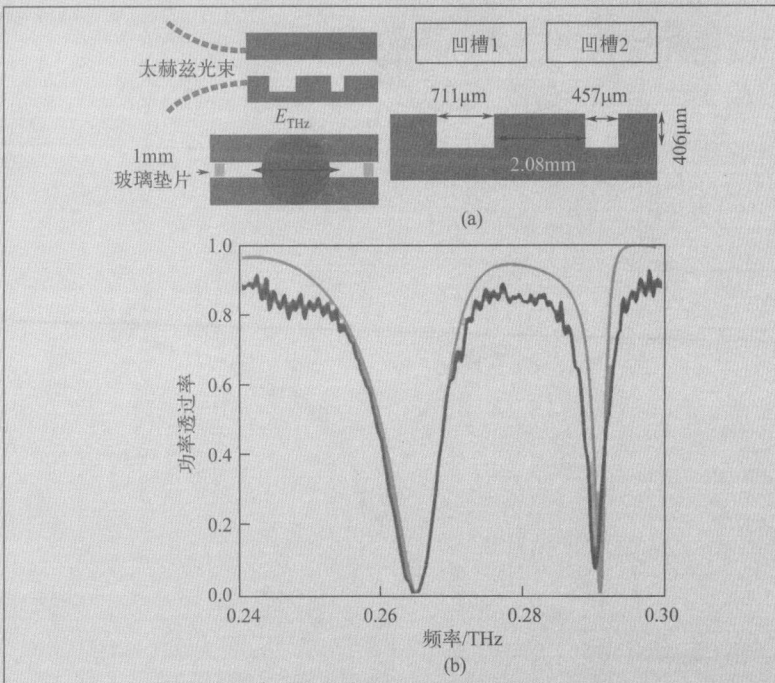

(a)

(b)

图 8-21 带有两个凹槽的平行板波导传感器及不含待测物时的理论（灰色）和实验
（黑色）光谱[10]

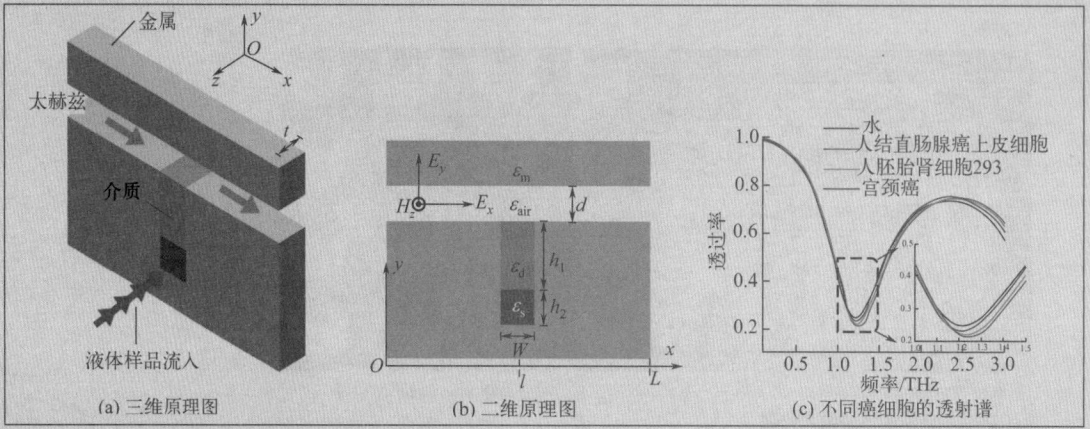

(a) 三维原理图

(b) 二维原理图

(c) 不同癌细胞的透射谱

图 8-22 具有两层结构的太赫兹金属 – 介质 – 金属波导

(包括介质层和带有研究样品的流体层[11])

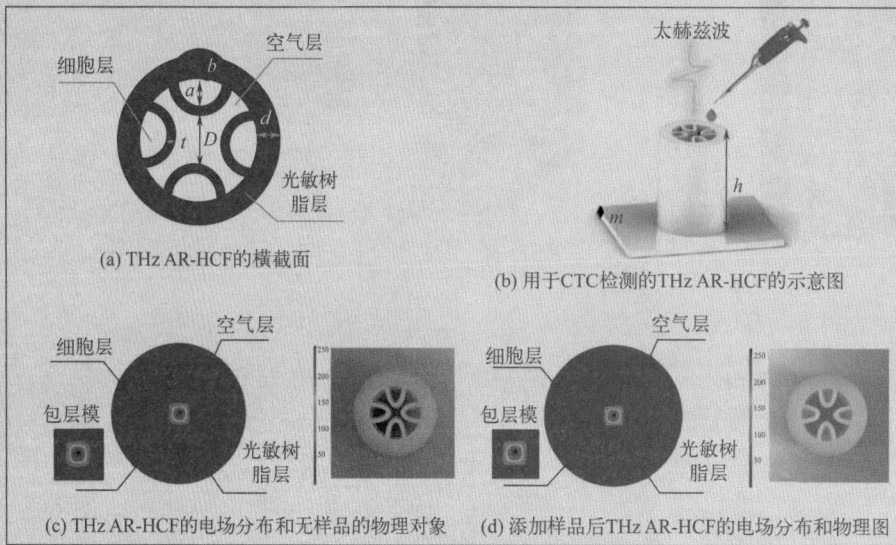

(a) THz AR-HCF的横截面

(b) 用于CTC检测的THz AR-HCF的示意图

(c) THz AR-HCF的电场分布和无样品的物理对象

(d) 添加样品后THz AR-HCF的电场分布和物理图

图 8-23 太赫兹反共振空心光纤生物传感器

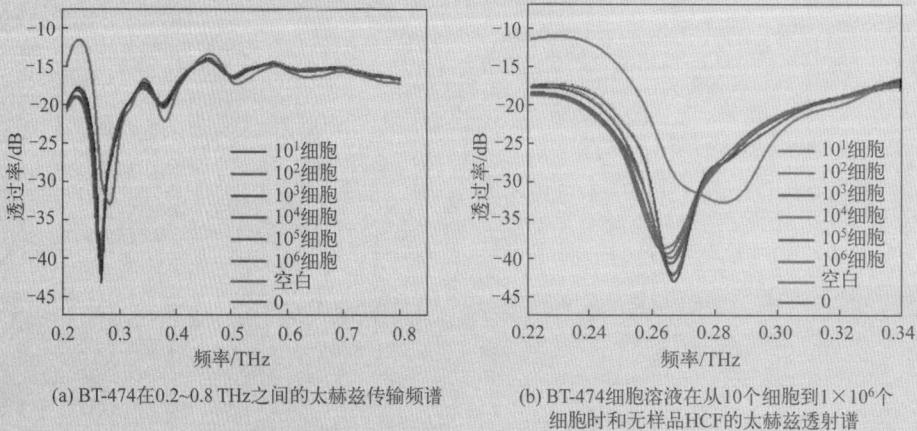

(a) BT-474在0.2~0.8 THz之间的太赫兹传输频谱

(b) BT-474细胞溶液在从10个细胞到1×10^6个
细胞时和无样品HCF的太赫兹透射谱

图 8-24 BT-474 细胞在太赫兹波段的透射谱

谱中有一系列明显的共振峰，这与所研究材料的折射率变化呈线性关系。为了检测流过微流控通道的各种癌细胞的存在，获得 $20\mu m \times 24\mu m$ 横截面通道的折射率检测灵敏度高达 0.457THz/RIU 的理论值。这项工作展示了一种具有高灵敏度的紧凑太赫兹折射率传感器的潜力，能够用于识别液体中生物样品的特征。

8.2.2.5 基于光纤结构的太赫兹传感器

空心光纤（HCF）近年来已成为新兴的研究热点。由于其极低的吸收损耗、简单的结构、低弯曲损耗和低色散等优点，HCF 广泛应用于通信、传感和成像领域。在传感应用中，HCF 用于增加太赫兹波与被分析物的相互作用，从而提高传感器的灵敏度，已应用于气体、生物和化学传感。

如图 8-23 所示，设计了一种太赫兹反共振空心光纤（THz AR-HCF）生物传感器，用于循环肿瘤细胞（CTC）的检测。通过模拟和实验比较，验证了 THz AR-HCF 的低损耗特性，并选择了适合生物传感应用的光纤。通过测量不同数量的细胞和不同类型的癌细胞，发现了太赫兹透射率与细胞数量在 $10 \sim 10^6$ 之间存在良好的线性关系。

与此同时，如图 8-24 所示，通过比较太赫兹传输光谱，不同类型的肿瘤细胞可以被区分出来，表明该生物传感器对 CTC 检测具有很高的敏感性和特异性。该生物传感器仅需要少量样品（低至 100μL），并且能够实现无标记、非破坏性的定量检测。流式细胞术的结果显示，在整个检测过程后，细胞的存活率高达 98.5%±0.26%，与阴性对照组相比没有统计学上的显著差异。

8.3 太赫兹生物传感技术

太赫兹波段生物传感器具备天然生物学特性，在生物检测领域显示出了巨大的优势。由于大多数低频生物分子运动，包括分子结构的振动、旋转、氢键和分子间范德华键等，都与太赫兹波处于相同的频率范围，各种生物分子与太赫兹波能够发生有效的相互作用。另外，太赫兹波非电离损伤的特性不会损害生物组织，因此与传统的 X 射线晶体学或核磁共振谱相比，太赫兹光谱在生物分子检测领域具有独特的优势。

8.3.1 几种材料的太赫兹光谱

8.3.1.1 DNA核碱基

如图 8-25 所示，闫慧等人发现了胞嘧啶位于 2.53THz 处的特征吸收细节信息，辨识了胞嘧啶和胸腺嘧啶在 0.1～3.5THz 范围内的所有特征吸收峰及振动模式，并通过计算总结得到胞嘧啶的太赫兹光谱特性响应主要得益于分子间形成的氢键的集体振动[12]。

2016年，刘云飞等人采用太赫兹系统和傅里叶变换红外光谱仪在室温下测量得到了4种DNA核碱基的多晶粉末在0.5～9THz范围内的吸收光谱，DNA核碱基晶体的所有振动模式属于太赫兹波段的集体振动模式（分子间和分子内振动）[13]。

2018年，王芳等人对DNA核碱基晶体的光谱进行了实验研究，发现在0.5～9.0THz范围内，固态DNA核碱基的分子集体振动模式与混合物分子间和分子内位移有关[14]，如图8-26所示。

国外Nishizawa等人发现，对于每种核碱基都可以观察到两个强吸收带，其峰值分别为3.00THz和4.84THz（鸟嘌呤）、2.85THz和3.39THz（胞嘧啶）、2.29THz和3.00THz（胸腺嘧啶）、3.05THz和4.18THz（腺嘌呤）[15]。2020年，Lee等人通过模式特征分析认为胞嘧啶及胞嘧啶水合物的总太赫兹吸收峰归因于集体振动与分子间及分子内振动混合而成，并且最强峰值处都与显著的分子间平移振动有关[16]。上述大量理论和实验工作都直接表明，DNA核碱基中主要涉及的胞嘧啶分子振动能级均处于太赫兹波频段，在与太赫兹波的相互作用过程中导致指纹谱特性的产生。

8.3.1.2 氨基酸及肽

如图8-27所示，Kutteruf等人针对氨基酸的太赫兹吸收特征进行了相关研究，揭示了20种天然存在的氨基酸在1～15THz范围中具有密集的吸收光谱[17]。虽然在水溶液中获得氨基酸的低频振动光谱原则上可以模拟其自然状态情形，但氨基酸的本征吸收信号被更强的水吸收所掩盖。于是在此基础上，2009年，Kikuchi等人开发了一种能够过滤水的聚合物膜，用于对水溶液中氨基酸的太赫兹透射光谱进行测试[18]。近年来，利用太赫兹技术对氨基酸的研究逐渐转向氨基酸的鉴定和分类，包括检测不同氨基酸的异构体、共晶体，以及无损定量检测。

8.3.1.3 碳水化合物

Lee等人用太赫兹纳米天线传感芯片对具有摩尔敏感性的碳水化合物分子进行了高灵敏的识别，这样的设计被证明可作为有效监测血糖浓度的高灵敏传感工具之一[19]。

如图8-28所示，燕芳等人以糖类的两种同分异构体为结构对象，采用THz-TDS获取了两者在0.4～1.9THz频段的特征吸收谱，结果显示两者具有显著差异，并更进一步通过约化密度梯度和独立梯度模型可视化分析了葡萄糖晶胞和果糖晶胞的分子间弱相互作用的类型、位置和强度[20]。

8.3.1.4 蛋白质

在太赫兹波段对蛋白质的研究可以追溯到20世纪末，其中多数研究涉及蛋白质内的构象变

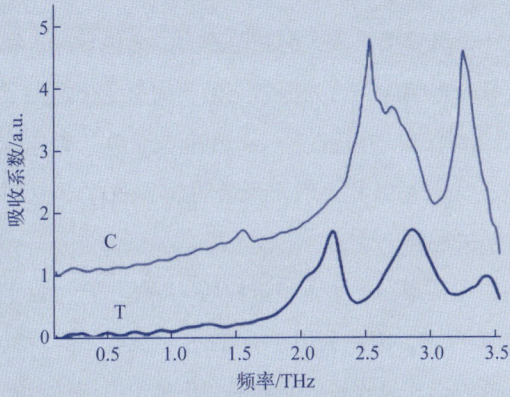

图 8-25　胞嘧啶和胸腺嘧啶在 0.1 ~ 3.5THz 范围内的特征
　　　　吸收特性[12]。

［其中 C 代表胞嘧啶（Cytosine），T 代表胸腺嘧啶（Thymine）］

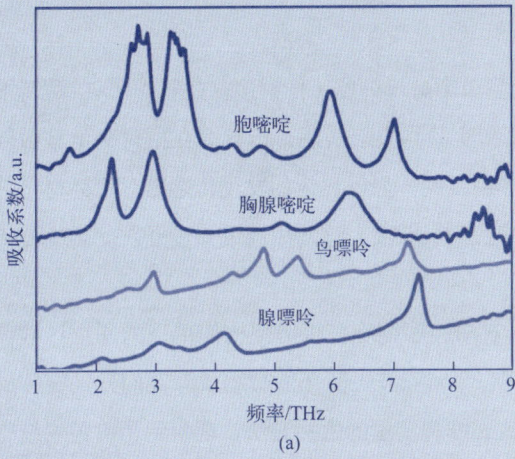

(a)

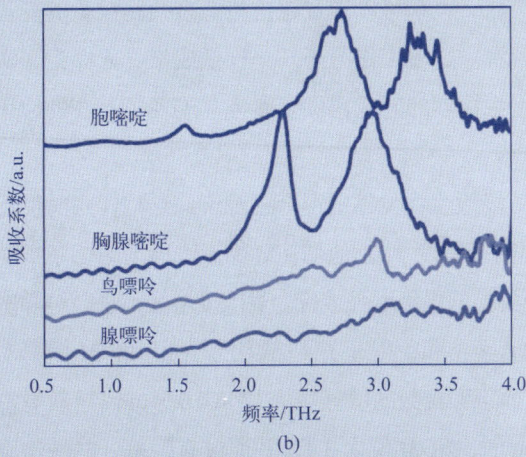

(b)

图 8-26　典型物质在不同太赫兹频率范围内的吸收

化和蛋白质间的相互作用。

构象变化是蛋白质表达其功能所必需的特征之一，其直接影响太赫兹范围内的介电响应，利用太赫兹脉冲光谱能够测量强衰减蛋白质溶液的低频介电响应，这为探索蛋白质构象变化提供了一种简便方法。如图 8-29 所示，在胰岛素淀粉样蛋白纤维颤动过程中，α- 螺旋体向 β- 折叠体这一结构转变使得胰岛素在 0.2～3.0THz 频段范围内的吸收系数和折射率光谱明显增强[21]，这对于阿尔茨海默病等疾病的临床诊断和相关药物研发至关重要。

太赫兹技术也能够用于监测分子间的相互作用，包括蛋白质水化和蛋白质 - 配体结合。由于水和生物分子的集体振动模式恰好位于太赫兹频率范围内，因此利用 THz-TDS 测试收集到生物组织可以得到对应太赫兹波段内的光学特性，其中折射率、吸收系数随频率变化是用以评估组织状态的关键因素，知晓组织健康程度，这能够在皮肤烧伤等的评估中起到作用[22]。如图 8-30 所示，使用 THz-TDS 系统检查猪皮肤和皮下组织。

8.3.2 超材料在生物传感中的应用案例

如图 8-31 所示，用狭缝阵列构成的超材料检测单个酵母细胞（低密度微生物），其中酵母细胞导致了透射峰频率的偏移[23]。同时他们的仿真和实验结果都表明，传感器在相对介电常数较低的衬底（如石英）上具有更高的灵敏度和有效作用空间。另外，他们发现传感器对目标材料的尺寸高度敏感，并可以通过调整装置天线的宽度来控制灵敏度，这对后续进一步开发此类生物传感器有积极作用。

如图 8-32 所示，利用等离子体超表面传感器对口腔癌细胞在抗癌药物作用下的凋亡过程作了研究和分析[24]。该传感器由五个大小不一的同心金属亚波长圆环嵌套组成。他们分别在传感器表面培养不同浓度和不同种类的细胞，并结合流式细胞测量的生物方法，观察到了口腔癌细胞凋亡与太赫兹超材料共振频移之间的线性关系。这一关系可以通过超材料上方细胞数量的变化来影响生物传感器上方有效介电常数的变化来解释。这项工作为开发一种低成本、无标记、实时和原位检测细胞的技术提供了可能，也为细胞生物学的研究提供了参考并展现了潜在的应用价值。

如图 8-33 所示为以石英为衬底用于太赫兹波段微生物传感的混合缝隙天线结构，同时使用银纳米线（AgNW，一种一维金属纳米线）来提高灵敏度[25]。他们在缝隙天线周围刻蚀了银纳米线，因此在缝隙天线区域可以观察到银纳米线尖端的电场增强效应。灵敏度增强因子随缝隙宽度的减小而减小，也随着银纳米线的增加而增加直至饱和，提高了 4 倍以上。利用 PRD1 病毒对该设计进行了测试，加入银纳米线后，传感器对病毒颗粒数的敏感性从 12.8GHz·μm^2/ 颗粒数提高到 32.7GHz·μm^2/ 颗粒数。当天线宽度为 3μm 时，FOM 值为 3.4，并通过有限差分时域仿真验证了实验结果。研究团队在不使用纳米制造方法的情况下实现了强场增强的纳米级别检测，这

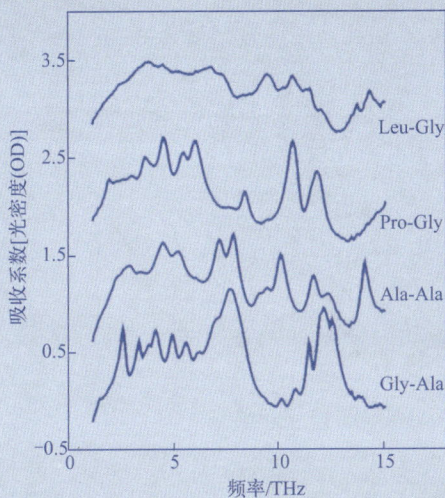

图 8-27 298K 下几种固体二肽的太赫兹光谱[17]
Gly—甘氨酸；Ala—丙氨酸；Pro—脯氨酸；Leu—亮氨酸

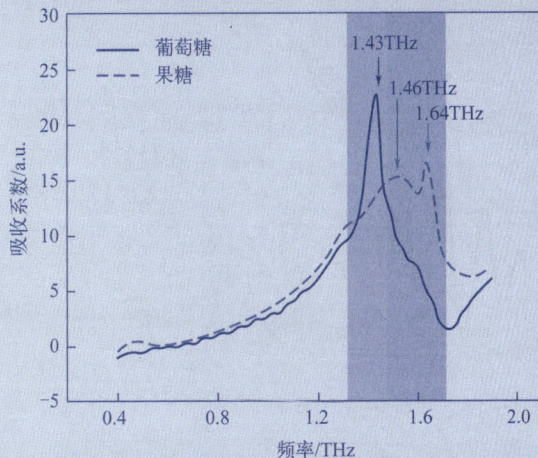

图 8-28 D-（+）-葡萄糖和 D-（-）-果糖的太赫兹吸收谱[20]

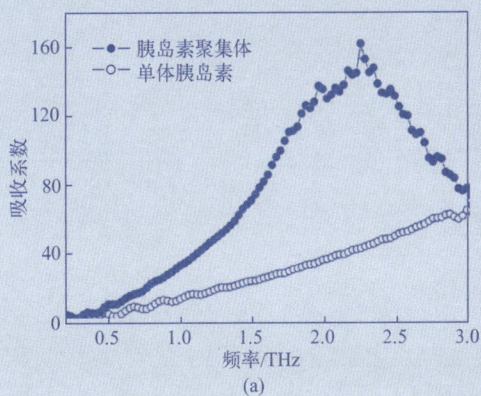

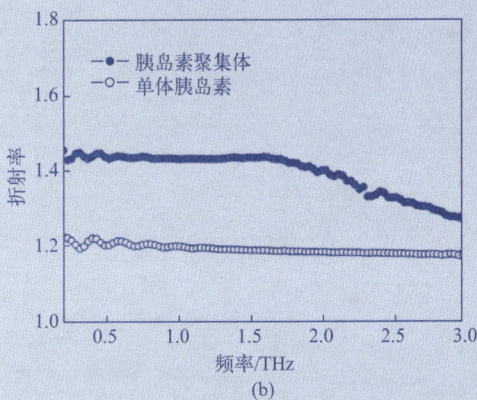

(a)

(b)

图 8-29 胰岛素在 293K 下 0.2～3.0THz 频率范围内的吸收系数和折射率[21]

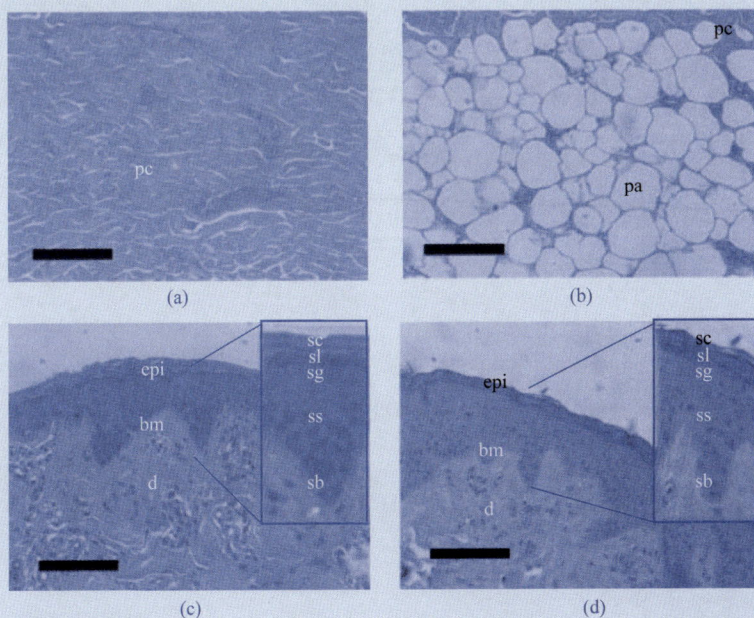

(a)

(b)

(c)

(d)

图 8-30 用 THz-TDS 系统检查猪皮肤和皮下组织[22]

pc—肉膜；pa—脂膜；epi—表皮；bm—基膜；d—皮肤组织；sc—角质层；sl—透明层；sg—颗粒层；ss—棘［细胞］层；sb—基底层

(a) 酵母细胞太赫兹缝隙天线传感原理图

(b) 沉积在天线宽度(w)为2μm、长度(l)为100μm的缝隙天线装置上的酵母细胞的SEM图像

(c) 有无酵母细胞的硅衬底上
太赫兹缝隙天线的归一化太赫兹传输振幅

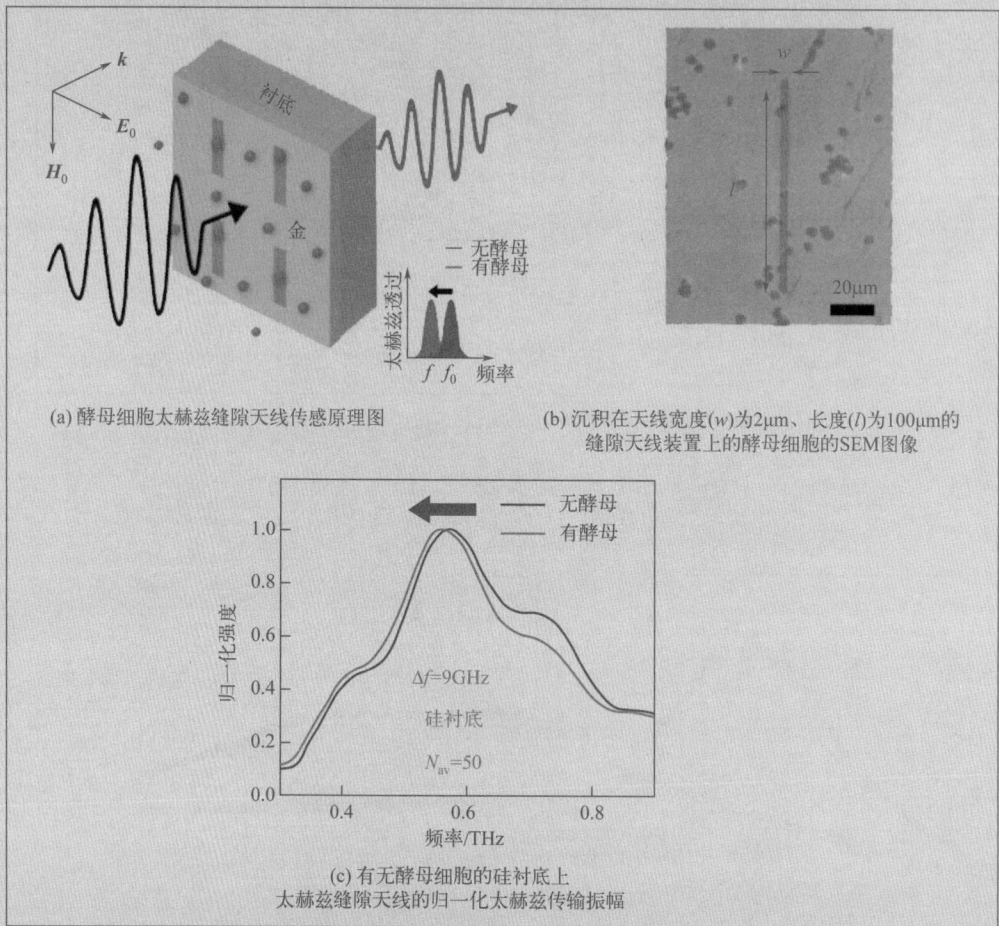

图 8-31　基于狭缝阵列超材料的酵母细胞检测研究

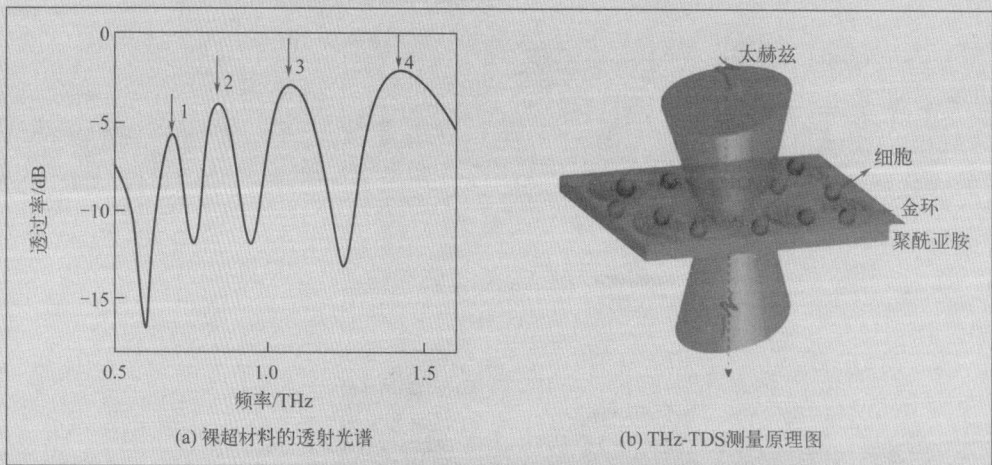

(a) 裸超材料的透射光谱

(b) THz-TDS测量原理图

图 8-32　基于等离子体超表面传感器的口腔癌细胞检测研究[24]
（超材料的晶胞具有 120μm 的周期，五个环的内径分别为 20μm、28μm、36μm、44μm 和 52μm。每个环的线宽和相邻环之间的距离都具有 4μm 的尺寸）

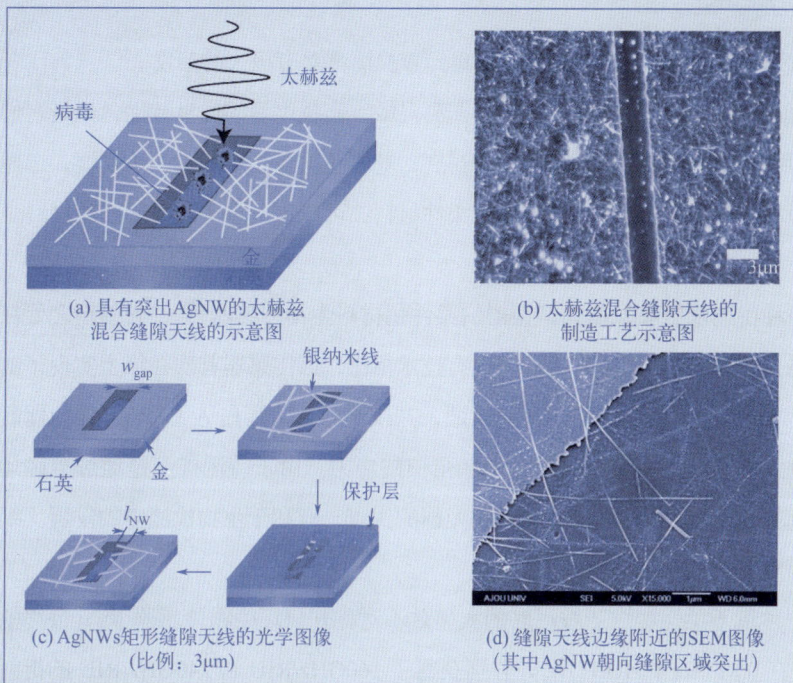

(a) 具有突出AgNW的太赫兹
混合缝隙天线的示意图

(b) 太赫兹混合缝隙天线的
制造工艺示意图

(c) AgNWs矩形缝隙天线的光学图像
（比例：3μm）

(d) 缝隙天线边缘附近的SEM图像
（其中AgNW朝向缝隙区域突出）

图 8-33 基于混合缝隙天线的超材料传感器[25]

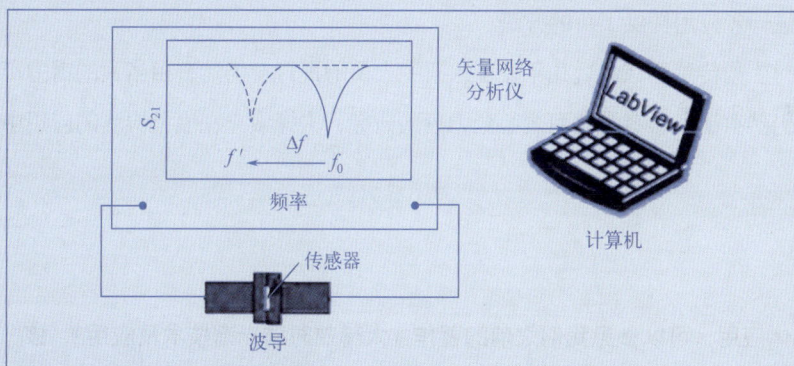

图 8-34 生物传感器测量系统示意图[26]

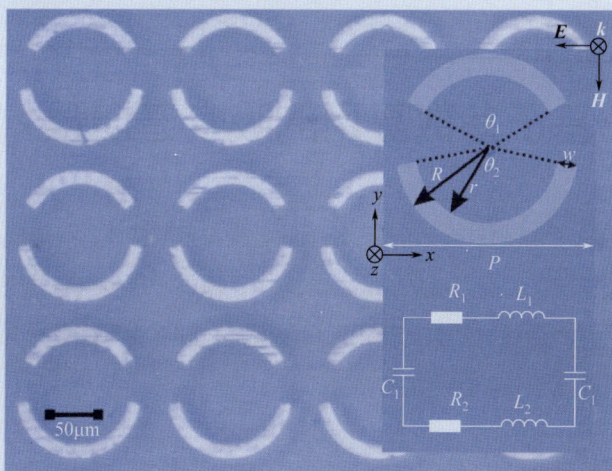

图 8-35 太赫兹不对称开口环生物传感器结构示意图[27]

（其中外半径 R=50μm，内径 r=40μm，宽度 w=10μm，中心角 θ_1=140°，θ_2=160°）

201

对于开发高效、高敏感度传感器，应用于微生物、痕量元素检测都具有极大的启发。

上述的研究成果都能够充分说明太赫兹生物传感器高灵敏、高精度等的优良特性，但是它们所呈现的技术中，均使用刚性材料作为传感器结构的衬底；随着超材料技术的进一步发展，选择比刚性材料更加稳定且可折叠，还对生物物质无害的柔性材料，可以进一步突破太赫兹超材料生物传感器的检测极限。

如图 8-34 所示为一种由纳米银颗粒作为谐振器的柔性超材料生物传感器[26]，其创新之处在于将超材料谐振器制备在低成本的普通纸张上。与现有技术相比，该传感器首次在纸上实现了纳克级别甲胎蛋白（AFP）的检测。通过仿真和实验验证，并以葡萄球菌蛋白 A（SPA）作为偶联试剂，该新型纸基生物传感器具备检测 20ng/mL 甲胎蛋白的能力。由于待测样品是通过电磁场直接被感应的，因此，该传感器具有免标记、实时和无损的优点，有利于生物检测学的发展。纸基也提供了制造的更大潜力。

如图 8-35 所示为一种基于柔性聚酰亚胺衬底的太赫兹不对称开口环生物传感器[27]。最终的数值计算表明，该方法在 0.81THz 和 1.13THz 处分别获得了 160GHz/RIU 和 240GHz/RIU 的折射率灵敏度，对蛋白质具有较高的灵敏度，且无须标记就可以进行检测，为太赫兹波段的检测以及在蛋白质结合过程中的进一步应用提供了新的方法。

事实上，柔性超材料生物传感器在最近几年才步入研究人员的视野，仍然有相当大的潜力可供发掘。目前，国内外仍然有诸多学者为此而全心全力投入研究，去探索它在痕量检测的应用中更加广阔的潜力世界。

作者提醒

关于这方面的具体应用，可以参见我们之前的著作《太赫兹时域光谱技术及应用》，该书中有详细的将超材料应用于生物传感领域的研究。

8.4 痕量样品检测——基于参数复用的吸收谱增强

有机及生物大分子的振动和转动能级位于太赫兹波段，并有较强的吸收和色散特性，可形成独一无二的指纹谱用于检测识别。在目前常见的太赫兹吸收谱测量方案中，需要把待测物通过压片技术变成一定厚度的固体样品，然后通过测量透射系数计算得到吸收谱，一般需要几百毫克至几克的样品，而实际应用中需要的是微量甚至痕量待测物的测量。

不同于以往报道使用超材料传感器来检测样品折射率变化的研究，超表面微结构能够有效增强局部电磁场。当样品放置在微结构表面时，增强的局部电磁场可以增强入射电磁波与样品之间的相互作用，进一步增强样品对电磁波的吸收。在这个工作机制中，采用两种常见方法来获得一系列不同的谐振峰，从而增强宽频频率范围内电磁波与痕量样品的相互作用。一种方法是处理多个几何参数略有不同的单元结构，从而形成一个能够产生一系列不同谐振峰的超表面。另一种方法是处理多个入射波角度来激发相同单元胞结构组成的超表面内的一系列谐振峰。从超表面获得的不同谐振峰的峰值强度随样品的特征频率吸收光谱而变化。通过连接这些峰获得的吸收光谱包络受到样品宽频特征吸收光谱的形状影响。吸收光谱包络的强度远强于具有相同厚度的样品未增强吸收光强度。这一最近兴起的宽频吸收光谱增强策略广泛应用于红外和太赫兹波段。

8.4.1 几何参数复用技术

如图 8-36 所示，利用二维像素化介电超表面实现了对不同分子吸收光谱特征的增强、检测和区分[28]。该超表面由单个元像素组成，每个元像素包括一个非晶氢化硅谐振器的锯齿排列。当受到线偏振波的激发时，这些谐振器产生高 Q 值的谐振。通过调整单元的几何形状，可以调制这些谐振器。通过比较目标材料涂层前后的空间编码振动信息的变化，可以将每个谐振位置分配给超表面上的特定像素。这建立了吸收光谱特征和空间信息之间的一对一映射，实现了对蛋白质分子、聚合物和杀虫剂分子的识别。对于蛋白质材料，吸收光谱可以增强约 60 倍。

如图 8-37 所示，提出了一种基于两个非图案化介质层组成的简单分层结构的方法，用于实现超薄材料层的完美太赫兹吸收。完美吸收归因于在空气与分层结构之间的界面上激发的驻波，这种条件下，侧向电场在衰减长度尺度内高度集中和增强。通过使用这种设计，在单层石墨烯中实现了完美的太赫兹吸收。由于耦合模式，该设计不依赖于超薄材料层的光学性质。此外，将这种完美吸收机制与微流控技术相结合，并设计了一个无须光刻的感测表面的太赫兹指纹传感器。用厚度多路复用方案（TMS）来显著提高指纹的检测。该传感器支持对石墨烯材料和微量碳基材料样品的指纹信号进行显著的超宽带增强。

单层石墨烯的谐振峰频率可以随着相邻介质层的厚度在宽带范围内发生偏移，靠近石墨烯的样品膜的吸收谱幅值的大小在特定频率处发生变化，从而增强吸收谱，最大增强倍数约为 80 倍。在这种方法中，单层的二维材料可以避免亚表面复杂的微观结构，这有利于非均匀微量样品的测量的一致性。此外，吸收指纹谱具有增强倍数高、光谱速度快、灵活可调和样品适应性强的优点，适用于微量样品的快速检测。

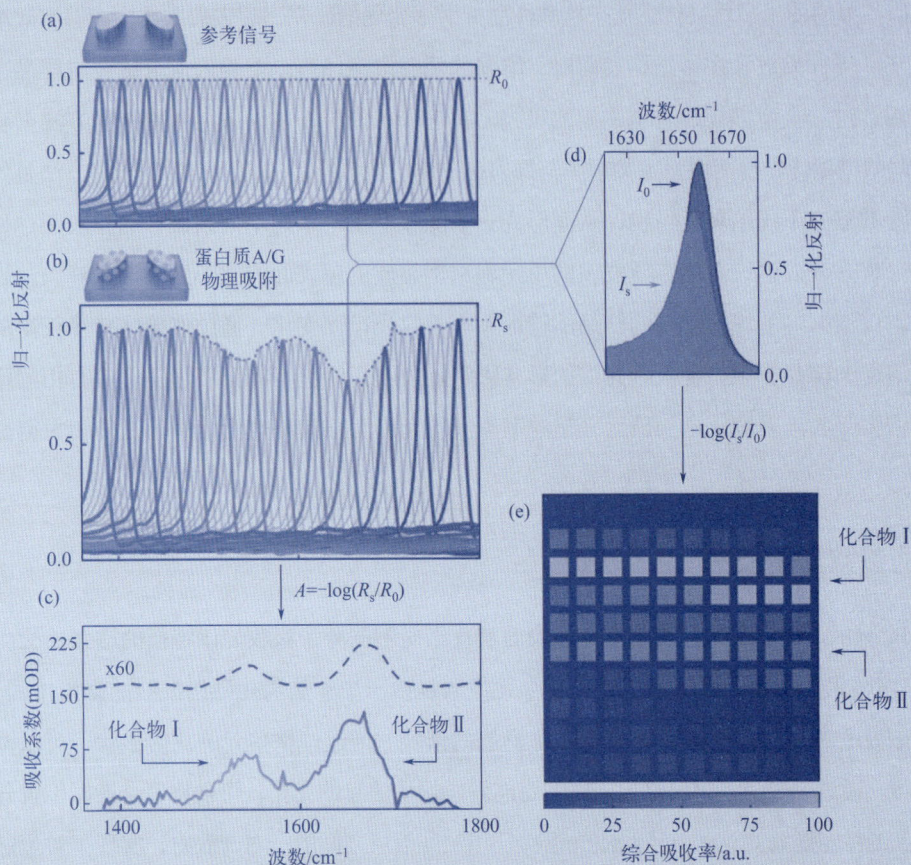

图 8-36 分子指纹提取和空间吸收映射

[图（a）：物理吸附蛋白质 A/G 单分子层前的归一化的超像素反射光谱。R_0 表示峰值反射振幅的包络（虚线）。图（b）：包括反射振幅 R_s（虚线）的蛋白质物理吸附后的归一化光谱。图（c）：从反射振幅 R_0 和 R_s 计算的蛋白质吸收指纹与独立的红外吸收反射光谱测量（虚线，已缩放和偏移以便清晰展示）进行比较。图（d）：通过整合所有像素的反射信号，可以模拟超表面的宽带光谱仪操作。图（e）：光谱积分将图（c）中的吸收特征转化为 2D 空间吸收映射，代表了蛋白质的分子条形码（a.u. 表示任意单位）]

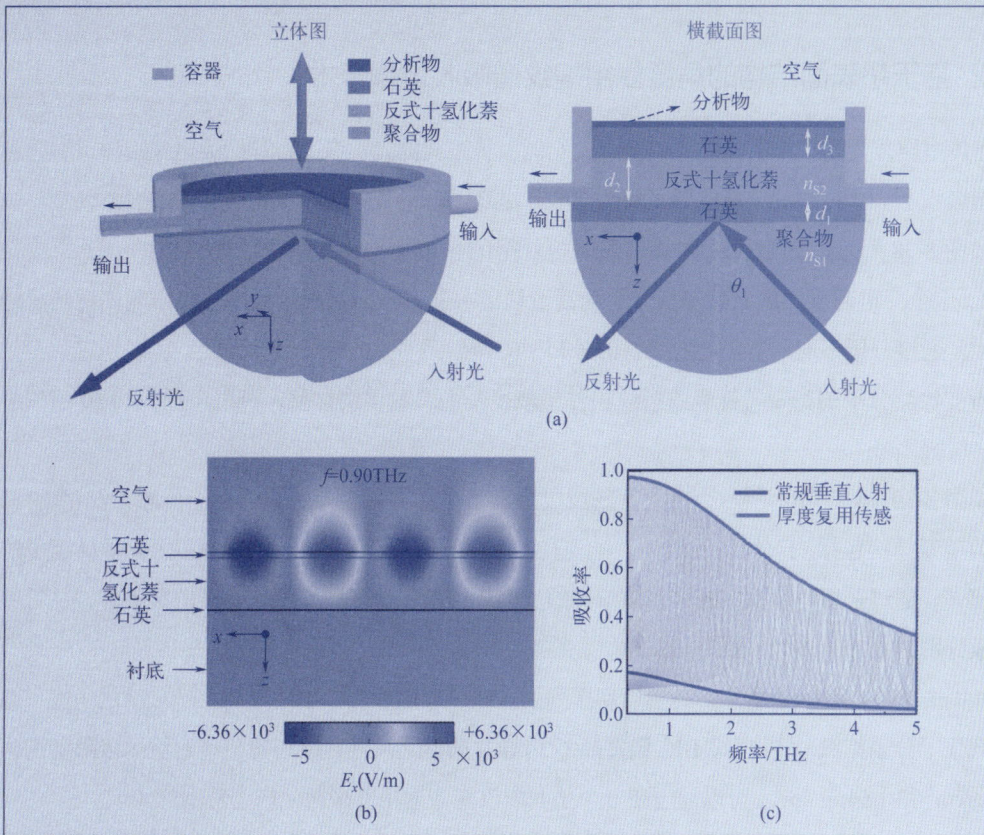

图 8-37　基于双层非图案化介质层结构的传感检测研究

[图（a）为传感结构示意图，其中符号 d_1、d_2 和 d_3 表示相应的厚度参数；图（b）为没有任何样品的电场分布，其中 $\theta_1 = 89.5°$，$d_2 = 80\mu m$；图（c）为单层石墨烯在不同折射率和样品厚度下的太赫兹吸收光谱。对于 TMS，$\theta_1 = 86°$，并且 d_2 采用非等差序列从 15μm 到 318μm]

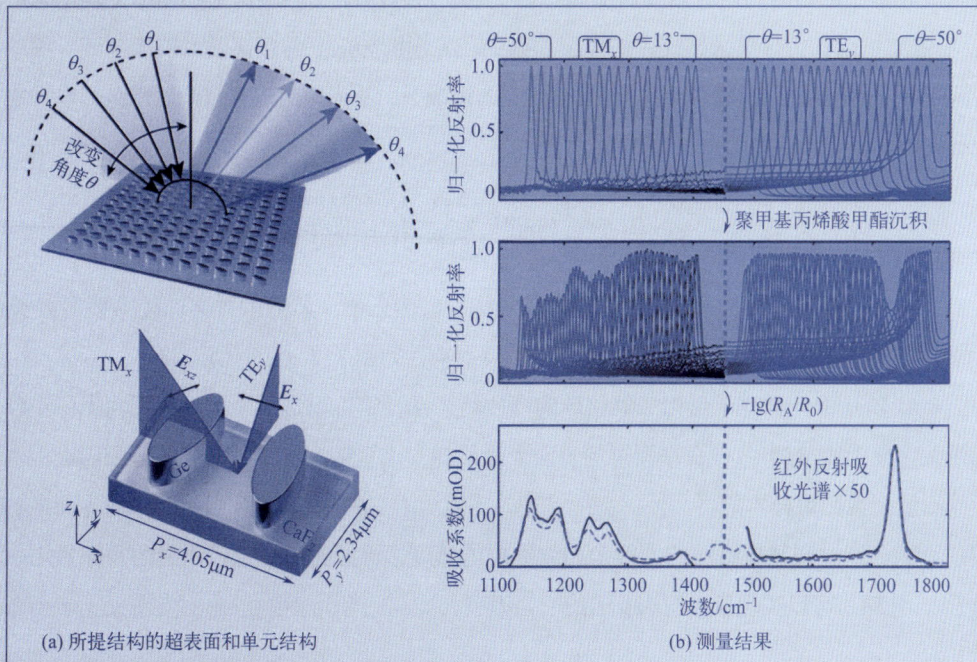

图 8-38　基于入射角复用的超表面传感研究

8.4.2 基于超表面结构的角度复用指纹谱吸收增强技术

角度多路复用是一个极为强大的概念，它能够将不同的光学参数，包括极化或相位，编码到单个超表面上。这种方法将释放更多的自由度，提高了创造多功能纳米光子器件的潜力。

如图 8-38 所示，提出了一种基于入射角复用的超表面结构，用于红外波段的分子指纹检测[29]。这个介电超表面的设计包括一组椭圆形锗谐振器，它们呈锯齿状排列在由氟化钙制成的衬底上。通过分析不同入射角处的反射信号和相关谐振频率处的分子吸收强度，可以通过角度扫描获得被检测分子的宽带特征吸收指纹。对于聚甲基丙烯酸甲酯材料，可以实现大约 50 倍的吸收信号增强因子。

如图 8-39（a）、（b）所示，在太赫兹波段提出了一种利用全介质超表面的传感方法[30]。该装置的单元结构包括成对倾斜的硅棒，排列在二氧化硅基底上，基于准 BIC 激发了高 Q 因子的谐振模式。通过采用角度扫描方式，该结构的反射光谱带包含了酪氨酸和桑通的吸收峰，并且其检测限分别为 $6.7\mu g/cm^2$ 和 $59.35\mu g/cm^2$。

如图 8-39（c）、（d）所示，利用周期排列的硅棒二聚体超表面上的入射太赫兹波的角度多路复用增强了分子指纹[31]。通过 BIC 激发高 Q 传导共振模式。对乳糖和葡萄糖的检测极限分别为 $1.53\mu g/cm^2$ 和 $1.54\mu g/cm^2$。可以通过在一个平面内改变入射角度来简化广谱范围的实现。

8.4.3 基于超光栅结构的角度增强指纹谱技术

用于增强吸收光谱的另外一种微结构是超光栅。如图 8-40（a）所示的超光栅结构，反射或透射共振频率随电磁波的入射角度而变化。这一结果可以用传导模式共振（GMR）理论来解释[32]。电磁波可以在传导共振模式中被捕获和集中在光栅波导内。为了实现入射波与传导模式之间的耦合，必须满足相位匹配条件。在没有衬底的情况下，超光栅内的有效传播常数由以下表达式给出：

$$\beta_m = k_0\left(n_0 \sin\theta - \frac{m\lambda_R}{P}\right)$$

式中，m 为衍射波的阶数；k_0 为自由空间的波数；n_0 为入射介质的折射率；λ_R 为谐振波长；P 为所提出结构的周期。不同波长 λ 和入射角 θ 的反射特性如图 8-40（b）所示。

如图 8-41 所示为一种基于反相二氧化硅的介质超光栅，它可以提高平坦感测表面上微小样本的宽带太赫兹指纹检测[33]。在平面感测表面上涂覆样本比直接涂覆在图案化的超表面上提供了更大的测量超薄微量样本的灵活性。宽带信号的增强源于由多重 Q-BICs 引起的平面界面上的倏逝波的影响。通过调整电磁波的入射角和波导层的厚度，已经实现了宽带测量的多路复用机制。对于 α- 乳糖，可以实现最大约 330 倍的增强因子。

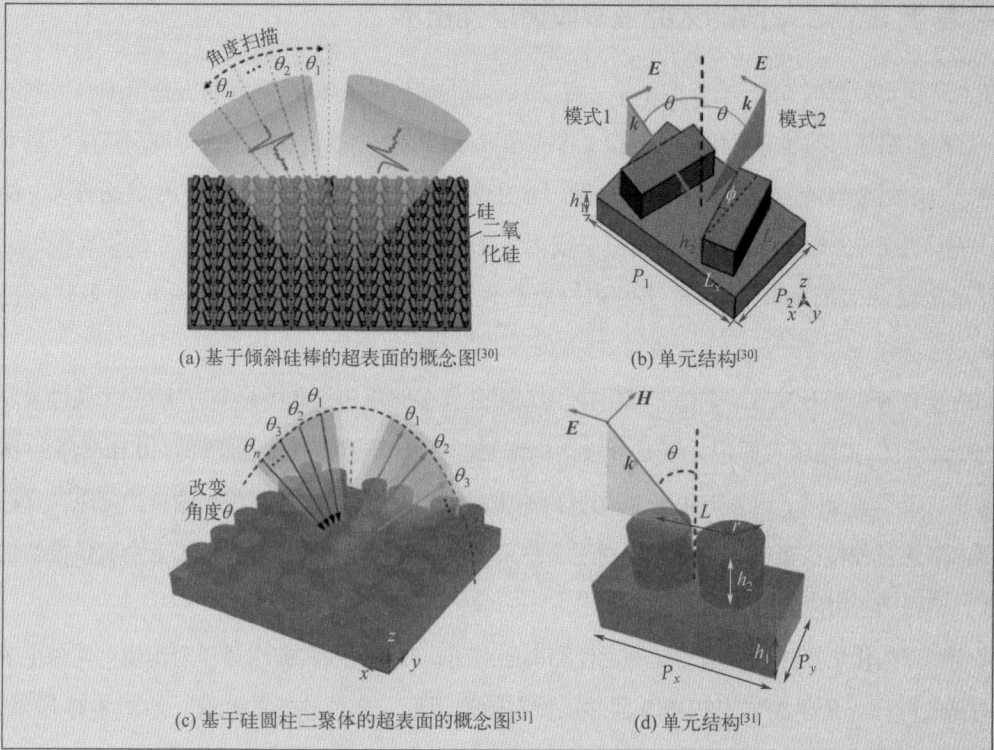

(a) 基于倾斜硅棒的超表面的概念图[30]

(b) 单元结构[30]

(c) 基于硅圆柱二聚体的超表面的概念图[31]

(d) 单元结构[31]

图 8-39 基于全介质超表面的传感检测

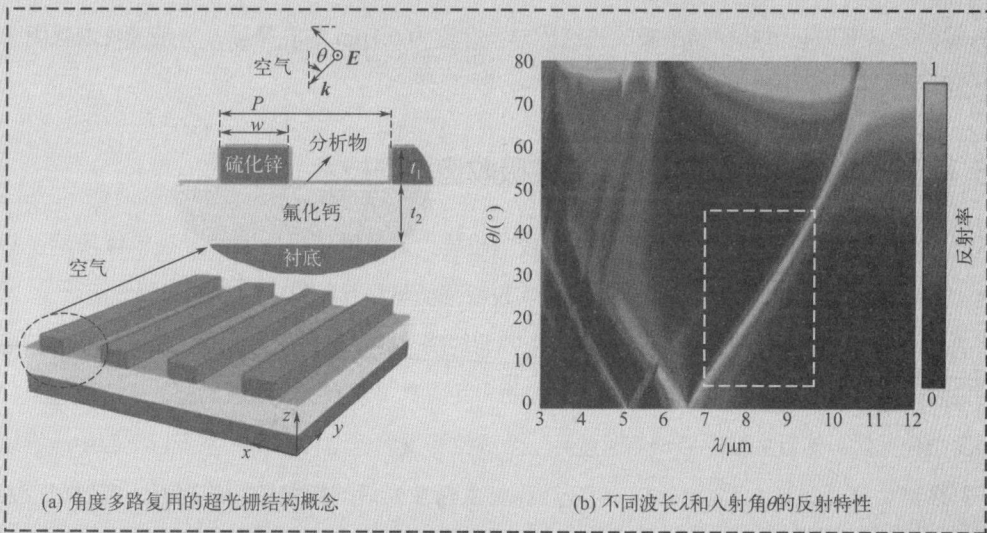

(a) 角度多路复用的超光栅结构概念

(b) 不同波长λ和入射角θ的反射特性

图 8-40 基于超光栅结构的传感检测[32]

207

8.4.4 基于 SSPs 效应的太赫兹吸收谱增强技术

在上述基于金属的 SSPs 增强方法中，存在共振增强带宽较窄以及难以动态调谐中心频率的限制。参数多路复用的超表面可以通过改变多个单元结构的大小或调整入射波角度而产生一系列共振峰，以增强波与待测物之间的相互作用。通过设计几何结构参数来激发 SPPs 共振模式，使其与分子振动模式匹配，从而增强特定分子或化学键的振动模式信号。

利用金属超表面的几何多路复用和一系列锐利的 SSPs 共振，设计和分析了多种感测方案。

如图 8-42 所示，研究了一种在一层钢板中利用几何多路复用机制的感测方案[34]。通过激发 SSPs 模式，可以实现超表面中太赫兹吸收谱的增强。在 0.46～0.60THz 频段内，0.1μm 厚的 α-乳糖薄膜的吸收增强因子约为 104 倍。通过调整超晶胞的单元格尺寸，所提出的结构可以在宽频谱范围内增强各种特征吸收峰。然后，通过调整聚二甲基硅氧烷（PDMS）衬底上金属条带结构的配置，增强因子可以提高到 200 倍[35]。

由于稳定的化学特性、卓越的热稳定性和高透射率，PDMS 通常被选择作为构建可伸缩电子设备的基底材料。金属涂层的 PDMS 器件已被有效地用于应变传感器的制造。如图 8-43 所示，创新性地使用镀金膜的 PDMS 超表面增强太赫兹吸收光谱[36]。通过动态拉伸柔性 PDMS 衬底，可以实现几何多路复用，导致单元格结构的谐振频率变化。通过使用网格阵列以垂直入射波来激发 SSPs 模式，从而增强薄膜样品的吸收光谱。对于厚度为 0.1μm 的乳糖膜，宽带吸收增强因子可达约 270 倍。

8.4.5 基于一维光子晶体结构的太赫兹吸收谱增强技术

不同于以往提出的单元结构大小尺寸复用或电磁波入射角度复用技术，如图 8-44 所示，基于一维（1D）缺陷光子晶体（PC）结构，可以实现增强微量样品薄膜的太赫兹吸收光谱[37]。通过使用两个对称排列的布拉格反射器结构和一个中间的缺陷腔，形成了法布里-珀罗谐振腔，用于携带薄膜样品的有机聚合物基底放置在缺陷腔的中间位置。太赫兹波从缺陷腔的一侧通过布拉格反射器结构入射，然后从腔的另一侧通过另一个布拉格反射器结构输出。基于检测腔中一维缺陷光子晶体结构产生的高 Q 谐振模式，可以在保持太赫兹光谱的指纹特性的同时，实现宽带太赫兹吸收光谱的增强，以进行微量分析。通过连接由于缺陷腔长度的变化而产生的吸收共振峰包络，可以建立增强的吸收光谱。如图 8-45 所示，在 0.2μm 厚的 α-乳糖薄膜的宽带太赫兹频率范围内，可以获得约 55 倍的吸收增强因子。

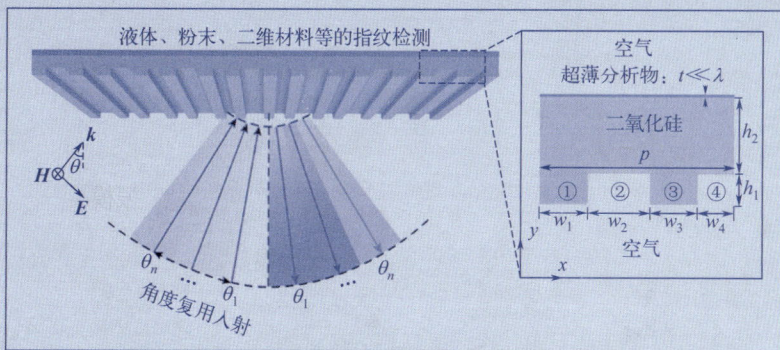

图 8-41 平面表面上的太赫兹分子指纹感测示意图

（通过使用入射角复用信号，介质超结构支持一系列准 BICs。符号 w_1、w_2、w_3 和 w_4 表示四个光栅元件的宽度，而 p、h_1 和 h_2 代表了单元格周期、光栅层高度和波导层高度）

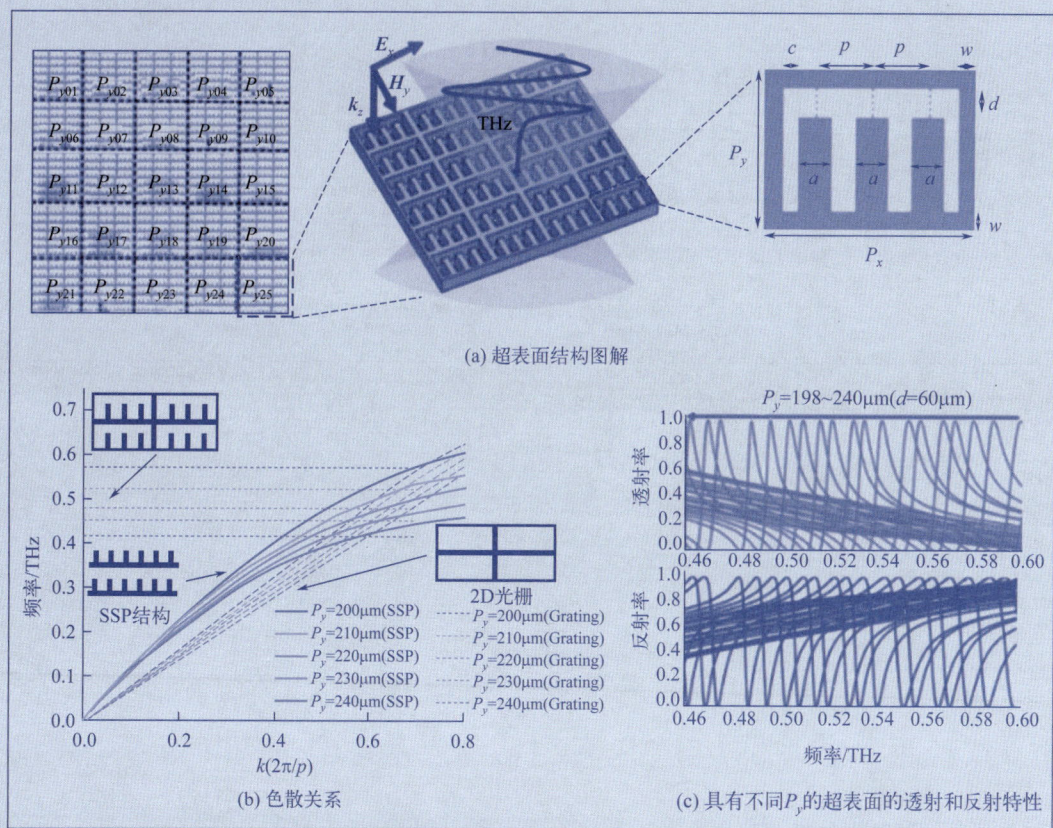

(a) 超表面结构图解

(b) 色散关系

(c) 具有不同 P_y 的超表面的透射和反射特性

图 8-42 非对称金属结构的 SSPs 超表面[34]

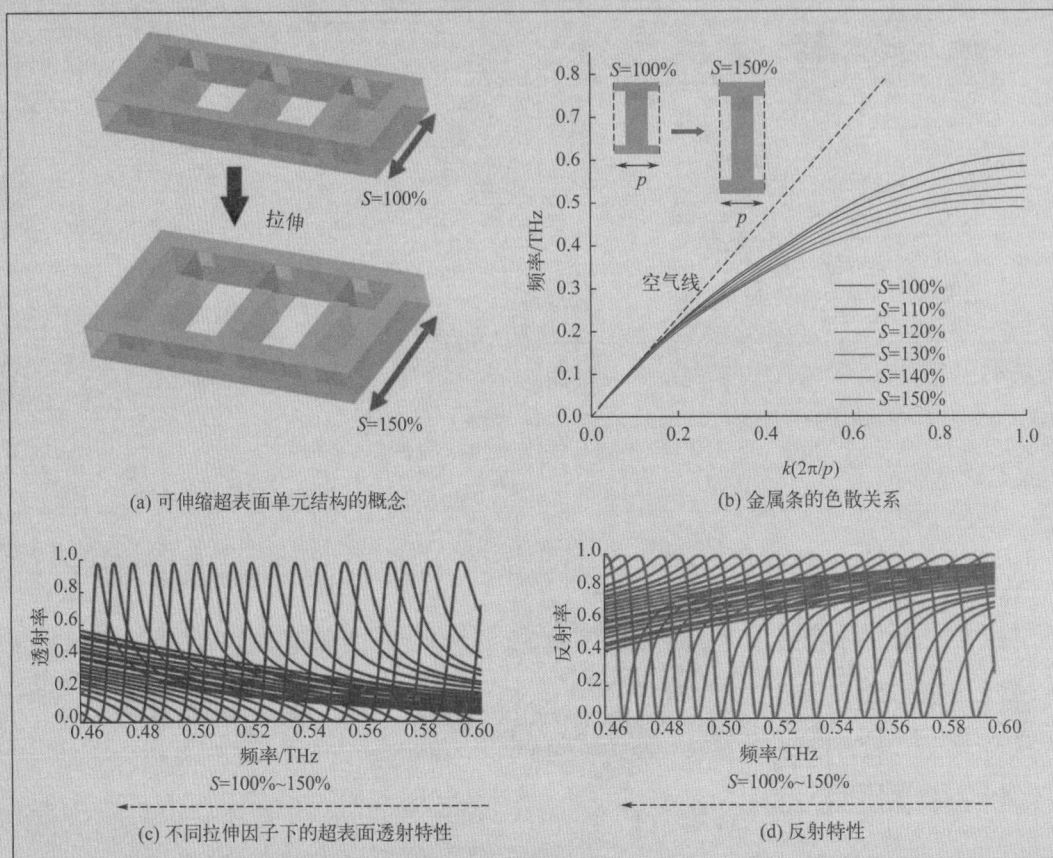

(a) 可伸缩超表面单元结构的概念

(b) 金属条的色散关系

(c) 不同拉伸因子下的超表面透射特性

(d) 反射特性

图 8-43 基于镀金 PDMS 超表面增强太赫兹吸收光谱的研究[36]

(a) 工作机理和结构

(b) 1D-PC结构的色散关系

(c) 1D-PC结构和缺陷型1D-PC结构的透射光谱

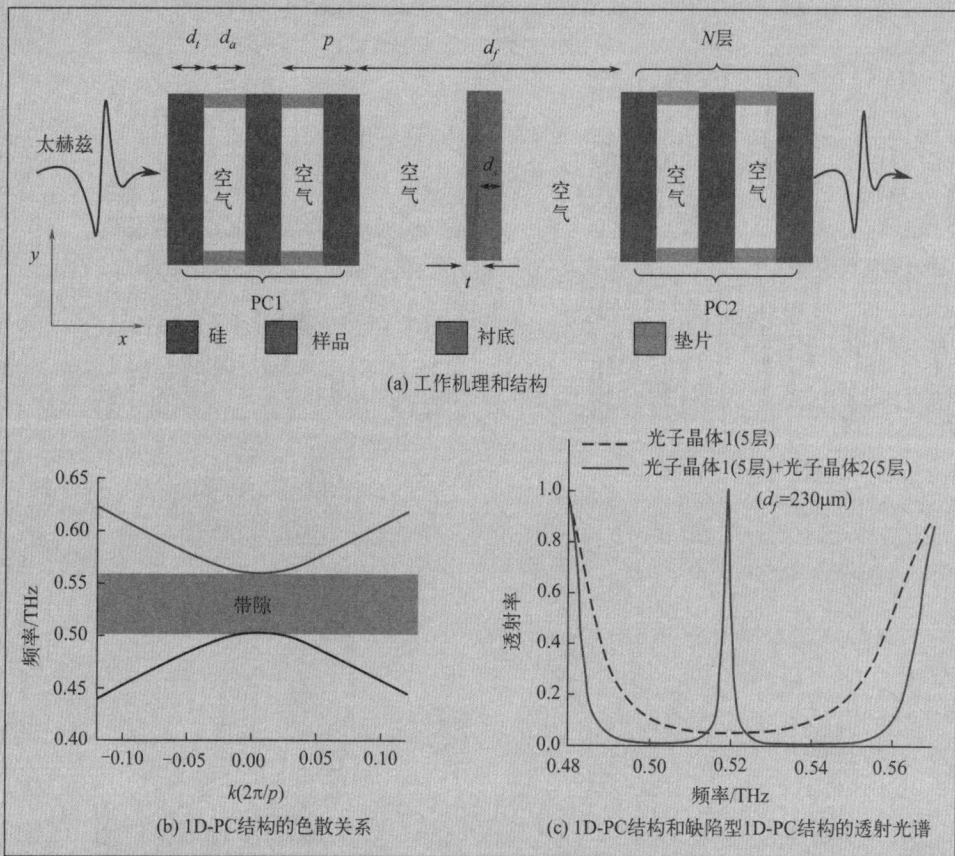

图 8-44　缺陷型 1D-PC 结构

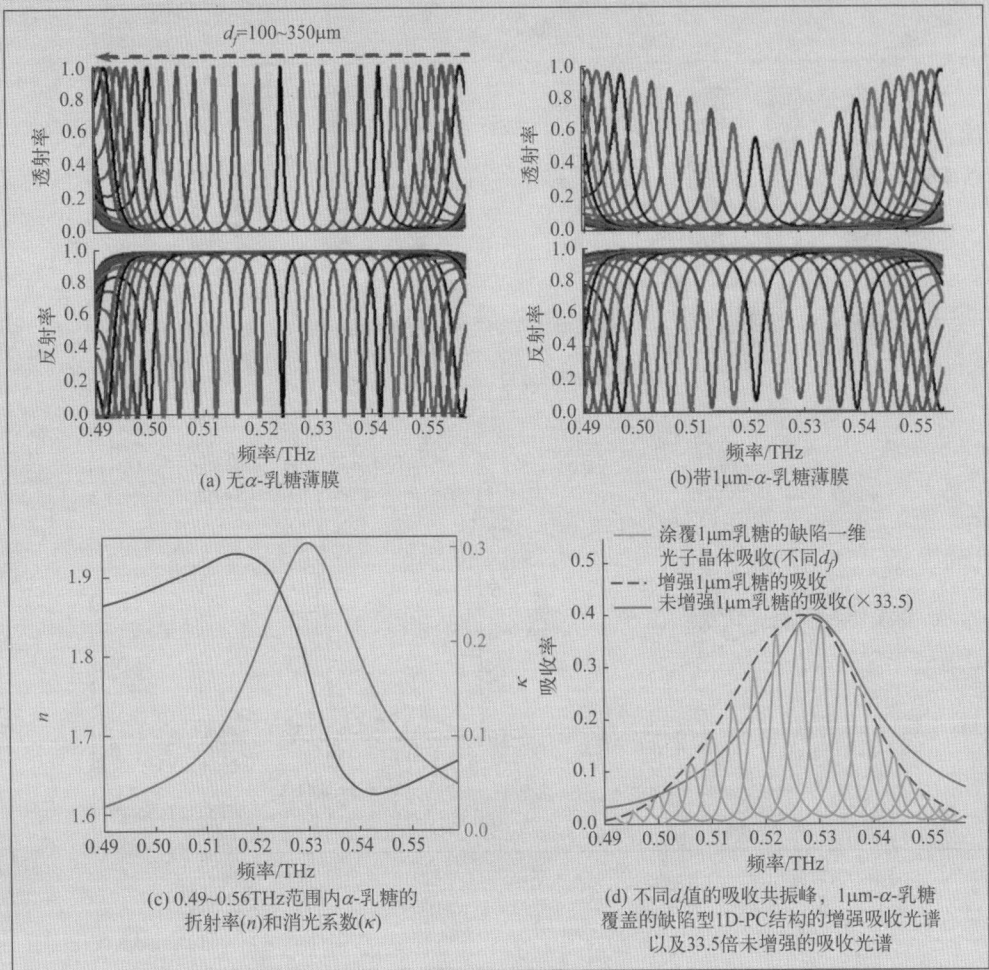

$d_f=100\sim350\mu m$

透射率

反射率

0.49 0.50 0.51 0.52 0.53 0.54 0.55

频率/THz

(a) 无α-乳糖薄膜

透射率

反射率

0.49 0.50 0.51 0.52 0.53 0.54 0.55

频率/THz

(b)带1μm-α-乳糖薄膜

n

κ

0.49 0.50 0.51 0.52 0.53 0.54 0.55

频率/THz

(c) 0.49~0.56THz范围内α-乳糖的
折射率(n)和消光系数(κ)

涂覆1μm乳糖的缺陷一维
光子晶体吸收(不同d_f)
增强1μm乳糖的吸收
未增强1μm乳糖的吸收(×33.5)

吸收率

0.49 0.50 0.51 0.52 0.53 0.54 0.55

频率/THz

(d) 不同d_f值的吸收共振峰，1μm-α-乳糖
覆盖的缺陷型1D-PC结构的增强吸收光谱
以及33.5倍未增强的吸收光谱

图 8-45　该结构的透射和反射光谱

212

参考文献

[1] 申坤. 微机电系统技术及其在航天器上的应用展望[J]. 空间控制技术与应用, 2008, 34(1): 56–59.

[2] 余黎静, 唐利斌, 杨文运, 等. 非制冷红外探测器研究进展(特邀)[J]. 红外与激光工程, 2021, 50(1): 20211013-1-20211013-15.

[3] 蒙特威尔, 布雷斯林. 光的故事: 从原子到星系[M]. 合肥: 中国科学技术大学出版社, 2015.

[4] 张楠. 基于滤波器设计的微波气湿敏感器增感研究[D]. 长春: 吉林大学, 2023.

[5] Sanders J W, Yao J, Huang H. Microstrip patch antenna temperature sensor [J]. IEEE Sensors Journal, 2015, 15(9): 5312–5319.

[6] Ng B, Wu J, Hanham S M, et al. Spoof plasmon surfaces: a novel platform for THz sensing[J]. Advanced Optical Materials, 2013, 1(8): 543–548.

[7] Rodrigo D, Limaj O, Janner D, et al. Mid-infrared plasmonic biosensing with graphene[J]. Science, 2015, 349(6244): 165–168.

[8] 王玥, 崔子健, 张晓菊, 等. 超材料赋能先进太赫兹生物化学传感检测技术的研究进展. 物理学报, 2021, 70(24): 247802.

[9] Fan F, Gu W H, Wang X H, et al. Real-time quantitative terahertz microfluidic sensing based on photonic crystal pillar array[J]. Applied Physics Letters, 2013, 102(12):121113.

[10] Astley V, Reichel K S, Jones J, et al. Terahertz multichannel microfluidic sensor based on parallel-plate waveguide resonant cavities[J]. Applied Physics Letters, 2012, 100(23): 231108.

[11] Li X, Song J, Zhang J X J. Design of terahertz metal-dielectric-metal waveguide with microfluidic sensing stub[J]. Optics Communications, 2016, 361: 130–137.

[12] Yan H, Fan W H, Zheng Z P, et al. Terahertz spectroscopy of DNA nucleobases cytosine and thymine [J]. Spectroscopy and Spectral Analysis, 2013, 33(10): 2612–2616.

[13] Liu Y F, Wang F, Zhao D B, et al. Study on THz spectroscopic characteristic of four DNA nucleobases [C]//41st International Conference on Infrared at Copenhagen Denmark. New York: IEEE Press, 2016, 16502560.

[14] Wang F, Zhao D, Dong H, et al. Terahertz spectra of DNA nucleobase crystals: a joint experimental and computational study[J]. Spectrochimica Acta Part a-Molecular and Biomolecular Spectroscopy, 2017, 179: 255–260.

[15] Nishizawa J I, Sasaki T, Suto K, et al. THz transmittance measurements of nucleobases and related molecules in the 0.4-to 5.8-THz region using a GaP THz wave generator [J]. Optics Communications, 2005, (246 1/2/3): 229–239.

[16] Lee D, Cheon H, Jeong S-Y, et al. Transformation of terahertz vibrational modes of cytosine under hydration [J]. Scientific Reports, 2020, 10: 10271.

[17] Kutteruf M R, Brown C M, Iwaki L K, et al. Terahertz spectroscopy of short-chain polypeptides[J]. Chemical Physics Letters, 2003, 375(3-4): 337–343.

[18] Kikuchi N, Tanno T, Watanabe M, et al. A membrane method for terahertz spectroscopy of amino acids[J]. Analytical Sciences, 2009, 25(3): 457–459.

[19] Lee D K, Kang J H, Lee J S, et al. Highly sensitive and selective sugar detection by terahertz nano-antennas[J]. Scientific Reports, 2015, 5(1): 15459.

[20] 燕芳, 刘同华, 张俊林. 糖类同分异构体的太赫兹吸收峰形成机理研究[J]. 光学学报, 2022, 42(05): 228–234.

[21] Liu R, He M, Su R, et al. Insulin amyloid fibrillation studied by terahertz spectroscopy and other biophysical methods[J]. Biochemical and Biophysical Research Communications, 2010, 391(1): 862–867.

[22] Wilmink G J, Ibey B L, Tongue T, et al. Development of a compact terahertz time-domain spectrometer for the measurement of the optical properties of biological tissues[J]. Journal of Biomedical Optics, 2011, 16(4): 047006.

[23] Park S J, Son B H, Choi S J, et al. Sensitive detection of yeast using terahertz slot antennas[J]. Optics Express, 2014, 22(25): 30467-30472.

[24] Zhang C, Liang L, Ding L, et al. Label-free measurements on cell apoptosis using a terahertz metamaterial-based biosensor[J]. Applied Physics Letters, 2016, 108(24): 241105.

[25] Hong J T, Jun S W, Cha S H, et al. Enhanced sensitivity in THz plasmonic sensors with silver nanowires [J]. Scientific Reports, 2018, 8: 15536.

[26] 杨靖, 袁宇鹏, 胡杨, 等. 柔性纸基生物传感器及其在肝癌检测中的应用[J]. 压电与声光, 2018, 40(3): 470-474.

[27] Cheng R J, Xu L, Yu X, et al. High-sensitivity biosensor for identification of protein based on terahertz Fano resonance metasurfaces [J]. Optics Communications, 2020, 473: 125850.

[28] Tittl A, Leitis A, Liu M, et al. Imaging-based molecular barcoding with pixelated dielectric metasurfaces[J]. Science, 2018, 360(6393): 1105-1109.

[29] Leitis A, Tittl A, Liu M, et al. Angle-multiplexed all-dielectric metasurfaces for broadband molecular fingerprint retrieval[J]. Science Advances, 2019, 5(5): eaaw2871.

[30] Zhong Y, Du L, Liu Q, et al. Ultrasensitive specific sensor based on all-dielectric metasurfaces in the terahertz range[J]. RSC Advances, 2020, 10(55): 33018-33025.

[31] Shi X, Han Z. Enhanced terahertz fingerprint detection with ultrahigh sensitivity using the cavity defect modes[J]. Scientific Reports, 2017, 7(1): 13147.

[32] Han S, Cong L, Srivastava Y K, et al. All-dielectric active terahertz photonics driven by bound states in the continuum[J]. Advanced Materials, 2019, 31(37): 1901921.

[33] Zhang X, Liu J, Qin J. A terahertz metasurface sensor with fingerprint enhancement in a wide spectrum band for thin film detection[J]. Nanoscale Advances, 2023, 5(8): 2210-2215.

[34] Li X J, Yang J, Yan D X, et al. Highly enhanced trace amount terahertz fingerprint spectroscopy by multiplexing surface spoof plasmon metasurfaces in a single layer[J]. Optics Communications, 2022, 525: 128777.

[35] Li X J, Ma C, Yan D X, et al. Enhanced trace-amount terahertz vibrational absorption spectroscopy using surface spoof polarization in metasurface structures[J]. Optics Letters, 2022, 47(10): 2446-2449.

[36] Yan D, Feng Q, Yang J, et al. Boosting the terahertz absorption spectroscopy based on the stretchable metasurface[J]. Physical Chemistry Chemical Physics, 2023, 25(1): 612-616.

[37] Yan D X, Wang Z H, Li X J, et al. Highly boosted trace-amount terahertz vibrational absorption spectroscopy based on defect one-dimensional photonic crystal[J]. Optics Letters, 2023, 48(7): 1654-1657.